Sozialkapital

Bernhard Badura · Wolfgang Greiner
Petra Rixgens · Max Ueberle
Martina Behr

Sozialkapital

Grundlagen von Gesundheit und Unternehmenserfolg

Springer

Prof. Dr. Bernhard Badura
Prof. Dr. Wolfgang Greiner
Max Ueberle

Universität Bielefeld
Fakultät für Gesundheitswissenschaften
Universitätsstraße 25
33615 Bielefeld

bernhard.badura@uni-bielefeld.de
wolfgang.greiner@uni-bielefeld.de
max.ueberle@gmx.de

Petra Rixgens
Arbeitsgemeinschaft Pflege der LIGA der Spitzenverbände der freien Wohlfahrtspflege im Lande
Bauerngasse 7
55116 Mainz
p.rixgens@liga-rlp.de

Martina Behr
Zobtenstraße 19
33719 Bielefeld
martina-behr@web.de

ISBN 978-3-540-77748-9
e-ISBN 978-3-540-69957-6

DOI 10.1007/978-3-540-69957-6

Bibliografische Information der Deutschen Nationalbibliothek
Die Deutsche Nationalbibliothek verzeichnet diese Publikation in der Deutschen Nationalbibliografie; detaillierte bibliografische Daten sind im Internet über http://dnb.d-nb.de abrufbar.

Herstellung: le-tex publishing services oHG, Leipzig
Einbandgestaltung: WMXDesign GmbH, Heidelberg

Gedruckt auf säurefreiem Papier

9 8 7 6 5 4 3 2 1

springer.de

Geleitwort

Wir wollten es genau wissen. Die Idee wurde geboren bei Gesprächen mit Experten für Qualitätsmanagement, mit denen wir über die Möglichkeiten der Integration von Gesundheits- und Sicherheitszielen in betriebliche Qualitätsziele diskutierten. In der Gruppe der Befähiger-Kriterien, auf die sich das EFQM-Modell stützt, haben wir Grundelemente wieder erkannt, die in den Ansätzen zum Betrieblichen Gesundheitsmanagement eine zentrale Rolle spielen: das Sozialkapital- und das Humankapitalkonzept. Und es wurde uns schnell klar, dass nur eine systematische Untersuchung der Verknüpfung zwischen Sozial- und Humankapital einerseits und Produktivität und somit wirtschaftlichem Erfolg des Unternehmens andererseits eine verlässliche Antwort geben kann.

In einer sich rapide wandelnden Arbeitswelt muss sich auch der Arbeits- und Gesundheitsschutz neuen Herausforderungen stellen. Dazu benötigt er innovative Konzepte, Instrumente und Vorgehensweisen. Von besonderer Bedeutung sind die Unterstützung durch die oberste Führung, der geschärfte Blick für die Situation, Bedürfnisse und Erwartungen der Mitarbeiterinnen und Mitarbeiter und die Unternehmensziele. Aufgabe des Betrieblichen Gesundheitsmanagements wird es in Zukunft noch stärker als bereits in der Vergangenheit sein, nicht nur Risiken an der Mensch-Maschinen-Schnittstelle zu vermeiden, sondern auch Potenziale und Synergien an der Mensch-Mensch-Schnittstelle zu fördern. Die vorgelegten Ergebnisse der Bielefelder Forscher legen dafür wichtige Grundlagen. Sie geben zugleich praxisnahe Hinweise für eine mitarbeiterorientierte Unternehmenspolitik, die nachweislich dem Unternehmenserfolg dient.

Wir danken dem interdisziplinären Forschungsteam unter der Leitung von Prof. Dr. Bernhard Badura und Prof. Dr. Wolfgang Greiner, das sich der Herausforderung einer empirischen Studie mit zunächst unsicherem Ausgang mit großartigem Engagement gestellt hat. Es ist uns bewusst, dass dieser Studie weitere folgen müssen, bis ein für den Praxiseinsatz robustes Werkzeug zur Verfügung steht. Dennoch ist mit diesem Werk ein erster wichtiger Schritt getan!

Dr. Eleftheria Lehmann | Dr. Gottfried Richenhagen

Vorwort

Die vorliegende Arbeit ist das Ergebnis eines vom Land Nordrhein-Westfalen und der Europäischen Union geförderten Projektes zur Kennzahlenentwicklung im Betrieblichen Gesundheitsmanagement. Danken müssen wir zuallererst den Projektförderern, namentlich Frau Dr. Eleftheria Lehmann vom Landesinstitut für Gesundheit und Arbeit des Landes Nordrhein-Westfalen[1] und Herrn Dr. Gottfried Richenhagen vom Ministerium für Arbeit, Gesundheit und Soziales des Landes Nordrhein-Westfalen. Sie haben ein Thema aufgegriffen, das seit Jahren viel beachtet und diskutiert wird, über das aber bislang nur wenig empirische Evidenz vorliegt. Wie kann Sozialkapital, und wie können die dadurch bedingten Gesundheits- und Produktivitätseffekte im betrieblichen Alltag gemessen werden? An welchen Punkten ist bereits heute eine ausreichende Datengrundlage vorhanden, welche Informationen fehlen und auf welchem Wege könnten diese erschlossen werden? Ohne befriedigende Antworten auf solche Fragestellungen wird auch zukünftig eine valide und reliable Evaluation von Maßnahmen des Betrieblichen Gesundheitsmanagements kaum möglich sein.

Das Hauptziel des Projektes und damit auch dieses Buches ist es, durch einen Beitrag zur Grundlagenforschung pragmatische Lösungen vorzubereiten, die im betrieblichen Alltag direkt umsetzbar sein sollen. Ohne den Nachweis der Effektivität und betriebswirtschaftlichen Effizienz werden Maßnahmen des Betrieblichen Gesundheitsmanagements, von Ausnahmen abgesehen, kaum selbstverständlicher Bestandteil der Unternehmenspolitik auch kleiner und mittlerer Firmen werden können.

Ein solches Pilotprojekt erfordert Mut, insbesondere von den beteiligten Unternehmen und ihren Mitarbeiterinnen und Mitarbeitern. Ihnen sind wir für Ihre Bereitschaft, unsere Fragen zu beantworten und uns auch sensible unternehmensinterne Informationen zu überlassen, überaus dankbar. Ausdrücklich danken möchten wir an dieser Stelle auch dem ZIG – Zentrum für Innovation in der Gesundheitswirtschaft Ostwestfalen-Lippe

[1] Vormals Landesanstalt für Arbeitsschutz (LAfA) des Landes Nordrhein-Westfalen.

für die geleistete Unterstützung in der Projektbegleitung und bei der Organisation der Transfer-Workshops.

Für das Wissenschaftsteam an der Fakultät für Gesundheitswissenschaften der Universität Bielefeld war die interdisziplinäre Vorgehensweise, die Soziologen, Gesundheitsökonomen, Gesundheitswissenschaftler, Mediziner und Betriebswirte zusammengeführt hat, ebenfalls nicht ohne Risiko des Scheiterns. Der Beitrag unserer wissenschaftlichen Hilfskräfte für die Dokumentation und Analyse der Daten war dabei unverzichtbar. Wir danken daher sehr Anja Abendroth, Thorsten Busse, Monika Diercks, Agnes Kaminski, Ingeborg Neubauer, Monika Schäfer und Miriam Schmuhl. Unser besonderer Dank gilt schließlich Frau Dr. Uta Walter für Ihre textkritischen Kommentare und Überarbeitungsvorschläge des Manuskriptes.

Wir würden uns freuen, wenn unser Projekt Anstoß für weitere Überlegungen und Studien wäre, um die von uns vorgestellte Methodik zu verfeinern und ihre Tauglichkeit im langfristigen betrieblichen Einsatz zu testen. Aus unserer Sicht ist ein wichtiger Schritt getan, dem aber viele weitere folgen müssen, damit das gesetzte Ziel, bedarfsgerechte Maßnahmen des Betrieblichen Gesundheitsmanagements datengestützt planen und beurteilen zu können, in absehbarer Zeit erreicht werden kann.

Bielefeld, im Mai 2008 Die Autorinnen und Autoren

Inhaltsverzeichnis

Abbildungsverzeichnis

Tabellenverzeichnis

1 Einführung: Mitarbeiterorientierung durch menschengerechte Kooperation[2]

Gegenstand dieser Studie sind Wirtschaftsunternehmen. Unser Erkenntnisinteresse geht gleichwohl über eine betriebswirtschaftliche Betrachtungsweise hinaus, weil – so unsere zentrale Annahme – Gesundheit und Unternehmenserfolg maßgeblich von nichtökonomischen Bedingungen abhängen. Im Folgenden wird die These vertreten, dass die Entwicklung des modernen Kapitalismus durch Rückgriff auf Jahrtausende lang erprobte Formen Nutzen stiftender Kooperation möglich wurde. Wenn es zutrifft, dass Werte schaffende Netzwerke immer wichtiger werden für den Unternehmenserfolg, dann erhält auch die Frage nach den Funktionsbedingungen sozialer Netzwerke ein sehr viel größeres Gewicht sowie die Abschätzung und Förderung dieser unsichtbaren Bedingungen sichtbarer Ergebnisse.

Die entwickelten Gesellschaften Europas altern. Die Erwerbsbevölkerung nimmt ab. Der Anteil der nicht mehr Arbeitenden nimmt zu. Unübersehbar ist der Wandel in Richtung wissensintensive Dienstleistungswirtschaft, in der die Wettbewerbsfähigkeit der Unternehmen noch mehr als bisher schon von der Leistungsfähigkeit und Leistungsbereitschaft ihrer Mitarbeiterinnen und Mitarbeiter abhängt. Dies sollte sich auch in der Unternehmenspolitik niederschlagen. In den zurückliegenden Jahren ist dagegen eine deutlich verstärkte Ausrichtung auf den Kapitalmarkt und die Kunden zu beobachten.

In den Tarifauseinandersetzungen geht es zuallererst um Arbeitsmarkt- und Lohnpolitik, nicht um Schutz und Förderung der Gesundheit der Arbeitnehmer. Die Verantwortung dafür wird zumeist betrieblichen und überbetrieblichen Experten zugewiesen, die in den Unternehmen wenig Einfluss haben und deshalb häufig mit den an sie delegierten Aufgaben überfordert sind. Oder sie wird durch Angebote zur Bewegung, Ernährung oder Stressbewältigung gänzlich in die Hände der Mitarbeiterinnen und Mitarbeiter selbst gelegt. Die Arbeits- und Organisationsbedingungen bleiben dabei häufig unberührt.

---

[2] Bernhard Badura

Im Schlussbericht der gemeinsamen Kommission der Bertelsmann Stiftung und Hans-Böckler-Stiftung zur betrieblichen Gesundheitspolitik heißt es: „Deutschland ist eine wirtschaftliche Hochleistungsgesellschaft, die viel in Reparatur und Kompensation gesundheitlicher Probleme investiert und wenig in ihre Verhütung. Mit einer Fortsetzung dieser Politik werden sich die zentralen Herausforderungen für die Wirtschaft und die sozialen Sicherungssysteme nicht mehr dauerhaft bewältigen lassen" (Bertelsmann Stiftung u. Hans-Böckler-Stiftung 2004, 20). Weiter heißt es: „Die Kommission sieht die gesundheitsrelevanten Problemstellungen in den Unternehmen, Verwaltungen und Dienstleistungseinrichtungen nicht mehr allein an der Mensch-Maschine-Schnittstelle, sondern insbesondere an der Mensch-Mensch-Schnittstelle: in der Qualität der Menschenführung, in der Qualität der Unternehmenskultur sowie in der Qualität der zwischenmenschlichen Beziehungen" (Bertelsmann Stiftung u. Hans-Böckler-Stiftung 2004, 21).

Gesundheit ist neben angemessener Qualifizierung und Entlohnung ein zentrales Anliegen der Mitarbeiterinnen und Mitarbeiter, das durch die Auseinandersetzung um die Neufestlegung des Rentenalters, aber auch durch die arbeitsintensivierenden Folgen der Globalisierung weiter an Bedeutung gewinnt. Deshalb sollten Arbeitgeber, Betriebs- und Personalräte zukünftig auch nach ihren Beiträgen zum Erhalt von Beschäftigungsfähigkeit und Gesundheit beurteilt werden.

Steigende Lohnnebenkosten werden maßgeblich mitverursacht durch steigende Aufwendungen für Krankenversorgung und krankheitsbedingte Frühberentung. Kostentreiber sind eine überschaubare Anzahl chronischer Krankheiten, die vermieden oder zeitlich deutlich hinausgeschoben werden können – vorausgesetzt, es liegt ein gesichertes Wissen über dabei zu beachtende Zusammenhänge vor sowie ein Instrumentarium für ein wirksames Betriebliches Gesundheitsmanagement. Chronische Krankheiten sind Hauptursachen für verdeckte Produktivitätsverluste bedingt durch psychische oder körperliche Beeinträchtigungen bei der Arbeit („Präsentismus"), für Fehlzeiten („Absentismus"), aufwendige Behandlungen und vorzeitige Berentung. Gleichwohl gelten Gesundheitsförderung und Krankheitsverhütung als nachrangige oder zu vernachlässigende Aufgaben. Dafür gibt es weder eine lautstarke Lobby noch eine nennenswerte öffentliche Aufmerksamkeit. Dies zu ändern, ist eine Zielsetzung des World Economic Forums mit seiner jüngsten Veröffentlichung: „Working Towards Wellness. Accelerating the Prevention of Chronic Disease". Der Arbeitsplatz – heißt es in diesem Report – sei für Gesundheitsförderung und Prävention besonders geeignet, weil Erwachsene dort ihre meiste Zeit verbringen und die Arbeitswelt selbst ein wichtiger Mitverursacher chronischer Krankheiten ist. Die in dem Bericht dargestellten Aktivitäten multinationaler Unternehmen zielen auf Gesundheit und Wohlbefinden ihrer Beschäftigten. Unternehmen erhoffen sich davon mehr Produktivität, höhere Attraktivität als Arbeitgeber und Steigerung ihres öffentlichen Ansehens. Unternehmensführungen wird empfohlen, den Gesundheitszustand ihrer Mitarbeiter zu beobachten, Gesundheit zum Unternehmensziel zu machen und verstärkt persönliche Verantwortung für das Gelingen entsprechender Programme zu übernehmen (World Economic Forum 2007).

Das Sozialkapitalkonzept – so die im Folgenden vertretene Auffassung – eignet sich zur wissenschaftlichen Begründung einer mitarbeiterorientierten Unternehmenspolitik. Es verweist auf Grundlagen menschengerechter Kooperation: auf vertrauensvollen Umgang miteinander, auf gegenseitige Wertschätzung und auf geteilte Überzeugungen, Werte und Regeln. Werden sie zur Mangelware, häufen sich Fehler, Missverständnisse und Konflikte, sinkt die Leistungsfähigkeit einer Organisation, leiden Leistungsbereitschaft, Loyalität und Gesundheit ihrer Mitglieder. Eine systematische Beobachtung ihres Sozialkapitals findet in den Unternehmen bisher kaum statt, eine Verbindung zum Thema Gesundheit und zum Betriebsergebnis wird nicht hergestellt.

Unternehmensleitungen stehen vor der Alternative, ihre Ziele durch Anordnung und marktförmige Vertragsbeziehungen zu realisieren oder durch Vertrauen, gemeinsame Überzeugungen und Werte und durch Beteiligung. Die in diesem Buch präsentierten Forschungsergebnisse sprechen klar für die zweite Alternative. Investitionen in das betriebliche Sozialkapital dienen der Gesundheit der Mitarbeiterinnen und Mitarbeiter, der Wettbewerbsfähigkeit der Unternehmen und der Vermeidung von Leistungen unserer sozialen Sicherungssysteme. In hochindustrialisierten Demokratien ist der Bedarf an horizontaler Kooperation und Selbstorganisation um ein Vielfaches höher als zur Zeit der Frühindustrialisierung. In einer alternden Gesellschaft mit hochaufwendigen Systemen sozialer Sicherung hat die Reprivatisierung sozialer Kosten der Marktwirtschaft deutlich höhere Priorität als in einer Gesellschaft mit einem niedrigen Durchschnittsalter und unterentwickelten Systemen sozialer Sicherung.

Gesundheit wird für viele Menschen erst durch ihren Verlust zum Thema: als vom Alltagsgeschehen weitgehend unabhängiger körperlicher Schaden. Das hier vertretene Gesundheitsverständnis ist ein anderes. Gesundheit wird als Produkt des Alltags gesehen, als Ergebnis von Wechselwirkungen zwischen äußeren Einflüssen und psychischen und biologischen Vorgängen im Menschen. Sie wird gefördert und gefährdet dadurch, was Menschen erleben, welche Herausforderungen sie suchen, und wie sie damit umgehen: bei der Arbeit und im Privatleben. Gegenwärtig ist es besonders populär, die persönliche Verantwortung zu betonen und die gesellschaftliche Verantwortung zu vernachlässigen. Gesundheit gilt Vielen als Privatsache.

Die Erkenntnisse der Sozial- und Gesundheitswissenschaften der letzten Jahrzehnte legen eine Revision dieses individualisierten Gesundheitsverständnisses nahe. Dass Menschen heute in Japan, Italien, Schweden oder der Schweiz im Durchschnitt über 80 Jahre alt werden, in Ländern wie Mosambik, Lesoto und Botswana aber nur maximal 37 Jahre, lässt die These, Gesundheit sei Privatsache, ebenso wenig überzeugend erscheinen wie die Tatsache, dass hierzulande Straßenreiniger und Gleisbauer, Kranführer und Schweißer für chronische Krankheiten sehr viel anfälliger sind als Führungskräfte und Akademiker. Gesundheit und Gesellschaft hängen enger miteinander zusammen, als wir bisher angenommen haben: Gesundheit wird davon beeinflusst, was Menschen in ihrem Alltag widerfährt. Zugleich wirkt Gesundheit in Form von psychischem Befinden und körperlicher Leistungsfähigkeit in diesen Alltag zurück, als neben Bildung wichtigste Voraussetzung zu seiner Bewältigung.

Das folgende zweite Kapitel dieser Publikation gibt einen Überblick über den Forschungsstand zum Thema Gesellschaft und Gesundheit. Der Schwerpunkt liegt bei Einflüssen aus der sozialen Umwelt und hier wiederum bei Einflüssen aus der Arbeitswelt. Berichtet wird der Stand der Sozialkapitalforschung. Diese speist sich aus unterschiedlichen Disziplinen und befasst sich mit menschengerechter Kooperation, ihren Voraussetzungen und ihrem Nutzen.

In Kapitel 3 wird ein Hypothesengerüst zur Analyse des Zusammenhangs zwischen Sozialkapital, Gesundheit der Beschäftigten und dem Unternehmenserfolg entwickelt. In einem zweijährigen Forschungsprojekt haben die Autorinnen und Autoren mit Hilfe einer Querschnittsstudie in fünf Unternehmen folgende Hypothesen getestet: Das Sozialkapital variiert zwischen Unternehmen ebenso wie das Human- und Sachkapital. Je höher das Sozialkapital ist, umso besser ist der Gesundheitszustand der Mitarbeiterinnen und Mitarbeiter, und umso wirtschaftlich erfolgreicher sind Unternehmen.

Der Fokus der Untersuchung liegt bei der Identifizierung, Erfassung und Abschätzung des Sozialkapitals der Unternehmen: der Qualität der sozialen Beziehungen, der Qualität der Führung und dem Vorrat gemeinsamer Überzeugungen, Werte und Regeln sowie deren Einfluss auf den Unternehmenserfolg und die Gesundheit der Mitarbeiterinnen und Mitarbeiter. Dargestellt werden die Elemente und Wirkungsketten des zu prüfenden Unternehmensmodells. Unterschieden wird dabei zwischen „Treibern“ einerseits (Sozialkapital, Arbeitsbedingungen, Qualifizierung) sowie „Früh- und Spätindikatoren“ (psychisches und körperliches Befinden, Qualität und Produktivität) andererseits. Das Neue an dieser Vorgehensweise liegt im Versuch der Verknüpfung gesundheits- und betriebswirtschaftlicher Fragestellungen und Daten.

In Kapitel 4 werden Gegenstand, Vorgehensweisen und Methoden der Untersuchung erläutert. Vorgestellt werden zunächst die fünf untersuchten Unternehmen, das Vorgehen bei der Mitarbeiterbefragung und das dazu eingesetzte Erhebungsinstrument. Im Anschluss werden die Methodik zur Erhebung der ökonomischen Kennzahlen in den Unternehmen sowie das Vorgehen bei der Zusammenführung der Befragungsdaten und der betriebswirtschaftlichen Kennzahlen beschrieben.

Darstellung und Diskussion der Ergebnisse unserer Forschungsarbeit bilden den Hauptteil der Publikation (Kapitel 5). Im ersten Teil werden die Zusammenhänge zwischen den Treibern und den Früh- und Spätindikatoren vorgestellt, die auf Grundlage der Befragungsdaten mit Hilfe uni- und bivariater Analysen und mit einem Strukturgleichungsmodell ermittelt wurden. Im zweiten Teil folgen die Ergebnisse zu den Zusammenhängen zwischen den Befragungsdaten und den betriebswirtschaftlichen Daten beziehungsweise Kennzahlen.

Aufgrund der Erkenntnisse unserer Studie darf das Sozialkapital als bisher stark unterschätzter Erfolgsfaktor bezeichnet werden, unter anderem auch, weil es bisher an wissenschaftlicher Evidenz dafür gefehlt hat. Damit stellt sich die Frage seiner Förderung im Interesse der Mitarbeiterinnen und Mitarbeiter und ihrer Unternehmen. Mit Möglichkeiten der Investitionen in das betriebliche Sozialkapital befasst sich Kapitel 6 dieses Buches.

Der Anhang enthält Ergänzungen zur Methodik, ein Kennzahlenhandbuch für die Anwendung in Unternehmen sowie Ergebnisse einer Zusatzbefragung zum Stand des Betrieblichen Gesundheitsmanagements in ausgewählten Unternehmen.

2 Außerökonomische Bedingungen wirtschaftlichen Erfolgs[3]

Die Arbeitswelt hochentwickelter Gesellschaften hat sich in den zurückliegenden Jahrzehnten tiefgreifend gewandelt. Eine zunehmende globale Verflechtung der Wirtschaft und eine enorm gewachsene Bedeutung internationaler Finanzmärkte haben den Wettbewerbsdruck auf die Unternehmen dramatisch erhöht, ebenso ihre Verwundbarkeit durch krisenhafte Entwicklungen in geographisch weit entfernten Regionen. Die gewählten Strategien zur Bewältigung dieser Herausforderungen lauten Deregulierung, Downsizing, Outsourcing, Fusion oder Zukauf. Für die davon betroffenen Beschäftigten hat dies sehr häufig einschneidende Konsequenzen in Form von Arbeitsplatzverlust, Arbeitsplatzunsicherheit, steigender Arbeitsbelastung, sinkender Transparenz, zunehmendem Misstrauen gegenüber Vorgesetzten, der Unternehmensführung und oft auch gegenüber den eigenen Arbeitskollegen. Die Folgen dieser Entwicklung sind bisher erst ansatzweise erforscht. Darüber, wie sich Arbeitsplatzunsicherheit, abnehmende lokale oder nationale Beeinflussbarkeit des Wirtschaftsgeschehens und seine zunehmende Intransparenz auf Arbeitsverhalten und Beschäftigungsfähigkeit auswirken, liegt wenig Wissen vor (Badura et al. 2006).

Sozialkapital – was ist das?

In einem Essay zum Thema „Economic Opportunity, Civil Society and Political Liberty“ hat Ralf Dahrendorf bereits vor Jahren vor einer „amoklaufenden Ökonomisierung“ gewarnt und insbesondere davor, dass sich die gewählten Unternehmensstrategien zur Bewältigung der Globalisierung zerstörerisch auf das Sozialkapital von Gesellschaften auswirken: „Soziale Entwurzelung der Bevölkerung wird zur Bedingung von Effizienz und Wettbewerbsfähigkeit“. Auch wenn derartige Prozesse zum Teil unvermeidlich seien, gelte es doch, ihren destruktiven Folgen für das menschliche Zusammenleben entgegen zu wirken (Dahrendorf 1995, 10). Wird die-

---

[3] Bernhard Badura

ser Entwicklung nicht Einhalt geboten – diesen Schluss legt Dahrendorfs These nahe – zerstört der global entfesselte Kapitalismus Grundlagen seines Erfolgs und erhöht das gesellschaftliche Konfliktpotenzial. Ein Mehr an Wissen über die Folgen der Globalisierung für Stabilität und Qualität sozialer Beziehungen, für den Vorrat gemeinsamer Überzeugungen, Werte und Regeln und für die Beziehungen zwischen Management und Belegschaft könnte zu einer innovativen Personal- und Organisationsentwicklung und zur mitarbeiterorientierten Bewältigung weltwirtschaftlicher Herausforderungen beitragen.

Die hier vorgelegte Studie zum Sozialkapital von Unternehmen wird keine abschließenden Antworten auf die angesprochenen Herausforderungen bieten. Das Ziel ist sehr viel bescheidener. Es geht zunächst einmal darum, Konzepte und Instrumente zu ihrer wissenschaftlichen Bearbeitung bereitzustellen und erste Erkenntnisse für bisher weder betriebswirtschaftlich noch gesundheitswissenschaftlich ausreichend verstandene Zusammenhänge und Entwicklungsmöglichkeiten aufzuzeigen.

Der Begriff „Sozialkapital" richtet den Blick auf Grundlagen der Zivilgesellschaft: auf zwischenmenschliche Beziehungen und gemeinsame Überzeugungen, Werte und Regeln. Damit angesprochen sind außerökonomische Voraussetzungen wirtschaftlichen Handelns: der Zusatznutzen, der entsteht, wenn sich ein soziales Kollektiv entwickelt, das mehr leistet als die Summe seiner Teile, beziehungsweise der Schaden, der an Personen, Gruppen, Organisationen oder ganzen Regionen entsteht, wenn Menschen sozial entwurzelt oder kulturelle Differenzen politisch instrumentalisiert werden, und sich in der Folge statt friedlicher Kooperation Misstrauen bis hin zu Anomie und Feindschaft verbreiten. Menschen brauchen Menschen, um sich gegenseitig zu motivieren, um ihre kreativen Kräfte freizusetzen, um ihr Bedürfnis nach Aufmerksamkeit und Anerkennung zu befriedigen und um Ziele zu erreichen und Herausforderungen zu bewältigen, die sie allein nicht erreichen oder bewältigen könnten.

Der Sozialkapitalansatz dient der Untersuchung elementarer Formen kollektiven Handelns: sozialer Netzwerke und der sie befähigenden Kultur und Kooperation. Er wirft damit eine weit zurückliegende, die Soziologie als akademische Disziplin mitbegründende Frage nach der Möglichkeit von Gesellschaft neu auf. Letztlich geht es um ein ausgewogenes Verhältnis zwischen der Idee des Wettbewerbs und der Idee der Solidarität. Anders als zum Beispiel im bekannten Werk des Spieltheoretikers Robert Axelrod (2005) wird im Folgenden die These vertreten, dass Kooperation keineswegs nur als Konsequenz der Verfolgung individueller Interessen erklärt werden kann, sondern ihre Wurzeln in Biologie und Kultur hat. Die Gesundheit einer Population ist der wahrscheinlich zuverlässigste Indikator für den Zustand der sozialen Netzwerke, von Kultur und Kooperation eines Gemeinwesens oder einer Organisation und ihrer materiellen Lebens- und Arbeitsbedingungen.

Das Sozialkapitalkonzept selbst hat noch keine allzu lange Vorgeschichte. Angeregt durch die zunehmende Popularität des Humankapitalkonzepts und die Nutzen stiftende Wirkung von Bildung und Wissen, begannen Soziologen, Politik- und Wirtschaftswissenschaftler, sich unter dem Stichwort „Sozialkapital" mit den Wirkungen sozialer Netzwerke und der in ihnen stattfindenden Interaktionen und Leistungen zu beschäftigen. Untersucht wurde zum Beispiel ihr Einfluss auf die kognitive Entwicklung von Schulkindern (Coleman 1988), auf die Funktionsfähigkeit politischer Systeme (Putnam et al. 1993) und auf die wirtschaftliche Entwicklung (Dasgupta u. Serageldin 2000). Definiert wird Sozialkapital von Robert Putnam, einem der wichtigsten Promotoren dieses Konzepts, als „Verbindungen zwischen Individuen – soziale Netzwerke und die in ihnen geltenden Normen der Gegenseitigkeit und der Vertrauenswürdigkeit" (Putnam 2000, 19).

Auch Gesundheitsforscher interessieren sich seit längerer Zeit für soziale Netzwerke. Ihr Erkenntnisinteresse ist allerdings zumeist akteursorientiert. Das Erkenntnisinteresse von Anhängern des Sozialkapitalansatzes ist demgegenüber kontext- beziehungsweise system- oder „setting"-orientiert. Ausgangspunkt sind hier nicht Individuen und Merkmale ihres persönlichen sozialen Netzwerks. Ausgangspunkt sind vielmehr soziale Kollektive wie Gruppen, freiwillige Vereinigungen, Stadtteile beziehungsweise Regionen und Organisationen und die in ihnen gebahnten Beziehungsstrukturen. Mitgliedschaft in sozialen Kollektiven – so die Anhänger des Sozialkapitalansatzes – stiftet sowohl individuellen als auch kollektiven Nutzen, abhängig von Qualität und Quantität ihrer internen Vernetzung. Individueller Nutzen entsteht zum Beispiel durch Zugang zu Informationen, Lernprozessen oder durch gesundheitsförderliche soziale Integration. Kollektiver Nutzen entsteht zum Beispiel durch Vertrauen, erleichterte Kooperation, Erzeugung und Verbreitung neuen Wissens und durch geringen Bedarf an Kontrolle und Koordination innerhalb einer Gruppe, einer Organisation oder eines Stadtteils.

Zur empirischen Erfassung von Sozialkapital – verstanden als Netzwerk sozialer Beziehungen – werden häufig folgende Indikatoren verwendet: Dichte des Vereinslebens, Verbindlichkeit von Reziprozitätsnormen oder das Niveau zwischenmenschlichen Vertrauens (Kawachi u. Berkman 2000, 181). Soziale Netzwerke haben in dieser Variante des Sozialkapitalkonzepts kein Zentrum, und sie sind führungslos. Ihre Mitglieder müssen außer der Reziprozitätsnorm keine weiteren Gemeinsamkeiten aufweisen, keine gemeinsame Identität, kein „Wir"-Gefühl, keine gemeinsamen Überzeugungen und keine Moral, mit anderen Worten keine gemeinsame Kultur besitzen. Angestoßen durch Überlegungen von Francis Fukuyama entstand neben der netzwerkbezogenen eine kulturelle Variante des Sozialkapitalansatzes (Fukuyama 1996, 1999). Anknüpfend an neue Ergebnisse aus der Primatenforschung sieht er die älteste Form geregelten menschlichen Zusammenlebens und -arbeitens in der Familie und in Stammesverbänden der frühen Jäger- und Sammlergesellschaft. Ohne ein Minimum gemeinsamer Normen, so Fukuyama, existiert kein kooperatives Handeln bei der Jagd und bei anderen überlebensrelevanten Tätigkeiten. Familiennetzwerke sind für ihn nicht primär emotional, sondern primär moralisch und funktional begründet. Familien und selbstorganisierte Gruppen sind ursprüngliche Formen menschlichen Zusammenlebens, auf deren Funktionsfähigkeit auch Märkte und Staaten angewiesen bleiben. Sozialkapital besteht für Fukuyama aus Kooperation ermöglichenden informellen Normen und Normengefügen bis hin zu komplexen „Doktrinen" wie Christentum und Islam. Zur empirischen Erfassung von Sozialkapital verwendet er Indikatoren wie Kriminalitäts- und Scheidungsraten, die, wie er unterstellt, den Verfall gemeinsamer Überzeugungen, Werte und Regeln anzeigen (Fukuyama 1999).

Denken, Fühlen, Motivation und Verhalten unterliegen gesellschaftlicher Regulation durch Erwartungen beziehungsweise Kontrolle „wichtiger Anderer" und durch Internalisierung kulturspezifischer Überzeugungen, Werte und Regeln. Zur Weiterentwicklung dieses Forschungsansatzes erscheint eine differenzierte Analyse der Quellen von Sozialkapital notwendig und eine sehr viel genauere Betrachtung – bis hin zu Versuchen der exakten Abschätzung – seines Nutzens für Individuen und soziale Kollektive.

Mit der großen Transformation von Agrar- in Industriegesellschaften ging ein grundlegender Wandel ihres Sozialkapitals einher. Soziale Netzwerke und gemeinsame Überzeugungen, Werte und Regeln, die über Jahrtausende hinweg ihre Quelle in Familie und Religion hatten, verloren an Bedeutung. Immer wichtiger wurden stattdessen soziale Netzwerke und Überzeugungen, Werte und Regeln, die ihre Quelle in Bildung und Wissenschaft sowie in Arbeit und Beruf haben. Die Wahrscheinlichkeit, dass frühkindlich internalisierte Überzeugungen, Werte und Regeln im Lebenslauf in Widerspruch zu den Erwartungen von akuten Netzwerkpartnern geraten, nimmt dadurch zu. Nicht mehr primär emotionale Bindungen bilden die Grundlage sozialer Netzwerke, sondern immer häufiger wert- und zweckrationale Motive. Mit der Transformation von Agrar- in Industriegesellschaften kam es zu einer Aufwertung von horizontalen gegenüber vertikalen Beziehungen, und es kam zu einer Aufspaltung in privates und berufliches Sozialkapital, in familienbasierte Beziehungen und in eine weitgehend davon losgelöste Welt außerfamiliärer Netzwerke. Damit stellt sich das Problem der Koordination horizontaler Beziehungen und das der Vereinbarkeit von Privat- und Arbeitsleben.

Ist dieser Strukturwandel verbunden mit einem kulturellen Wandel zugunsten individueller anstelle kollektiver Nutzenmaximierung, wie das mit der Individualisierungsthese gelegentlich behauptet wird? Wenn es so wäre, hätte das auf Dauer selbstzerstörerische Wirkung. Dafür sprechen heute zahlreiche Erkenntnisse aus der Primatologie, Neuroforschung und Frühgeschichte: „Die Evolution hat im Menschen das Bedürfnis eingepflanzt, dazuzugehören und sich akzeptiert zu fühlen" – so der Primatologe Frans de Waal. Bleibt dieses Bedürfnis anhaltend unbefriedigt, nehmen Menschen Schaden. „Wir sind bis ins Mark sozial" (de Waal 2005, 301). Auch wenn sich Wissenschaftler also in ihrer Entscheidung für den Begriff „Sozialkapital" vom ökonomischen Denken haben inspirieren lassen, stellen sie der Auffassung vom Menschen als einem rationalen Maximierer individuellen Nutzens ihre letztlich soziobiologisch begründete Auffassung vom Menschen als einem zwischenmenschlichen Maximierer kollektiven Nutzens entgegen. Egalitäres Verhalten, Teilung der vorhandenen Ressourcen und ein hohes Maß an Kooperation gelten als für die Frühzeit der Menschheit charakteristische Merkmale sozialer Organisation (Erdal u. Whiten 1996). Jäger-und-Sammler-Gesellschaften waren vergleichsweise reich an „starken" Bindungen, aber arm an Human- und Sachkapital. Die soziobiologischen Verhaltensgrundlagen dürften sich seitdem kaum verändert haben, wenn überhaupt. Es bleibt bei dem kooperationsförderlichen Bedürfnis nach positiv erlebter Zwischenmenschlichkeit.

Gegenstand dieser Untersuchung sind Wirtschaftsunternehmen. Die Fragestellung lautet: Was beeinflusst ihre Wettbewerbsfähigkeit und die Gesundheit ihrer Mitarbeiterinnen und Mitarbeiter, und welche Bedeutung hat in diesem Zusammenhang die Höhe ihres Sozialkapitals. Dabei werden drei Teilmengen des betrieblichen Sozialkapitals unterschieden: das Netzwerkkapital, das Führungskapital und das Überzeugungs- und Wertekapital. Netzwerkkapital bezieht sich auf die Qualität horizontaler sozialer Beziehungen unter Mitarbeitern gleichen Rangs. Als wichtig erachtet werden zum Beispiel die Binnenbeziehungen innerhalb oder zwischen Abteilungen oder Teams, die Stärke des Zusammenhalts ihrer Mitglieder, die Häufigkeit zwischenmenschlicher Konflikte, das Maß gegenseitiger Unterstützung und gegenseitigen Vertrauens. In der Forschungsliteratur wird dies häufig als „bonding"- und „bridging"-Sozialkapital bezeichnet.

Die Qualität der Führung ist dafür eine wesentliche Größe. Unter Führungskapital wird in dieser Studie die Qualität der vertikalen Beziehungen zwischen dem direkten Vorgesetzten und den Mitgliedern einer Abteilung oder eines Teams verstanden. Direkte Vorgesetzte sind wichtige „Knoten" in den wertschöpfenden Netzwerken einer Organisation und prominente

Mitglieder in den persönlichen Netzwerken der einzelnen Organisationszugehörigen. Hier ist vor allem das Maß an erlebter Anerkennung durch den direkten Vorgesetzten von Interesse: das Maß an Unterstützung, das von ihm erfahren wird, die Akzeptanz des Vorgesetzten, das in ihn gesetzte Vertrauen und die wahrgenommene Qualität des Führungsverhaltens. In der Forschungsliteratur wird dies häufig als „linking"-Sozialkapital bezeichnet.

Das Überzeugungs- und Wertekapital ist die dritte und vielleicht wichtigste, zugleich aber mit Blick auf Gesundheit bisher so gut wie gar nicht erforschte Teilmenge betrieblichen Sozialkapitals. Hier ist von besonderem Interesse, ob die Organisationsmitglieder glauben, dass Führung und Mitarbeiter in zwei verschiedenen Welten leben oder nicht, ob gemeinsame Überzeugungen und Werte wahrgenommen werden und wie es mit ihrer Verbindlichkeit in der Alltagspraxis steht, wie mit Konflikten im Unternehmen umgegangen wird, wie gut der soziale Zusammenhalt im gesamten Unternehmen ist, ob das Gerechtigkeitsempfinden der Mitarbeiterinnen und Mitarbeiter beeinträchtigt wird, und wie sehr sie sich von ihrer Führung wertgeschätzt fühlen.

Was wissen wir gegenwärtig bereits über Zusammenhänge zwischen Sozialkapital, Gesundheit und Wettbewerbsfähigkeit?

Soziale Verwurzelung und Gesundheit

Der Einfluss sozialer Beziehungen auf Gesundheit und Krankheit, auf Lebensqualität und Lebensdauer ist heute unbestritten, dank der Pionierarbeiten von Leonard Syme und Lisa Berkman, James House und zahlreicher weiterer Forscher (Syme u. Berkman 1979; House et al. 1988; Berkman u. Kawachi 2000). Soziale, psychische und biologische Vorgänge hängen sehr viel enger zusammen, als dies bisher angenommen wurde. Wie aber gelangen soziale Einflüsse „unter die Haut"?

Dass zwischenmenschliche Prozesse für Wohlbefinden und Gesundheit von grundlegender Bedeutung sind, wurde bereits im 19. Jahrhundert von dem französischen Soziologen Emile Durkheim und dem russischen Verhaltensforscher Peter Kropotkin vermutet (Badura 2006). Neurowissenschaftler behaupten neuerdings sogar, ein „social brain" lokalisiert zu haben und sehen in dem Streben nach Zuwendung und Anerkennung den zentralen Motivator menschlichen Verhaltens (Insel 2003). Eine wesentliche Rolle bei der Vermittlung sozialer und biologischer Vorgänge spielen Emotionen wie Glück, Stolz, Angst, Wut oder Hilflosigkeit. Angst, Wut und Hilflosigkeit gelten als Stressemotionen. Sie werden oft durch negative zwischenmenschliche Erfahrungen ausgelöst, zum Beispiel durch anhaltende Konflikte mit Kollegen oder Vorgesetzten, durch enttäuschte Erwartungen, durch den Verlust wichtiger Bezugspersonen oder durch Zerreißen sozialer Netzwerke mit Rückwirkungen – vermittelt über Cortisol und Adrenalin – auf das Immunsystem und das Herz-Kreislauf-System. Die hierbei wirksam werdenden soziopsychobiologischen Vorgänge gelten heute als gut erforscht (z. B. Stock u. Sachser 2003). Daneben verdanken wir insbesondere den Neurowissenschaften neue Erkenntnisse über die psychischen und biologischen Folgen positiver zwischenmenschlicher Erfahrungen. Dopamin und Oxytocin gelten in Verbindung mit körpereigenen Opioiden als soziale Beziehungen fördernde Botenstoffe und als Auslöser für den erstrebenswerten Zustand Glück (Bauer 2006). Menschen haben offenbar ein biologisch begründetes Bedürfnis nach positiven zwischenmenschlichen Erfahrungen.

Soziale Isolation, anhaltende Herabsetzung und zwischenmenschliche Konflikte machen krank; soziale Integration und Anerkennung durch Mitmenschen erhalten gesund. Soziale Netzwerke und die in ihnen erbrachten Unterstützungsleistungen werden in der sozialepidemiologischen Forschung aus der Empfängerperspektive als Größen definiert, die allenfalls von persönlichen Merkmalen eines Menschen, zum Beispiel Alter, Geschlecht oder Bildung abhängen. Weitere gesellschaftliche Einflüsse auf Qualität, Quantität, Spannweite und Stabilität sozialer Beziehungen und auf das psychische und körperliche Befinden blieben zunächst unberücksichtigt (Badura u. Kickbusch 1991). Mit dem Sozialkapitalansatz eröffnet sich die Möglichkeit zu einem interdisziplinären Diskurs unter Sozialepidemiologen, Soziologen, Politik- und Wirtschaftswissenschaftlern. Das für den hier behandelten Zusammenhang vielleicht wichtigste Zwischenergebnis lässt sich wie folgt zusammenfassen: Qualität und Umfang sozialer Beziehungen eines Menschen hängen nicht nur von seinen persönlichen Merkmalen ab, sondern auch von Merkmalen sozialer Kontexte oder „Settings", wie es seit der Ottawa-Charta der Weltgesundheitsorganisation heißt (Kawachi u. Berkman 2000). Und: Gesellschaftliche Einflüsse auf die Gesundheit erschöpfen sich nicht im Einfluss sozialer Netzwerke. Emile Durkheim, auf dessen Selbstmordstudie in sozialepidemiologischen Beiträgen immer wieder Bezug genommen wird, hat bereits vor über hundert Jahren auf Zusammenhänge zwischen Religion und Gesundheit aufmerksam gemacht.

Gegenwärtig stark diskutiert wird der Einfluss der Einkommensverteilung auf die Gesundheit (Wilkinson 2005; International Journal of Epidemiology 2004). Bevor Einkommen verteilt werden kann, muss es jedoch erst einmal erarbeitet werden. Das wiederum erfordert nicht nur Finanz-, sondern auch Human- und Sozialkapital. Entwicklung von Human- und

Sozialkapital in Schulen, Krankenhäusern, Verwaltungen, Stadtteilen und Unternehmen sollte deshalb ein zentrales Ziel präventiver Sozial- und Gesundheitspolitik sein. Einerseits ist kaum vorstellbar, dass zunehmende Einkommensungleichheit – wie gegenwärtig in zahlreichen Ländern und auch hierzulande beobachtbar – gesundheitsförderliche Wirkungen hat. Erwartbar ist das Gegenteil. Andererseits spricht alles, was wir heute über den Zusammenhang von Arbeit und Gesundheit, aber auch von Gesellschaft und Gesundheit wissen, dafür, dass jenseits der Armutsschwelle durch eine Erhöhung der Einkommen allein die Beschäftigungsfähigkeit und Gesundheit der Erwerbsbevölkerung nicht gefördert wird.

„Culture matters" – Sozialkapital und Unternehmenserfolg

Wirtschaftsunternehmen bestehen aus materiellen Produktionsfaktoren wie Maschinen, Geräten und Ausstattung. Ferner bestehen sie aus immateriellen Produktionsfaktoren wie dem Wissen und den Fähigkeiten ihrer Mitarbeiter: dem Humankapital. Sie bestehen zudem aus einer weiteren Gruppe immaterieller Produktionsfaktoren: dem Sozialkapital, das heißt den sozialen Beziehungen unter ihren Mitgliedern einerseits und der Unternehmenskultur andererseits. Mit dem Übergang von der Industrie- zur Dienstleistungswirtschaft werden immaterielle Faktoren für die Wettbewerbsfähigkeit der Unternehmen immer bedeutsamer (Sveiby 2002; Dürndorfer u. Friedrichs 2004; Fukuyama 1999). Mit der Dematerialisierung von Arbeitsprozessen geht eine Dematerialisierung arbeitsbedingter Risiken einher. Der Sozialkapitalansatz erscheint vielversprechend, sowohl bei der Identifizierung von Risiken als auch bei der Förderung von Gesundheitspotenzialen in einer Arbeitswelt, deren Leistungsfähigkeit immer seltener nur von funktionsfähigen Maschinen und deren Bedienung abhängt, sondern immer häufiger von funktionsfähigen Teams und guten Beziehungen zwischen Management und Belegschaft sowie zu Lieferanten und Kunden.

Autoren, die sich mit dem Thema Sozialkapital von Organisationen beschäftigen, verstehen darunter quantitative oder qualitative Merkmale von Unternehmensnetzwerken (z. B. O'Toole u. Lawler 2006; Cohen u. Prusak 2001; zusammenfassend: Halpern 2005). Das Erkenntnisinteresse dieses Projekts ist breiter angelegt. Es gilt den Nutzen stiftenden Wirkungen auch von organisationsbasierten Kulturen – „culture matters" (Pfeffer 2006, 9). Bei der Analyse von Unternehmensnetzwerken wird zwischen horizontalen Beziehungen zu Gleichgestellten und vertikalen Beziehungen zum direkten Vorgesetzten und zwischen Arbeitern bzw. Angestellten und dem Topmanagement unterschieden. Bereits gut belegt ist, dass die horizontalen Beziehungen unter Arbeitskollegen die Gesundheit positiv oder negativ beeinflussen. Weniger ist über die gesundheitlichen Auswirkungen vertikaler Beziehungen bekannt (Stadler et al. 2000; Price 2006).

So gut wie unerforscht ist der Einfluss der Unternehmenskultur auf Gesundheit und Beschäftigungsfähigkeit. Einer der besten Kenner der Materie schrieb vor einigen Jahren, die „Kultur der Arbeiter“ und einfachen Angestellten sei terra incognita im Unterschied zur „Kultur der technischen Experten“ und der „Kultur der Führungskräfte“. Beide seien wenig mitarbeiterfreundlich, weil sie in Mitarbeitern entweder „Risikofaktoren“ für eine verlässliche Produktion oder „Kostenfaktoren“ für die Betriebe sähen (Schein 1997). Daraus schließen ließe sich, dass die Kultur der Führungskräfte und Experten Risikofaktoren für die Gesundheit der übrigen Beschäftigten sind. Unsere Projektergebnisse zeigen eine erhebliche Varianz der Unternehmenskulturen, zugleich aber auch ihren großen Einfluss auf Gesundheit und Wettbewerbsfähigkeit. Kultur ist neben Technik und Bildung ein zentraler Befähiger sozialer Netzwerke.

In der Soziologie und Ethnographie verweist der Begriff „Kultur“ auf Gedanken, Gefühle, Werte, Regeln und Verhaltensweisen, die Menschen gemeinsam sind: mit denen sie sich identifizieren, an denen sie sich mehr oder weniger bewusst orientieren, die ihnen helfen, ihre psychischen und zwischenmenschlichen Prozesse zu organisieren, zum Beispiel bei der Unterscheidung zwischen wichtig und unwichtig, gut oder böse, richtig oder falsch. Diese Gemeinsamkeiten befähigen Menschen zur Alltagsbewältigung, als Individuen und im Kollektiv. Sie ermöglichen es, miteinander zu kommunizieren, sich auf gemeinsame Ziele und Vorgehensweisen zu einigen und vertrauensvoll zusammenzuarbeiten: zu überleben, sich neuen Herausforderungen anzupassen, persönliche oder kollektive Krisen zu bewältigen und gemeinsame Projekte zu realisieren. Kultur wirkt zugleich sinn- und beziehungsstiftend, erzeugt emotionale Bindung an Personen, Aufgaben, Visionen, Gruppen oder Organisationen, ein „Wir-Gefühl“, und damit individuelle und kollektive Handlungsenergie (Beyer et al. 2000). Kultur erfüllt mit anderen Worten wichtige psychische und soziale Funktionen. Besonders augenfällig ist die sinn- und beziehungsstiftende Funktion von Kultur im Falle weltumspannender Religionen. Unternehmenskulturen sind funktionale Äquivalente auf der Ebene einzelner Organisationen oder Abteilungen. Auch in Unternehmen dienen Kulturen der Strukturierung sowohl intrapersoneller als auch interpersoneller Prozesse, zum Beispiel der Sinnstiftung und Motivation, der Kooperation und dem Fluss von Informationen top-down, bottom-up oder zwischen

Gleichgestellten. Kulturen sind kollektive Phänomene, die ihren Sitz „in den Köpfen und Herzen“ der Menschen haben.

Je geringer der Vorrat an gemeinsamen Gedanken, Gefühlen und Werten ist, umso größer ist die Wahrscheinlichkeit von Missverständnissen, Kontroversen und Konflikten, und umso höher ist der Aufwand für Aushandlung, Koordination und Kontrolle. Ein erhöhtes Stressniveau, abnehmendes Vertrauen zwischen Management und Belegschaft, abnehmende Bereitschaft zur gegenseitigen Unterstützung auf Seite der Beschäftigten sowie sinkende Arbeitsmotivation, zunehmende Angst, Wut und Hilflosigkeit sind mögliche Folgen schrumpfenden Sozialkapitals.

Nutzen stiften kann Sozialkapital auf Seiten der Organisation durch vertrauensvolle Kooperation, schnellen Informationsfluss, offenen Wissensaustausch und Kreativität, durch reduzierte Koordinations- und Kontrollkosten. Auch auf Seiten der Mitarbeiterinnen und Mitarbeiter kann Sozialkapital durch informelles Lernen, Unternehmensbindung und verbessertes psychisches Befinden Nutzen stiften. Diese Effekte können sich gegenseitig verstärken und dadurch zu mehr Produktivität, Qualität sowie weniger Fehlzeiten und Fluktuation beitragen. Kollektiver Erfolg hat positive Rückwirkungen auf das Gefühlsleben und die Motivation der Mitarbeiter (s. Abb.1).

Ökonomische Vertreter des Sozialkapitalansatzes interessieren sich bisher ausschließlich für den Zusammenhang zwischen Sozialkapital und volks- und betriebswirtschaftlichen Ergebnissen. Gesundheitswissenschaftler interessierten sich ihrerseits wiederum ausschließlich für den Zusammenhang zwischen Sozialkapital und Gesundheit. Damit Gesundheit zu einer Leitidee mitarbeiterorientierter Unternehmenspolitik wird, scheint uns eine Zusammenführung beider Forschungslinien wünschenswert. Gesundheitsrelevant ist aus Sicht der Verfasser insbesondere, wie mitarbeiterfreundlich Beschäftigte ihr Unternehmen einschätzen. Darauf hat, wie gezeigt werden wird, der Umfang betrieblichen Sozialkapitals großen Einfluss.

Ein Unternehmen mit viel Sozialkapital wird durch horizontale Beziehungen gegenseitigen Vertrauens zusammengehalten. Die Mitglieder verkehren miteinander auf der Basis von Selbstdisziplin und Solidarität. Ihr Wohlbefinden bewegt sich auf vergleichbar hohem Niveau. Vertikale Beziehungen spielen eine nach wie vor große Rolle. An die Stelle eines autoritären tritt ein unterstützendes Führungsverhalten. Entscheidend ist die Qualität der sozialen Beziehungen zu Vorgesetzten, ebenso wie zu Gleichgestellten und ihre unterstützenden oder belastenden Konsequenzen.

Besondere Handlungsenergien entstehen in Organisationen erst inspiriert durch gemeinsame Ideen und Projekte, nicht durch bloße Kontakte oder alleine aus gegenseitigem Vertrauen. Wenn ihr Handeln mit den

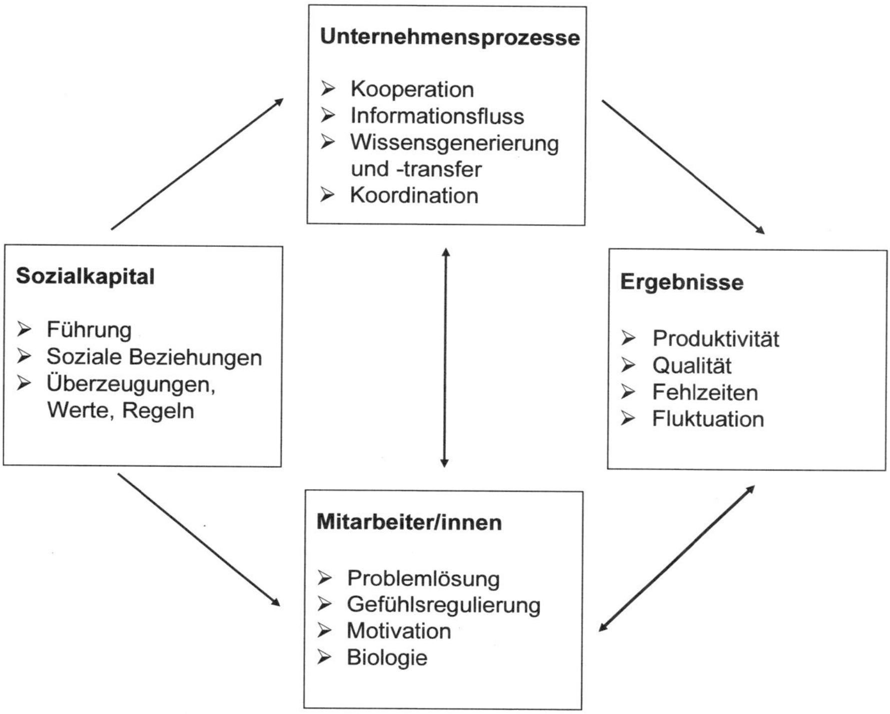

Abb. 1: Organisations- und personenbezogene Effekte des Sozialkapitals
Sozialkapital wirkt durch Erleichterung von Kommunikation, Kooperation etc. direkt auf Unternehmensprozesse und -ergebnisse. Und es wirkt durch Erleichterung von Problemlösung, Gefühlsregulation und Motivation direkt auf die Gesundheit und dadurch indirekt auf die Unternehmensprozesse und das Betriebsergebnis. Das Betriebsergebnis wiederum wirkt zurück auf das Befinden und die Gesundheit.

Werten und Zielen einer Organisation vereinbar ist, bilden derartig energiegeladene Netzwerke ein wichtiges Innovationspotenzial.

Bei alternden Belegschaften gewinnt der Wissenstransfer von älteren zu jüngeren Belegschaftsangehörigen an Bedeutung. Organisationen mit viel Sozialkapital werden dieses Problem leichter bewältigen als Organisationen mit wenig Sozialkapital.

Ein Unternehmen mit wenig Sozialkapital wird durch vertikale Abhängigkeitsbeziehungen zusammen gehalten. Es besteht eine Kultur des Misstrauens unter den Mitgliedern. Starke Rivalitäten unter den Abteilungen erfordern das Vorhandensein eines autoritären Topmanagements. Gefühle der Ausbeutung, Entfremdung und Machtlosigkeit sind entsprechend verbreitet. Auch Unternehmen mit hohem Humankapital bleiben unter diesen

Umständen weit unter ihren wirtschaftlichen Möglichkeiten. Die besten Mitarbeiter verlassen das Unternehmen. Bei den Verbleibenden verbreiten sich Organisationspathologien wie innere Kündigung, Mobbing oder Burnout. Der gesundheitliche Verschleiß nimmt zu, die Produktivität nimmt ab. Wenig Sozialkapital bedeutet geringe Loyalität gegenüber einer Organisation und fördert Ausbeutungstendenzen der Organisation durch ihre Mitglieder.

Humankapitaleffekte von Sozialkapital

Bei der Suche nach Erfolgsfaktoren von Unternehmen wird immer häufiger auf die Unterscheidung materieller und immaterieller Werte zurückgegriffen. Während die Identifizierung, Abschätzung und Beeinflussung materieller Werte wie Maschinen, Computer oder Immobilien wissenschaftlich kaum noch Fragen offen lässt, gilt dies für immaterielle Werte keinesfalls. Einig scheint man sich bislang nur darin zu sein, dass immaterielle Werte zweierlei gemeinsam haben: Sie sind ohne physische Substanz, und sie sind nicht monetär (zum Beispiel Dürndorfer u. Friedrichs 2004; Horváth u. Möller 2004; Sveiby 2002). Einig ist man sich also zunächst einmal darüber, was immaterielle Werte nicht sind. Beklagt wird das „Fehlen eines kohärenten theoretischen Rahmens für die entstehende Wissensökonomie“ (Sveiby 2002, 785). Die Identifizierung und Abschätzung relevanter Größen sei „eine Kunst, die weitgehend erst am Anfang ihrer Entwicklung steht“ (Sveiby 2002, 802).

Fakt ist die häufige Differenz zwischen dem Buchwert – Sachkapital plus finanzielle Ausstattung – eines Unternehmens und seiner Bewertung am Aktienmarkt. Zur Erklärung der hier beobachtbaren zum Teil erheblichen Unterschiede wird die Bewertung der immateriellen Leistungspotenziale von Unternehmen durch die Anleger herangezogen. Der Skandia Navigator enthält erste Vorschläge dazu. Ausgangspunkt ist der Gedanke, dass Gewinne ausschließlich von den Mitarbeitern einer Organisation erwirtschaftet werden. Gewinne seien Messgrößen für den Erfolg, nicht aber seine Urheber. Daraus ergibt sich die Betrachtung der Menschen in Unternehmen als Quelle der Vermögensbildung – nicht als Kosten- oder Risikofaktoren. Sveiby unterscheidet drei Bestandteile immaterieller Leistungspotenziale: die „Kompetenz des Personals“ oder das Humanvermögen, „interne Strukturen“, zum Beispiel soziale Netzwerke, Kultur und Wissensbestände und „externe Strukturen“, zum Beispiel die Beziehungen zu Kunden oder Lieferanten. Kaplan und Norton, die Entwickler der Balanced Scorecard, unterscheiden sehr ähnlich zwischen „interner Prozessperspektive“, „Kundenperspektive“ und „Lern- und Wachstumsperspektive“. Andere Autoren unterscheiden zwischen „Organisationskapital“, „Kundenkapital“ und „Humankapital“ (Sveiby 2002, 800; Horváth u. Möller 2004).

Unter den immateriellen Organisationsbedingungen wird gegenwärtig das Humanvermögen oder Humankapital am intensivsten diskutiert, mit den zentralen Elementen Bildung, Qualifikation, Wissen und spezielle Fähigkeiten. Auch Gesundheit wird als Teil des Humanvermögens gesehen, spielt aber in der organisationswissenschaftlichen Diskussion sowie in Theorie und Praxis der Betriebswirtschaft bisher keine oder eine untergeordnete Rolle. In einem umfangreichen Sammelband zum Thema Humankapital widmet sich nur ein einziger Beitrag explizit dem Thema Gesundheit (Priemuth 2004).

Immaterielle Unternehmensfaktoren stoßen mittlerweile auch in Banken und Ratingagenturen auf Interesse. Ein wesentlicher Grund dafür liegt in der zunehmenden Dienstleistungsintensität der Güterproduktion und in dem starken Wachstum des Dienstleistungssektors. Ein weiterer Grund liegt in der Erkenntnis, dass das Sachkapital eines Unternehmens in Form von Maschinen, Computern und Gebäuden alleine keinen Wettbewerbsvorteil mehr verspricht, weil sich Wettbewerber darin immer seltener voneinander unterscheiden und weil Sachkapital alleine keine Werte schafft. Dies ist Aufgabe der Mitarbeiterinnen und Mitarbeiter eines Unternehmens, weil nur sie darüber entscheiden, was mit Maschinen und Computern tatsächlich geleistet wird, mit welcher Effizienz und in welcher Qualität und Quantität. Auch Bildung und Wissen der Mitarbeiterinnen und Mitarbeiter sind zunächst einmal nur ein Potenzial. Welche Werte mit ihrer Hilfe geschaffen werden, hängt davon ab, wie gut einem Unternehmen die Pflege und Mobilisierung seines Humanvermögens gelingt.

Theoretisch ist dies heute unumstritten. In der Praxis der Unternehmensführung spielen diese Argumente eine nach wie vor geringe Rolle: „Es darf vermutet werden, dass es wohl kein einziges Dax-Unternehmen gibt, in dessen Standardberichtssystem für den Vorstand zum Thema Personal andere Berichtsgrößen als Kapazität oder Kosten enthalten sind“ (Schütte 2004a, 104). Menschen sorgen für Erträge und Wettbewerbsvorteile, dem Vorstand wird aber nur über Zahlungsströme, Investitionsrechnungen und Ergebnisentwicklungen berichtet (Dürndorfer 2004, 117 ff.).

Kreativität, Leidenschaft und Loyalität lassen sich dauerhaft weder durch Erzeugung von Angst noch durch materielle Anreize steigern. Was aber sonst sind ihre treibenden Kräfte? In der Literatur dazu werden immer wieder – wenn auch in unterschiedlicher Rangordnung – die folgenden Bedingungen genannt: Eigene Wachstums- und Entwicklungsmöglichkeiten, intrinsische Motivation durch Freude am zu erwartenden Ergebnis, vertrauensvolle Zusammenarbeit im Team, gute Beziehungen zum direkten Vorgesetzten, emotionale Bindungen an Aufgaben, Kollegen, Unternehmen, Produkte und Dienstleistungen (Wood et al. 2004). Das Sozialkapital eines Unternehmens ist neben finanziellen Anreizen die wichtigste treibende Kraft zur Mobilisierung des Humankapitals. Sozialkapital ist nicht nur für die Funktionsfähigkeit sozialer Systeme von grundlegender Bedeutung, sondern – wegen der engen Verflechtung sozialer, psychischer und biologischer Prozesse – auch für das Wohlbefinden und die physische Gesundheit ihrer Mitglieder.

Wirtschaftliche Effekte von Sozialkapital[4]

Sozialkapital ist ein immaterieller Unternehmenswert. Er ist nicht nur faktisch, sondern auch terminologisch bisher nur schwer greifbar, denn es gibt kein allgemein akzeptiertes Verständnis davon, was ein immaterieller Unternehmenswert ist (Schmalenbach Gesellschaft 2004, 225–227). Die Schmalenbach Gesellschaft für Betriebswirtschaft findet eine negative Beschreibung als „nicht monetäre Werte ohne körperliche Substanz". Gemeinsam ist ihnen die erschwerte Fassbarkeit und Messung von seinen beobachtbaren Effekten.

Hohes Sozialkapital sollte sich positiv auf den wirtschaftlichen Erfolg eines Unternehmens auswirken. Konkrete Forschungsergebnisse hierzu sind bislang jedoch eher rar. Der Forschungsstand ist dünn, über mehr oder weniger deutliche Hinweise auf die Bedeutung des Sozialkapitals ist man nicht hinausgekommen, denn es fehlt an einer ertragreichen Methode zur Identifizierung der Zusammenhänge. Einige gute und wichtige Ansätze liegen dennoch vor.

Güter und Dienstleistungen werden in einer konventionellen Vorstellung durch die Kombination von Arbeit, Boden und Kapital erstellt. Mit Gutenberg lässt sich die Arbeit zudem in dispositive und objektbezogene Arbeit unterscheiden. Die ausgeübten Tätigkeiten können darüber hinaus sehr unterschiedliche Anforderungen stellen. Diese werden unter anderem bei der moderneren Betrachtung der Qualifikationsanforderungen unter dem Leitbild des Humankapitals in den Mittelpunkt gestellt, wobei besonders die Ausstattung der Mitarbeiter mit Kenntnissen und Fertigkeiten betrachtet wird. Diese Ressourcen sind in die institutionellen Rahmenbedingungen einer Gesellschaft eingebunden, dazu gehören etwa Rechtssicherheit, die Sicherung von Verfügungsrechten und die Bereitstellung

[4] Max Ueberle und Wolfgang Greiner

von infrastrukturellen Voraussetzungen, ergänzt um Normen und Werte einer Gesellschaft. Die letzteren Voraussetzungen sind immaterieller Natur. Zu solchen immateriellen Voraussetzungen für wirtschaftliche Tätigkeit gehört auch der Umgang von Menschen miteinander, ihre Neigung zu kooperativem oder defektem Verhalten. Das Phänomen wird bereits in der klassischen ökonomischen Literatur beschrieben. Adam Smith beschreibt eine „unsichtbare Hand“ (Smith 1990 [1789], 371), mit der die Koordination einer Gesellschaft auf marktlicher Basis erfolgt. Durch gemeinsame Rationalität von Individuen werden Handlungen berechenbar und gehen mit einer einheitlichen Zielrichtung einher, bei volkswirtschaftlicher Betrachtung mit dem Ziel der Sicherstellung einer Güterversorgung. Es entsteht somit ein selbstregulierendes System, in dem das Entstehen von Transaktionskosten vermieden wird. Sozialkapital ist insofern ein Katalysator für die Nutzung der Produktionsfaktoren, die bei Vorliegen von Sozialkapital effizienter ausgenutzt werden können. Somit substituiert Sozialkapital innerhalb gewisser – vermutlich enger – Grenzen die klassischen Produktionsfaktoren und reduziert die Überwachungskosten. Es ist ein Hilfsmittel zur Überwindung der „doppelten Kontingenz“ im Sinne der Systemtheorie.

Unter diesem Gesichtspunkt kann die semantische Stringenz der Wortbildung Sozialkapital besonders unter ökonomischem Gesichtspunkt angezweifelt werden, da die Kapitaleigenschaft nicht unbestritten (Adler u. Kwon 2002, 21 f.) ist. Arrow (2000) betrachtet als konstitutiv für Kapital die Akkumulationsfähigkeit, die Möglichkeit bewusster materieller Investition sowie die Möglichkeit zur Veräußerung. Diese Kriterien sind für Sozialkapital nicht uneingeschränkt gegeben. Besonders die gezielte Produzierbarkeit von Sozialkapital im Rahmen gebräuchlicher Planungszeiträume wird zum Beispiel durch Paldam und Svendsen (2000, 345 ff.) bezweifelt. Dabei beziehen sie sich allerdings auf gesamtwirtschaftliche Verhältnisse, etwa den Vergleich zwischen der Ausstattung mit Sozialkapital in Nord- und Süditalien durch Putnam et al. (1993). In dem überschaubareren Setting eines Wirtschaftsbetriebes können kürzere Zeiträume vermutet werden, innerhalb derer Sozialkapital geschaffen werden kann. Dies geschieht selbstverständlich nicht losgelöst von den gesamtgesellschaftlichen Bedingungen. Die Ausstattung mit Sozialkapital in einem Betrieb ist jedoch nicht mit der gesamtgesellschaftlichen Sozialkapitalausstattung identisch. In dem hier vorliegenden Forschungsvorhaben ergibt sich bei den untersuchten Betrieben eine durchaus divergierende Ausstattung, obgleich das Personal in der gleichen Region rekrutiert wird. Somit erscheint die Ausstattung mit Sozialkapital auch auf der Mikroebene beeinflussbar.

Schwieriger ist die Beurteilung der Übertragbarkeit von Sozialkapital. In der Tat ist es als solches nicht veräußerbar und somit auch kaum einzeln zu bewerten. Putnam et al. (1993, 170) gehen daher von einem öffentlichen Gut aus, bei dem niemand vom Konsum ausgeschlossen werden kann, welches aber auch ohne Verlust von verschiedenen Akteuren zugleich konsumiert werden kann. Allerdings steigert die Ausstattung eines Unternehmens mit Sozialkapital dessen Potenzial und somit dessen Unternehmenswert insgesamt. Letztlich geht es hier um die Fragestellung der Verfügungsrechte (Schüller 1992) über Sozialkapital im Unternehmenszusammenhang. Das Auseinanderfallen der Gebrauchs-, Aneignungs- und Übertragungsrechte wird bei der Betrachtung des betrieblichen Sozialkapitals besonders augenfällig. Die Verfügungsrechte sind verteilt. Investitionen in Sozialkapital unterliegen einer zweifachen Bindung, zum einen an die einzelnen Mitarbeiter, zum anderen an die Gruppe. Die Gruppe als solche kann möglicherweise durch Vertragsbindung tendenziell fixiert werden. Allerdings ist nach ihrem Auflösen das Sozialkapital nicht durch die Gruppenmitglieder individuell auf andere Gruppen übertragbar, sondern es ist entwertet, eine Bereicherung des ausscheidenden Gruppenmitgliedes besteht nicht.[5]

Damit entfällt die Möglichkeit des Unternehmens zu einer vertraglichen Absicherung von Investitionen in Sozialkapital, da eine Bereicherung des ausscheidenden Mitarbeiters nicht vorliegt und eine Externalisierung – in andere Unternehmen – nicht möglich ist. Andererseits ist das Vorliegen eines Investitionsrisikos für ein Unternehmen nichts Ungewöhnliches und somit nicht per se eine Ursache, den Kapitalcharakter des Sozialkapitals zu bezweifeln.

Dem entspricht auch das bisher gering entwickelte interne und externe Berichtswesen hinsichtlich des Sozialkapitals. Es gibt „kaum Aufschluss über die entscheidenden Prozesse in Organisationen [...] deren Vermögenswerte größtenteils nicht monetärer Natur und immateriell sind“ (Sveiby 2002, 792). Die Schwierigkeit gilt generell für immaterielle Werte, für die Ausstattung mit Humankapital ist sie etwas besser untersucht als für die Ausstattung mit Sozialkapital. Die monetäre Bewertung kommt nach dem bisherigen Erkenntnisstand hier an ihre Grenzen (Stoi 2004, 200 f.). Ein steuerungsorientiertes Controlling ist dennoch möglich, einige Ansätze werden im Anschluss an die Darstellung der Forschungsergebnisse im Abschnitt Investitionen in das Berichtswesen (S. 12) vorgestellt. Davon zu unterscheiden ist die externe Berichterstattung, die in diesem Bereich noch weitgehend ungeklärt und nicht möglich ist (Schütte 2004b; Schmalenbach Gesellschaft 2004; Glaser et al. 2006, 35–43).

---

5 Die Kompetenz zum Aufbau von Sozialkapital kann dagegen durchaus individuell gebunden sein, gehört jedoch in den Bereich des Humankapitals.

In der vorliegenden Studie werden wirtschaftliche Effekte betrieblichen Sozialkapitals untersucht. Daneben ist von wesentlichen externen Effekten der Sozialkapitalausstattung auszugehen, wie beispielsweise einer verbesserten Gesundheit von Mitarbeitern, die sich auch auf die zu erwartenden Ausgaben der Sozialversicherungsträger auswirken wird.

Für die vorliegende Studie ist weniger das zahlreiche Schrifttum zu den volkswirtschaftlichen Auswirkungen des Sozialkapitals von Belang, vielmehr Untersuchungen zu den Auswirkungen internen betrieblichen Sozialkapitals. In der Unternehmenspraxis stellt sich im Rahmen der Sozialkapitalbetrachtung häufig die Frage der Rentabilität einer Investitionsentscheidung in Sozialkapital. Dabei muss zwischen den betrieblichen Auswirkungen externen Sozialkapitals im Unternehmensumfeld und den Auswirkungen betriebseigenen Sozialkapitals unterschieden werden. Im Bereich des externen (gesamtwirtschaftlichen oder gesellschaftlichen) Sozialkapitals stellt Sabatini (2006) in einer Untersuchung italienischer Klein- und Mittelbetriebe fest, dass festgefügte soziale Bande zu Familie und Freunden im gesellschaftlichen Umfeld der Unternehmen zu einer geringeren Produktivität führen. Für eine geographische Region insgesamt, also unter volkswirtschaftlicher Betrachtung, gilt ein solcher Befund offenbar nicht. Hier geht das Ausmaß von Sozialkapital mit einer erhöhten wirtschaftlichen Leistungsfähigkeit einher. Ebenfalls für Italien zeigen dies Helliwell und Putnam (1995) auf. Hier wird vorwiegend das Netzwerkkapital unter dem Sozialkapitalbegriff verstanden.

Es ist bei der Betrachtung solcher Ergebnisse zu beachten, dass der Begriff Sozialkapital in vielen Untersuchungen generell positiv konnotiert ist und negative Effekte aus dem Vorliegen von Sozialkapital somit bei vielen Autoren gar nicht unter den Begriff fallen. Anders sieht das Moldaschl, der aus der Unternehmenspraxis einen widersprechenden Befund überliefert. Ohne weitere empirische Fundierung spricht er von betriebswirtschaftlichen „Ironien der Sozialkapitalnutzung“ (Moldaschl 2006, 611 ff.) und unerwünschten Folgen aus dem Vorliegen von Sozialkapital. Aus der Managementperspektive gehörten dazu das Entstehen von Gruppenegoismen und Desintegration innerhalb des Unternehmens, aus der Mitarbeiterperspektive seien Gruppendruck, verminderte individuelle Autonomie und Entsolidarisierung zu befürchten. Es handelt sich dabei offenbar um Erfahrungswissen. Über die Häufigkeit des Auftretens solcher Zusammenhänge ist nichts bekannt.

Netta (2006) untersucht in einer Studie im Bertelsmann Konzern die Zusammenhänge zwischen Aspekten von Sozialkapital und dem Unternehmenserfolg. Die Ausstattung mit Sozialkapital bildet er durch die Umsetzung des Unternehmensleitbildes[6] des Konzerns ab, dessen Umsetzungsgrad in einer Mitarbeiterbefragung in den einzelnen Unternehmen des Konzerns abgefragt wird. Außerdem wird die Zufriedenheit der Mitarbeiter erfragt. Diese beiden Faktoren werden mit der Umsatzrendite der Unternehmen in Beziehung gesetzt. Es wird festgestellt, dass Konzernunternehmen, die hinsichtlich der abgefragten erlebten Umsetzung des Unternehmensleitbildes zum einen und hinsichtlich der berichteten Mitarbeiterbzufriedenheit zum anderen in dem oberen Quartil liegen, zugleich diejenigen Unternehmen sind, die hinsichtlich der Umsatzrendite zu dem oberen Quartil gehören. Der Zusammenhang ist umgekehrt auch für das untere Quartil zu beobachten. Diese Information kann einen Hinweis auf einen Zusammenhang geben – über die Wirkungsrichtung ist jedoch nichts ausgesagt. Vorteilhaft bei diesem Vorgehen ist die Tatsache, dass die Betrachtung von konzernzugehörigen Unternehmen einige konfundierende Einflüsse ausschalten zu können scheint, denn eine Betrachtung von unabhängigen Unternehmen liefert regelmäßig kaum aussagefähige Erkenntnisse – auch nicht bei Westlund und Nilsson (2003) in einer explorativen Studie von Unternehmen in der schwedischen Mittelstadt Östersund. Für Unternehmen in einem Gewerbegebiet (N=49) konnte kein Zusammenhang zwischen den Umsatzsteigerungen der Unternehmen und Investitionen in internes Sozialkapital belegt werden.

Für eine differenzierte Untersuchung fehlen bei einem unternehmensübergreifenden Vergleich oft die entsprechenden Daten für Sozialkapitalausstattung und Erfolg. Sind doch Daten vorhanden, werden diese häufig unterschiedlich erhoben oder sind wegen der unterschiedlichen Branchen- und Betriebsstrukturen nicht vergleichbar. Innerhalb eines Konzerns oder eines Unternehmens kann wohl eher mit einer vergleichbareren Datenlage gerechnet werden. Das gilt auch für die Studie von Greve, Benassi und Sti (2006), in der Sozialkapitaleffekte in Hochschulinstituten untersucht werden. Die Autoren unternehmen es dort ebenfalls, die Auswirkungen von Sozialkapital auf die Produktivität zu messen. Die Messung der Produktivität erfolgt durch Routinedaten. Gemessen wird die Anzahl der Projekte, an denen ein Mitarbeiter beteiligt ist sowie die Anzahl der fertiggestellten Projekte. Eine weitere Zielvariable ist die grob impactfaktorgewichtete Anzahl von Veröffentlichungen. Die Ausstattung mit Sozialkapital wird durch Befragung erfasst, in einer der drei untersuchten Einrichtungen durch einen Fragebogen, in den beiden anderen durch strukturierte Interviews. Abgefragt wird primär das Vorliegen von Netzwerkkapital, opera-

6 „Bertelsmann Essentials“ (Bertelsmann 2005) mit eher konventionellen Inhalten wie partnerschaftlicher Umgang, Unternehmergeist, Förderung der Mitarbeiterkreativität und gesellschaftliche Verantwortung.

tionalisiert als die Anzahl von Kontakten zu Kollegen. Im Ergebnis wird durchweg ein rasch ansteigender, aber doch geringer positiver Effekt von Sozialkapital auf die Produktivität festgestellt. Die drei untersuchten Forschungseinrichtungen beschäftigen naturgemäß akademische Mitarbeiter (N=56) mit einem vergleichsweise hohen individuellen Handlungsspielraum. Ebenfalls in einem innovationsnahen Setting bewegt sich Kaasa (2007) mit einem umfangreichen europäischen Vergleich aufgrund von statistischem Datenmaterial der Europäischen Union. Kaasa begreift Sozialkapital als soziale Einbindung, die sich in Faktoren wie Hilfsbereitschaft und Gesetzestreue niederschlägt und korreliert diese mit Indikatoren für Innovationen wie zum Beispiel der Patentintensität. Ausgewertet wurden Routinedaten aus Bevölkerungsstatistiken. Es wird ein recht hoher Zusammenhang zwischen der sozialen Einbindung und der Innovationstätigkeit in einer Volkswirtschaft aufgezeigt.

Auf der betriebswirtschaftlichen Ebene liegen bisher Einzelfallstudien vor. Einen beeindruckenden statistischen Aufwand betreiben Tsai und Ghoshal (1998) bei der Auswertung von Befragungsdaten in einem nicht näher beschriebenen multinationalen Elektronikunternehmen. Unter Sozialkapital wird hier die Intensität der Austauschbeziehungen zwischen Abteilungen des Unternehmens verstanden, die signifikant schwach mit deren Innovationsstärke korrelieren. Dabei wird eine Wirkungskette ermittelt, die vor allem über den Mediator „Quantität des Güteraustauschs“ zwischen den Abteilungen wirkt. Abteilungen, die in einem stärkeren Austauschverhältnis zu anderen Abteilungen stehen, sind zugleich innovativer als Abteilungen, die sich gering mit anderen Abteilungen austauschen.

Insgesamt kommen die Auswirkungen von Sozialkapital offenbar dort stärker zum Tragen, wo die Mitarbeiterinnen und Mitarbeiter einen weiteren Handlungsspielraum haben und es auf das Beschreiten neuer Wege – sprich Innovationen – ankommt (Nahapiet u. Goshal 1998, 260 et passim).

Gesundheit – Leitidee einer mitarbeiter- und ergebnisorientierten Unternehmenspolitik[7]

Unternehmen dienen einem wirtschaftlichen Zweck. Zur Erfüllung dieses Zwecks benötigen sie finanzielle Mittel, Mitarbeiter sowie Sachmittel, um durch deren Kombination Produkte und Dienstleistungen erstellen zu können, die ihre Kunden zufriedenstellen. Die Orientierung am Kapitalmarkt und an den Erwartungen der Kunden hat durch die Globalisierung eine er-

[7] Bernhard Badura

hebliche Verstärkung erfahren. Die Orientierung an den Mitarbeitern dagegen hat erkennbar gelitten. Die bereits erwähnte gemeinsame Expertenkommission der Bertelsmann Stiftung und Hans-Böckler-Stiftung, der zahlreiche namhafte Personen aus Politik, Wissenschaft, Wirtschaft, Selbstverwaltung sowie Gewerkschafter und Arbeitgebervertreter angehörten, hat dazu in ihrem Abschlussbericht festgestellt: „Globalisierung und der Strukturwandel in Richtung wissensintensiver Dienstleistungsberufe erhöhen in vielen Fällen den Zeitdruck, die Komplexität der Arbeit und die Verantwortung der Beschäftigten. Das Tempo des sozioökonomischen Wandels hat deutlich zugenommen. Sicherheit und Berechenbarkeit der Markt- und Arbeitsverhältnisse haben zugleich spürbar abgenommen. Die ökonomischen Veränderungen und anhaltenden Restrukturierungsprozesse in den Unternehmen führen häufig zu einer Intensivierung der Arbeit und einer Verstärkung von Unsicherheit, Ängsten, Misstrauen und Hilflosigkeitsgefühlen sowie zu Angst vor Arbeitslosigkeit unter den Beschäftigten mit möglichen Auswirkungen auf ihre Gesundheit und Leistungsfähigkeit und damit auf die Produktivität der Unternehmen und die Qualität ihrer Produkte und Dienstleistungen“ (Bertelsmann Stiftung u. Hans-Böckler-Stiftung 2004, 30).

Eine länger anhaltende Vernachlässigung von Sozialkapital und Gesundheit der Mitarbeiter wird zu einer Beeinträchtigung ihrer Leistungsfähigkeit und Leistungsbereitschaft beitragen, die die wesentlichen Quellen der Werteerzeugung bilden. Dies wiederum dürfte nicht ohne Auswirkungen auf die Qualität und Produktivität und damit letztlich auch auf die Kunden und Kapitalmärkte bleiben. Wenn durch verstärkten Rationalisierungsdruck das Sozialkapital leidet, wird auf die Dauer das psychische Befinden und die physische Gesundheit der Beschäftigten Schaden nehmen. Der in den zurückliegenden Jahren zu beobachtende zunehmende Anteil psychischer Beeinträchtigungen bei den Ursachen für Arbeitsunfähigkeit und Berentung liefert dafür klare Indizien. Der dadurch erzeugte betriebs- und volkswirtschaftliche Schaden ist beträchtlich.

Nicht nur Kunden und Investoren machen sich ein „Bild“ von einer Organisation, auch ihre Mitglieder. Mitarbeiterinnen und Mitarbeiter registrieren sehr genau, ob sie in einem Unternehmen als bloße Kostenfaktoren beziehungsweise als Risikofaktoren einer störungsfreien Produktion gesehen werden. Je mehr dies aus ihrer Sicht zutrifft, umso unwohler werden sie sich fühlen, und umso weniger werden sie sich für den Erfolg des Unternehmens einsetzen (Schein 1997; O'Toole u. Lawler 2006; Badura et al. 2006). Mitarbeiterorientiert sind Unternehmen, die ihre Mitarbeiterinnen und Mitarbeiter als wichtigste Quelle der Werteerzeugung sehen, die es entsprechend zu pflegen und zu fördern gilt. Was genau aber heißt das?

O'Toole und Lawler haben in ihrem jüngst erschienenen Bericht zur Situation der Arbeit in den Vereinigten Staaten den Forschungsstand wie folgt zusammengefasst: Menschen wollen durch ihre Arbeit drei grundlegende Bedürfnisse erfüllt sehen: Sie suchen ausreichende finanzielle Vergütung und sichere Arbeitsplätze, sie suchen Arbeit, die Sinn stiftet und persönliche Weiterentwicklung ermöglicht, und sie suchen schließlich Arbeit, die einen Kontext unterstützender sozialer Beziehungen bietet (O'Toole u. Lawler 2006).

Mitarbeiterorientierung beinhaltet mehr als eine menschengerechte Gestaltung der Arbeitsbedingungen. Mitarbeiterorientierung beinhaltet auch eine menschengerechte Gestaltung der Kooperation im sozialen System Unternehmen. Inspiriert durch den Sozialkapitalansatz wird im Folgenden der Versuch einer dementsprechenden Konzeptualisierung, Operationalisierung und Abschätzung von Mitarbeiterorientierung unternommen. Dabei stellen sich folgende Fragen: Sind den Mitarbeiterinnen und Mitarbeitern gemeinsame Überzeugungen und Werte bekannt und werden sie gelebt? Fühlen sie sich durch das Management wertgeschätzt? Genießen Management und Betriebsrat ihr Vertrauen? Wie stark ist der Zusammenhalt der Mitarbeiterinnen und Mitarbeiter untereinander? Wie offen wird die Konfliktbewältigung im Unternehmen erlebt? Wie gerecht und fair geht es zu, zum Beispiel bei Entlohnung und Beförderung? Die Mitarbeiterorientierung eines Unternehmens schlägt sich darin nieder, wie aus Sicht der Mitarbeiterinnen und Mitarbeiter mit Herausforderungen und Menschen umgegangen wird. Mangelhafte Gesundheit der Mitarbeiterinnen und Mitarbeiter ist in erheblichem Maße eine Folge mangelhafter Mitarbeiterorientierung der Unternehmensleitungen. Der aus Sicht der Verfasser entscheidende Zusammenhang zwischen Führung, Organisation, Gesundheit und Erfolg wird in den Unternehmen heute meist nicht hergestellt. Er liegt auch nicht so ohne weiteres auf der Hand.

Die Beobachtung und Bewertung des Gesundheitszustandes der Beschäftigten erfolgt in den Betrieben bisher zumeist mit Hilfe zweier Kennzahlen: der Anzahl der Arbeitsunfälle und der Anzahl krankheitsbedingter Fehltage. Dies trägt zur deutlichen Unterschätzung der Gesundheitsthematik bei. Im Rahmen einer Studie mit 12.000 Vollzeitbeschäftigten der Firma Dow Chemical konnten dazu erste Erkenntnisse vorgelegt werden. Sie zeigen, dass sich die mit der Alterung der Belegschaften zunehmenden chronischen Erkrankungen signifikant auf die Leistungsfähigkeit eines Unternehmens auswirken (Baase 2006). Beschäftigte, deren Arbeit durch Krankheit beeinträchtigt wird, verursachen erhebliche Produktivitätsverluste. Die Kosten bedingt durch „Präsentismus" liegen in der genannten Studie weit über den Kosten bedingt durch „Absentismus". Daraus folgt, dass Fehlzeiten als Kennzahlen unzureichend sind, weil sie keine Kausalitäten abbilden, und weil sie weder den Gesundheitszustand der Beschäftigten adäquat einzuschätzen erlauben, noch die krankheitsbedingten Kosten, die in der genannten Studie auf zirka 10 Prozent der gesamten Personalkosten veranschlagt werden. Auch der durch eine aktive Gesundheitspolitik entgangene Nutzen bleibt unerkannt. Das World Economic Forum schätzt die Investitionsrendite für ein professionelles Gesundheitsmanagement auf 300 Prozent (World Economic Forum 2007). Für die Zielsetzung einer innovativen betrieblichen Gesundheitspolitik folgt daraus: Nicht die Vermeidung von Fehlzeiten, sondern der Erhalt und die Förderung von Beschäftigungsfähigkeit durch Investitionen in das betriebliche Sozialkapital werden zukünftig eine zentrale Zielgröße.

Lange Fehlzeiten, Frühberentungsgeschehen, Krankheits- und Sterbeursachen werden durch eine überschaubare Zahl chronischer Beeinträchtigungen verursacht, die weltweit das Krankheitspanorama beherrschen. Das sind insbesondere Erkrankungen des Stütz- und Bewegungsapparates, Herz-Kreislauf-Erkrankungen, Stoffwechselkrankheiten, Neubildungen sowie zunehmend psychische Störungen. Dafür verantwortlich sind sowohl unspezifische Risikofaktoren wie zum Beispiel chronischer Stress oder mangelhafte soziale Integration als auch spezifische Risikofaktoren wie zum Beispiel Rauchen, Bewegungsarmut, Übergewicht oder körperliche Fehlbelastung. Alter ist neben Geschlecht, Bildung und Stellung in der Hierarchie einer der wichtigsten Prädiktoren für Krankheitsanfälligkeit. Die Alterszusammensetzung einer Belegschaft ist deshalb mitverantwortlich für das Fehlzeitengeschehen und die dadurch verursachten Kosten. Der Zusammenhang zwischen Bildung, Berufsstatus, Alter und Gesundheit ist jedoch variabel und auch wesentlich durch die Höhe des Sozialkapitals und die Unternehmenspolitik beeinflusst. Investitionen in die Bedingungen positiven psychischen und körperlichen Befindens der Beschäftigten erhöhen die Arbeitsproduktivität und reduzieren die Krankheitsanfälligkeit. Sie leisten damit einen Beitrag zum Erhalt der Beschäftigungsfähigkeit und reduzieren die Nachfrage nach Leistungen der sozialen Sicherungssysteme. Auch mit Blick auf den demografischen Wandel ist dies von großer Bedeutung.

Schutz, Befähigung und Förderung der Mitarbeiterinnen und Mitarbeiter beinhaltet heute mehr als fachliche Qualifizierung, Vermeidung physischer Risiken und Förderung der physischen Arbeitskraft. Ins Zentrum rücken das psychische Befinden, Vertrauen in die Unternehmensleitung sowie die emotionale Bindung der Mitarbeiterinnen und Mitarbeiter an ihre Aufgabe, ihr Team, ihre Organisation als wesentliche Voraussetzungen hoher Leistungsfähigkeit und Leistungsbereitschaft.

Dematerialisierung der Arbeitsbedingungen und – damit oft einhergehend – zunehmende Probleme an der Mensch-Mensch-Schnittstelle richten den Blick einer mitarbeiterorientierten Unternehmenspolitik auf das soziale System Betrieb und seine Auswirkungen auf psychische und biologische Prozesse. Unternehmen unterscheiden sich im Umfang ihres Sozialkapitals so, wie sie sich im Umfang ihres Sach- und Humankapitals unterscheiden. Je höher ihr Sozialkapital ist, desto gesünder sind ihre Mitarbeiterinnen und Mitarbeiter. Je höher ihr Sozialkapital ist, desto besser fallen die Betriebsergebnisse aus.

3 Das Unternehmensmodell – Elemente und Zusammenhänge[8]

Unternehmen lassen sich aus unterschiedlicher Perspektive betrachten, zum Beispiel aus betriebswirtschaftlicher, technischer, psychologischer oder soziologischer Sicht. Eher neu ist die gesundheitswissenschaftliche Perspektive und die hier aufgeworfene Frage, inwieweit Arbeit und Organisation auf das psychische und körperliche Befinden Einfluss nehmen, mit Folgen für die Leistungsfähigkeit einzelner Mitglieder, einer Abteilung oder eines ganzen Betriebes. Im Folgenden wird eine Verknüpfung soziologischer, gesundheitswissenschaftlicher und betriebswirtschaftlicher Perspektiven versucht. Zentral dabei ist die Annahme, dass sich Organisationen nicht nur in ihrer Ausstattung mit Sach- oder Humankapital unterscheiden, sondern in gleichem Maße auch in ihrer Ausstattung mit Sozialkapital. Sozialkapital ist dabei als immaterieller Vermögenswert zu sehen, der auf die Gesundheit der Organisationsmitglieder und auf das Betriebsergebnis Einfluss nimmt.

Das der Untersuchung zugrunde liegende Unternehmensmodell ist abgeleitet aus dem allgemeinen Modell, das im vorangegangenen Kapitel entwickelt wurde. Es gliedert sich in Treiber und Ergebnisse (s. Abb. 2). Die Treiber (unabhängige Variablen) liegen in Unternehmen in unterschiedlicher Ausprägung vor und nehmen nach unseren hypothetischen Überlegungen Einfluss auf die Ergebnisse (abhängige Variablen). Zu den Treibern gehören neben den drei Sozialkapitalkomponenten die immateriellen Arbeitsbedingungen sowie die Qualifikation der Beschäftigten. Die Ergebnisse sind in Früh- und Spätindikatoren untergliedert. Zu den Frühindikatoren zählen das physische und psychische Befinden der Beschäftigten, das Commitment, Organisationspathologien (z. B. Mobbing) sowie die Work-Life-Balance. Spätindikatoren sind beispielsweise Fehlzeiten, Arbeitsunfälle und die Fluktuation. Aus Modellsicht sind die Treiber direkt beeinflussbar, während die Ergebnisse über die Veränderung der Treiber indirekt beeinflusst werden können. Im Folgenden werden Treiber, Früh- und Spätindikatoren nacheinander vorgestellt und erläutert.

---

[8] Martina Behr, Petra Rixgens und Bernhard Badura

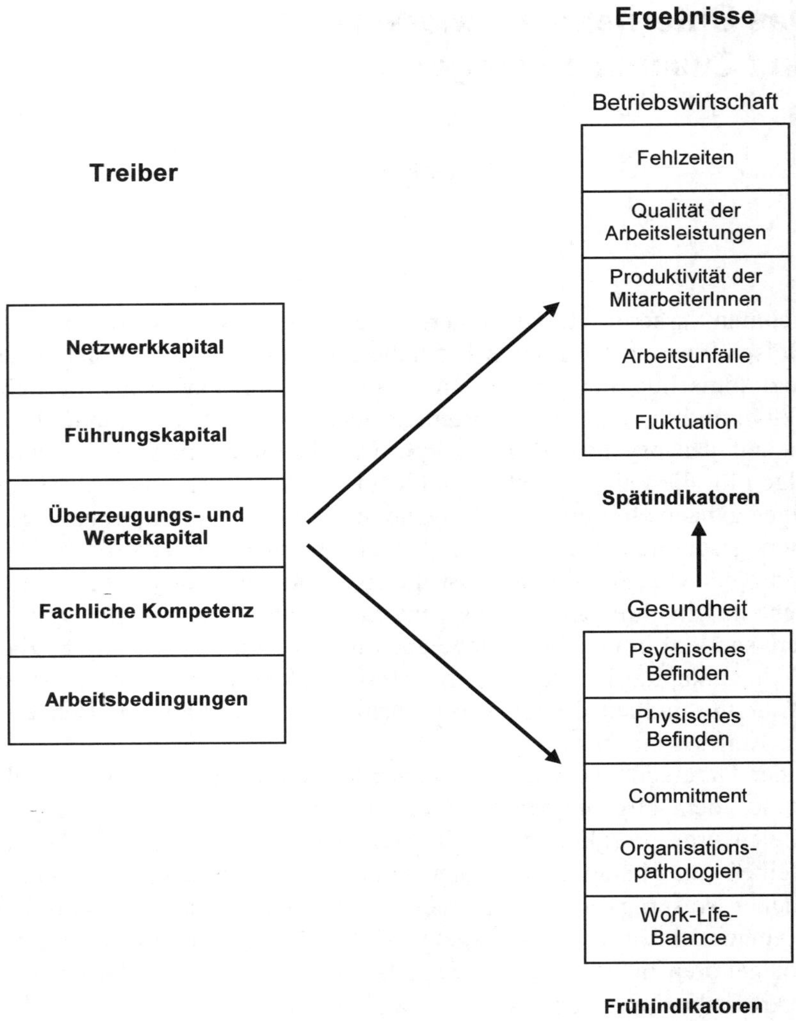

Abb. 2: Das Unternehmensmodell der Studie: Treiber und Ergebnisse

Netzwerkkapital

Verhalten (auch Arbeitsverhalten), Wohlbefinden und Gesundheit eines Menschen hängen maßgeblich von der Güte seiner sozialen Beziehungen ab. Soziale Beziehungen, die als positiv, vertrauensvoll und unterstützend erlebt werden, beeinflussen Motivation, Emotionen sowie kognitive Prozesse und haben einen positiven Einfluss auf Lebensqualität, Gesundheitsverhalten und Lebensdauer. Soziale Beziehungen, die als feindselig oder konfliktbeladen erlebt werden, wirken belastend und haben einen negativen Einfluss auf Verhalten, Lebensqualität und Lebensdauer. Dies gilt nicht nur für die sozialen Kontakte des Privatlebens, sondern auch für berufliche Beziehungen, die für viele Menschen einen erheblichen Teil ihres Beziehungslebens ausmachen.

Die Beschaffenheit sozialer Beziehungen kann durch eine Reihe von Parametern abgebildet werden, wie beispielsweise Umfang, Reichweite und Stabilität. Einen zentralen Stellenwert nimmt die Qualität der Beziehungen ein. Damit gemeint sind beispielsweise das Ausmaß des Zusammenhalts der jeweiligen Gruppenmitglieder, die Güte der Kommunikation unter ihnen und das Ausmaß der gegenseitigen Hilfeleistung.

Abb. 3: Das Sozialkapital von Organisationen: Elemente und Indikatoren

Neben der salutogenen Wirkung für die Mitglieder hat das Netzwerkkapital einen weiteren positiven Einfluss: Es hilft, Prozesse zu ermöglichen, zu verbessern und zu beschleunigen und damit die Produktivität des Unternehmens zu steigern (zum Beispiel Tsai u. Ghoshal 1998), oder mit den Worten von Leenders und Gabbay: "Using the 'lens' of corporate social capital, we have an explicit way in which to study effective and ineffective organizations" (2002, 483).

Der Zusammenhalt innerhalb einer sozialen Einheit – in der Studie auf der Ebene der einzelnen Abteilungen oder Teams einer Organisation – ist ein wichtiger Indikator für die Güte der sozialen Beziehungen beziehungsweise des Netzwerkkapitals. Indikatoren für das Zusammengehörigkeitsgefühl sind das soziale Klima innerhalb des Teams, die Integration aller Teammitglieder sowie die gemeinsame Problemlösung und Gefühlsregulierung.

Für die Kommunikation in einer Abteilung bedeutsam sind sowohl das Ausmaß des „miteinander Redens" als auch der Umgangston.

Der „soziale Fit" einer Gruppe oder Abteilung bezeichnet die zwischenmenschliche „Passung" der Mitglieder. Er bezieht sich nicht darauf, inwieweit die Kolleginnen und Kollegen fachlich zueinander passen, sondern inwieweit sie auf der menschlichen Ebene miteinander harmonieren. Demnach ist ein hoher sozialer Fit der Gruppenmitglieder ein wichtiger Faktor für ein gut funktionierendes Arbeitsteam.

Das Ausmaß und die Güte der sozialen Unterstützung innerhalb einer sozialen Einheit sind weitere wichtige Elemente des Netzwerkkapitals. Soziale Unterstützung bezeichnet die Bereitschaft der Teammitglieder, sich füreinander einzusetzen, sich gegenseitig zu helfen und zu unterstützen. Vertrauen innerhalb der Teams spiegelt sich in der Verlässlichkeit der Kolleginnen und Kollegen wider sowie in der Möglichkeit, auch über persönliche Schwierigkeiten sprechen zu können.

Führungskapital

Führung wirkt sich – je nach Qualität – entweder salutogen oder pathogen auf Mitarbeiterinnen und Mitarbeiter aus. Die Führung eines sozialen Systems beeinflusst auf zweierlei Weise das Wohlbefinden seiner Mitglieder: durch Einflussnahme auf Ziele, Strukturen und Prozesse und durch das tagtägliche Entscheidungs- und Kommunikationsverhalten des Führungspersonals (Stadler et al. 2000). Personalentscheidungen sind dabei besonders hervorzuheben, weil sich in ihnen die faktisch gültigen (nicht bloß verbalisierten) Werte und Ziele einer Organisation widerspiegeln, was wiederum das Klima einer Organisation nachhaltig zum Guten oder zum Schlechten beeinflussen kann. Auch das Kommunikationsverhalten von Führungskräften mit Untergebenen, ihr Umgang mit Konflikten oder Vorschlägen, ist gesundheitsrelevant – wegen der darin stets enthaltenen Signale der Anerkennung und Wertschätzung oder der Missachtung beziehungsweise Ablehnung. Hohe Mitarbeiterorientierung der Führungspersonen erzeugt positive Emotionen bei den Beschäftigten: „Auch wenn Emotionen und Stimmungen aus unternehmerischer Sicht belanglos erscheinen mögen, haben sie reale Konsequenzen für die Arbeit“ (Goleman et al. 2005, 30).

Das Führungskapital bezieht sich im Rahmen der Studie auf die vertikalen Beziehungen zwischen Beschäftigten und ihren direkten Vorgesetzten. Unter Mitarbeiterorientierung wird dabei der Einsatz der Führungskraft für die Belange ihrer Mitarbeiterinnen und Mitarbeiter verstanden. Dieser äußert sich beispielsweise in der Bereitschaft, zuzuhören, sich für die berufliche Weiterentwicklung der Anvertrauten einzusetzen und sich auch für die persönlichen Belange des Mitarbeiters zu interessieren. Ein weiterer elementarer Bestandteil der Mitarbeiterorientierung ist die Anerkennung der Leistung jedes einzelnen Mitarbeiters.

Ebenso wie bereits bei dem Netzwerkkapital beschrieben, entscheidet die Güte der Kommunikation zwischen dem direkten Vorgesetzten und seinen Mitarbeitern über die Qualität der Beziehung. Ohne adäquate Kommunikation ist eine positive Beziehung kaum denkbar. Elemente einer guten Kommunikation durch die Führungskraft sind eine rasche und zuverlässige Information über wichtige Inhalte, gute Umgangsformen und ein „offenes Ohr“ für die Mitarbeiterinnen und Mitarbeiter.

In asymmetrischen Beziehungen wie zwischen Führung und Mitarbeitern ist das schwächere Glied auf faire und gerechte Behandlung angewiesen. Sie ist als Teil der sozialen Kompetenz der Führungsverantwortlichen zu werten. Die hohe Bedeutung des Vertrauens gilt sowohl für horizontale als auch für vertikale Beziehungen zwischen Führungspersonen und Beschäftigten. Dabei ist Vertrauen zugleich Grundlage und Folge einer positiven Beziehung.

Indikatoren für eine hohe Akzeptanz des Vorgesetzten sind seine Vorbildfunktion, ein insgesamt gutes Verständnis zwischen Vorgesetztem und seinen Mitarbeiterinnen und Mitarbeitern sowie die Anerkennung beziehungsweise Akzeptanz des Vorgesetzten in seiner Funktion als Chef.

Unter Machtorientierung des Vorgesetzten wird das Ausmaß seiner Dominanz erfasst. Damit verbinden sich Fragen wie: Lässt die Führungskraft nur ihre eigene Meinung gelten? Wird die Schuld bei unterlaufenen Fehlern von der Führungskraft auf die Mitarbeiterinnen und Mitarbeiter verlagert? Werden Mitarbeiter öffentlich kritisiert?

Überzeugungs- und Wertekapital

Gemeinsame Werte, Überzeugungen und Regeln machen das Verhalten einzelner Akteure aber auch das Gesamtverhalten einer Organisation besser vorhersehbar und berechenbar. Sie reduzieren den Aufwand an Koordination, Kontrolle und Aushandlung durch Verpflichtung auf gemeinsame Ziele und verbindliche Verhaltensstandards. Das verringert mögliche Herde sozialer Konflikte, Unsicherheit und Ungewissheit. Ängste und Hilflosigkeitsgefühle können vermieden werden, das Gefühl, eine Situation zu verstehen und sie beeinflussen zu können, wächst. Gemeinsame Überzeugungen, Grundwerte und Spielregeln binden Menschen aneinander und an das Unternehmen. Sie fördern das Vertrauen der Beteiligten untereinander und erleichtern die Zusammenarbeit. Gemeinsame Regeln, Überzeugungen und Werte werden beeinflusst vom Führungsverhalten und wirken darauf zurück (beispielsweise Kommunikationsverhalten, Transparenz, Partizipation).

Gemeinsame Überzeugungen, Werte und Regeln bilden das Kernstück der Unternehmenskultur. Sie spiegeln sich im Konsens von Organisationsmitgliedern unterschiedlichen Ranges und unterschiedlicher Einheiten wider und dienen der Orientierung im Arbeitsalltag.

Häufig sind gemeinsame Regeln, Werte und Visionen in einem Unternehmensleitbild festgeschrieben. Unternehmensleitbilder lassen jedoch keinen Rückschluss darauf zu, ob sie auch im betrieblichen Alltag umgesetzt werden. Diese Umsetzung ist aber für die Dynamik ihrer Auswirkungen auf die gesamte Belegschaft von entscheidender Bedeutung. Nur gelebte Werte lassen die Leitbildbestrebungen der Unternehmensleitung glaubhaft erscheinen. Zeichen einer guten Umsetzung sind ein hoher Konsens über Ziele und Grundsätze zwischen Geschäftsführung und Belegschaft.

Die Höhe des Sozialkapitals wirkt sich darauf aus, wie mit Konflikten und Schwierigkeiten umgegangen wird. Der Umgang mit Problemen ist ein wichtiger Indikator für eine mitarbeiterorientierte Unternehmenskultur, auch die Möglichkeit, die Meinung frei zu äußern.

Wichtiger Bestandteil der Unternehmenskultur ist auch die von den Beschäftigten wahrgenommene Gerechtigkeit der Führung (Management oder Geschäftsführung) sowie die Wertschätzung, die jedem einzelnen Mitarbeiter entgegengebracht wird. Die Orientierung der obersten Führung und der Arbeitnehmervertretung an gemeinsamen Überzeugungen, Werten und Regeln ist eine wichtige Grundlage für das Vertrauen, das ihnen die Mitarbeiterinnen und Mitarbeiter entgegenbringen. Der Zusammenhalt der Organisationsmitglieder auf allen Unternehmensebenen drückt sich in der Verfolgung gemeinsamer Ziele und in einem hohen Teamgeist aus.

Immaterielle Arbeitsbedingungen

Pathogene Einflüsse von Arbeitsbedingungen auf Kognition, Motivation, Emotion, biochemische Prozesse und Verhalten sind mittlerweile gut belegt (Bertelsmann Stiftung u. Hans-Böckler-Stiftung 2004). Unter bestimmten Umständen kann Arbeit krank machen – und dies nicht nur durch physische, sondern auch durch psychische Anforderungen, denen die Betroffenen nicht gewachsen sind.

Diese Erkenntnisse haben weitgehend Eingang in gesetzliche Regelungen gefunden (zum Beispiel Arbeitsschutzgesetz, Arbeitssicherheitsgesetz, Arbeitsstättenverordnung). Für Gesundheit und Leistungsfähigkeit immer bedeutsamer werden immaterielle Arbeitsbedingungen wie die Sinnhaftigkeit der Arbeit, die Verstehbarkeit des Arbeits- und Organisationsgeschehens, die Partizipationsmöglichkeiten und die Qualität der Arbeitsbeziehungen zu Kollegen und Vorgesetzten.

Weiterer elementarer Bestandteil der immateriellen Arbeitsbedingungen ist der Handlungsspielraum der Beschäftigten. Hierunter wird die eigene Einflussmöglichkeit auf Arbeitsinhalte oder Arbeitsbedingungen verstanden. Zwei Elemente werden zur Messung von Handlungsspielraum als besonders relevant erachtet: zum einen die Möglichkeit der zeitlichen Planung und Einteilung der eigenen Arbeit, zum anderen das Ausmaß inhaltlicher Entscheidungskompetenz.

Die in der Studie untersuchten qualitativen Arbeitsanforderungen beziehen sich auf die Arbeitsinhalte, während sich die quantitativen Arbeitsanforderungen auf die Arbeitsmenge beziehen.

Zu den immateriellen Arbeitsbedingungen gehört auch, ob die Arbeitsaufgabe klar definiert ist. Klarheit der Aufgabe ist hierbei in zweierlei Weise definiert: Es handelt sich zum einen um klar definierte Inhalte und Ziele der einzelnen Tätigkeiten der Arbeitnehmer, zum anderen darum, ob für den einzelnen Beschäftigten abgegrenzt ist, wie weit seine Kompetenzen reichen.

Teil des Kohärenzgefühls nach Antonovsky (1987) und wichtiges Element der immateriellen Arbeitsbedingungen ist die Sinnhaftigkeit der Aufgabe. Die wahrgenommene Wichtigkeit der Aufgabe für den Organisationserfolg und die persönliche Befriedigung durch die Aufgabenerledigung sind wesentliche Elemente ihrer Sinnhaftigkeit.

Die Zufriedenheit mit den Arbeits- und Organisationsbedingungen spiegelt das Erleben des Arbeitsalltags aus Sicht der Mitarbeiterinnen und Mitarbeiter wider. In der Studie wurde die Zufriedenheit mit den Fort- und Weiterbildungsangeboten, mit der Ausstattung des Arbeitsplatzes, mit der

Entlohnung sowie die Zufriedenheit mit der Transparenz von Unternehmensentscheidungen erhoben.

Fachliche Kompetenz

Eine angemessene Qualifikation trägt dazu bei, dass Belastungen und Risiken vermieden beziehungsweise gesundheitsförderlich mit ihnen umgegangen werden kann. Vermeidung fachlicher Defizite durch Qualifikation von Mitarbeitern und damit Vermeidung von Überforderung ist ein wichtiger Aspekt einer gesunden Organisation. Qualifikation wird heute als Kernbereich des Humankapitals erachtet, weil sie für die Wettbewerbsfähigkeit und den Unternehmenserfolg als ausschlaggebend gilt (Schulenburg u. Greiner 2000). Folgende Indikatoren zur Messung der Qualifikation werden hier als relevant erachtet: Die schulische und berufliche Ausbildung (Schulabschluss, Berufsausbildung, Studium) und die Quantität von Fort- und Weiterbildungen bilden die theoretische und praktische Ausbildung ab. Weitere wichtige Elemente sind die Dauer der Berufstätigkeit und die Dauer der Betriebszugehörigkeit, da sie berufliche Erfahrungswerte der betreffenden Mitarbeiter anzeigen.

Frühindikatoren

Frühindikatoren sind Signale, die darauf hinweisen, ob sich Prozesse in die gewünschte Richtung entwickeln oder das Eintreten unerwünschter Ereignisse wahrscheinlich wird. Sie zeigen an, ob und wo Interventionsbedarf zur Sicherung erwünschter Ergebnisse und zur Vermeidung unerwünschter Ergebnisse besteht. Sich verschlechterndes psychisches Befinden der Beschäftigten kann zum Beispiel drohende Qualitätsmängel ankündigen, aber auch eine drohende Zunahme von Fehlzeiten. Als Frühindikatoren wurden in der Studie die folgenden ausgewählt: das psychische und physische Befinden, die innere Bindung an die Organisation (Commitment), die Organisationspathologien Mobbing und innere Kündigung sowie die Vereinbarkeit von Arbeit und Privatleben („Work-Life-Balance").

Folgenden Dimensionen psychischer Gesundheit wurde besondere Beachtung geschenkt: dem Ausmaß depressiver Verstimmung, dem Ausmaß des allgemeinen Wohlbefindens und dem Selbstwertgefühl.

Unter physischem Befinden wird das Ausmaß körperlicher Gesundheit verstanden, das heißt das Vorhandensein beziehungsweise das Fehlen von wahrgenommenen körperlichen Einschränkungen. Im Modell werden unter körperlicher Gesundheit neben dem allgemeinen Gesundheitszustand insbesondere die Häufigkeit des Auftretens psychosomatischer Beschwerden wie beispielsweise Kopf- und Magenschmerzen, Konzentrations- und Schlafstörungen, erhöhte Ermüdbarkeit, Rückenschmerzen oder Schmerzen in der Herzgegend verstanden.

Work-Life-Balance bezeichnet die Vereinbarkeit von Beruf mit dem Privat- und Familienleben. Der Nutzen einer ausgewogenen Work-Life-Balance für das Unternehmen wurde in einer Studie für das Bundesministerium für Familie, Senioren, Frauen und Jugend (2005) bestätigt. Als die wichtigsten Indikatoren einer aus dem Gleichgewicht geratenen Work-Life-Balance wird die Beeinträchtigung des Privat- und Familienlebens im Sinne einer mangelnden Planbarkeit desselben erachtet und die Vernachlässigung privater Anforderungen und Pflichten, die auf beruflichen Stress und Zeitdruck zurückzuführen ist.

Unter Mobbing werden negative Handlungen gegenüber einzelnen Personen am Arbeitsplatz verstanden, die systematisch betrieben werden und sich in regelmäßigen und unregelmäßigen Zeitabschnitten wiederholen, verbunden mit dem Ziel, die angegriffene Person aus dem Arbeitsverhältnis auszustoßen (Leymann 2002). Dabei verweist Mobbing oft auf tiefer liegende Probleme im sozialen System einer Organisation. Mobbing und soziale Unterstützung stellen zwei gegensätzliche Formen sozialer Beziehungen in der Arbeitswelt dar (Grande 2003). Im Rahmen dieser Untersuchung wurde Mobbing sowohl als Mobbing auf der Ebene gleichgestellter Kolleginnen und Kollegen als auch zwischen Vorgesetzten und Mitarbeiterinnen und Mitarbeitern erhoben.

Unter innerer Kündigung wird zumeist die stille Verweigerung des Arbeitnehmers verstanden, engagiert Leistungen zu erbringen – der sogenannte „Dienst nach Vorschrift“. Hierbei wird zwischen aktiver („Rache am Unternehmen“) und passiver („Angepasstheit“) innerer Kündigung unterschieden (Krystek 1995). Bei der inneren Kündigung handelt es sich um ein stabiles, zeitlich andauerndes Verhaltensmuster (Faller 1993), bei dem der betroffene Beschäftigte aufgrund empfundener Ungerechtigkeit sein Verhalten abändert, um aus seiner Sicht wieder ein Gleichgewicht der Gerechtigkeit ansatzweise herzustellen. Hierbei wird die empfundene mangelhafte Vertragserfüllung seitens der Organisation mit einer reduzierten Leistung seitens des betroffenen Beschäftigten „beantwortet“. In ihrer Wirkung führt die innere Kündigung zu einer abnehmenden Effektivität der Organisation. Desinteresse an den Vorgängen im Unternehmen und nicht erbrachte Eigeninitiative sowie fehlendes Engagement sind Indikatoren der inneren Kündigung. Aus unserer Sicht ist „innere Kündigung“ in etwa gleichbedeutend mit den Folgen der von Johannes Siegrist so bezeichneten „Gratifikationskrise“ (Siegrist 1996).

Commitment verweist auf den Grad der inneren Bindung an das Unternehmen, auf die Gefühle, die Mitarbeiterinnen und Mitarbeiter ihrem Unternehmen entgegenbringen, und die Bereitschaft zum Engagement für die Unternehmensziele.

Spätindikatoren

Spätindikatoren sind in unserem Unternehmensmodell Betriebsergebnisse, die angestrebt werden, oder die es zu vermeiden gilt. Hohe Qualität der Arbeitsergebnisse und hohe Produktivität sind in jedem Wirtschaftsunternehmen erstrebenswerte Ergebnisse. Fehlzeiten, Arbeitsunfälle und Fluktuation gilt es aus humanitären Gründen und wegen der damit verbundenen Ausfälle beziehungsweise Kosten zu vermeiden.

Unter Fehlzeiten werden Ausfallzeiten verstanden, die durch Unfälle, durch physische oder psychische Krankheiten verursacht werden. Fehlzeiten sind nicht immer krankheitsbedingt. Aus Modellsicht spiegeln sie in erster Linie den Gesundheitszustand eines Unternehmens wider und erst in zweiter Hinsicht den davon abhängigen Gesundheitszustand der Beschäftigten.

Qualität kann sich auf Arbeitsbedingungen, Arbeitsprozesse und Arbeitsergebnisse beziehen. Hier ist besonders die Selbsteinschätzung der eigenen Arbeitsleistung interessant, aber auch die Einschätzung der Qualität der Leistungen einer Abteilung oder des Unternehmens insgesamt. Darüber hinaus wurden auch Dimensionen der Qualitätskultur erfasst: die Kundenorientierung, die kontinuierliche Verbesserung und die Orientierung an Standards.

Ergebnisse wie Unfallgeschehen und Fluktuation wurden ausschließlich mit Hilfe von Routinedaten der beteiligten Unternehmen erfasst. Informationen über Fehlzeiten und Qualität wurden sowohl durch Befragung wie auch durch Routinedaten der Unternehmen erhoben. Auf welche Datenquellen im Text zurückgegriffen wird, ist jeweils angegeben.

Arbeitsunfälle sind in § 8 SGB VII definiert. Es handelt sich um Unfälle von Versicherten bei einer versicherten Tätigkeit (inklusive dem Weg von und zur Arbeit). Unfälle sind zeitlich begrenzte, von außen auf den Körper einwirkende Ereignisse, die zu einem Gesundheitsschaden oder zum Tod führen. Die Zahl der Arbeitsunfälle ist in den letzten Jahren deutlich gesunken. Im Rahmen der Studie fließt die Zahl der Arbeitsunfälle als objektive Kennzahl in die Bewertungen mit ein. Bei insgesamt sehr geringer Unfallrate ist die Aussagekräftigkeit dieser Kennzahl jedoch eingeschränkt.

Bei Personalfluktuation kann zwischen freiwilliger und unfreiwilliger Fluktuation unterschieden werden. Während sich die freiwillige Fluktuation auf Kündigungen durch den Arbeitnehmer beziehen, sind mit unfreiwilliger Fluktuation solche Arbeitsverhältnisse gemeint, die durch den Arbeitgeber aufgelöst werden.

Um auch bei der Auswertung der Befragungsdaten Zusammenhänge zwischen Treibern und betriebswirtschaftlichen Ergebnissen untersuchen zu können, haben wir die Aussagen der Befragten zur Qualität der erbrachten Arbeitsleistungen, zum Qualitätsbewusstsein, zur eigenen Arbeitsfähigkeit und zum Commitment zu einer neuen, Früh- wie auch Spätindikatoren beinhaltenden Variable „wahrgenommene Produktivität" zusammengefasst.

4 Gegenstand, Vorgehensweisen und Methoden

Nachfolgend werden Gegenstand, Vorgehensweisen und Methoden der Studie erläutert. Im ersten Teilkapitel werden die untersuchten Unternehmen, das Vorgehen bei der Mitarbeiterbefragung sowie die Inhalte des eingesetzten Fragebogens vorgestellt. Die Beschreibung der wichtigsten Stichprobenmerkmale rundet dieses Kapitel ab. Im zweiten Teilkapitel steht das methodische Vorgehen bei der Erhebung der ökonomischen Kennzahlen in den einzelnen Betrieben im Vordergrund. Im letzten Teil wird schließlich das Vorgehen bei der Zusammenführung der sozialwissenschaftlichen Befragungsdaten mit den betriebswirtschaftlichen Kennzahlen erläutert.

Die untersuchten Unternehmen[9]

Für die Kooperation im Projekt konnten fünf Unternehmen gewonnen werden, davon vier aus dem Produktions- und eines aus dem Dienstleistungssektor. Für die Auswahl der Unternehmen wurden folgende Kriterien festgelegt: Die Unternehmen sollten bereits Kennzahlen für die Unternehmenssteuerung nutzen, und die Unternehmensleitung sollte sich schon mit möglichen Maßnahmen des Betrieblichen Gesundheitsmanagements befasst haben. Ein weiterer wichtiger Punkt war das Einverständnis, das von uns konzipierte Fragebogeninstrument zur Messung von Sozialkapital, Gesundheit und Arbeitsleistung im Unternehmen einzusetzen. Für den ökonomischen Teil war die Bereitstellung der entsprechenden prozessgenerierten Daten Aufgabe des Unternehmens.

Bei den Produktionsbetrieben handelt es sich um ein Unternehmen der Fleischverarbeitung, einen Betrieb aus dem Maschinenbau sowie zwei Firmen aus dem Bereich des Orthopädie- beziehungsweise Rehabilitationsbedarfs. Das Dienstleistungsunternehmen ist dem Banken- und Versicherungsgewerbe zuzuordnen.

---

[9] Petra Rixgens, Martina Behr und Bernhard Badura

Tabelle 1: Strukturmerkmale der Betriebe

	Betrieb A	Betrieb B	Betrieb C	Betrieb D	Betrieb E
Wirtschaftszweig	Produktion	Produktion	Produktion	Produktion	Dienstleistung
Bundesland	NRW	NRW	NRW	Sachsen	NRW
Gründungsjahr	1887	1913	1936	1991	1825
Familienbetrieb	Ja	Ja	Ja	Ja	Nein
Mitarbeiteranzahl	908	1.879	517	90	1.357
Einschneidende Ereignisse	–	–	Standort-schließung	–	–

Die untersuchten Unternehmen gehören nicht nur unterschiedlichen Branchen an, sondern unterscheiden sich auch im Hinblick auf weitere Strukturmerkmale, wie beispielsweise die Betriebsgröße beziehungsweise die Anzahl der Beschäftigten und die Eigentümerverhältnisse. Von einschneidenden Ereignissen waren zum Zeitpunkt der Befragung nur die Beschäftigten des Betriebs C betroffen. Hier gab es in den letzten Jahren betriebsinterne Veränderungs- und Umstrukturierungsmaßnahmen, die zu Standortschließungen geführt haben.

Mit Ausnahme von zwei Unternehmen, in denen aus betriebsinternen Gründen nur die Produktionsmitarbeiter und -mitarbeiterinnen befragt wurden, fanden Vollerhebungen statt.

Die Mitarbeiterbefragung

Bei der Untersuchung handelt es sich um eine quantitative Querschnittsstudie. Zum Einsatz kam ein eigens für diese Studie konstruierter Fragebogen (s. u.). Ziel der Mitarbeiterbefragung war die Darstellung von Zusammenhängen zwischen dem Sozialkapital in den fünf Betrieben und den im Unternehmensmodell dargestellten Früh- und Spätindikatoren. Die Befragung lieferte zudem Informationen über die Ausstattung der Unternehmen mit Sozialkapital, die in einem weiteren Untersuchungsschritt mit betriebswirtschaftlichen Routinedaten verknüpft wurden.

Fragebogenentwicklung

Die Entwicklung des Fragebogens folgte dem Unternehmensmodell (s. Kapitel 3). Soweit möglich wurde zur Operationalisierung auf Items beziehungsweise Skalen zurückgegriffen, die sich in anderen wissenschaftlichen Untersuchungen bereits bewährt haben.

Bei der Übertragung bestehender Instrumente zeigte sich, dass die überwiegende Zahl der verfügbaren Befragungsinstrumente nur eingeschränkt verwendbar war. Zudem wurden in der vorliegenden Untersuchung etliche Konstrukte verwendet, die bislang kaum Gegenstand empirischer Forschungsbemühungen gewesen sind. Daher waren verfügbare Instrumente teilweise stark anzupassen, teilweise wurden eigene Befragungsinstrumente entwickelt. Eine Übersicht über die im Fragebogen verwendeten Items und Skalen ist im Anhang abgedruckt. Ergänzt wurden diese Skalen durch 19 in der Sozialforschung gängige Items, die die wichtigsten Daten zur sozioökonomischen Lebenslage und zum Humankapital der Befragten lieferten. Neben einigen biografischen Grunddaten (zum Beispiel Alter und Geschlecht) finden sich eine Reihe von „privaten" Items, wie beispielsweise Fragen nach einer Partnerschaft und Kindern. Darüber hinaus wurden einige berufsbezogene Fragen gestellt, beispielsweise zur Höhe des Einkommens und zu den Aus- und Weiterbildungsmöglichkeiten im Betrieb. Der Fragebogen besteht aus 160 einzelnen Items, die (mit Ausnahme einiger Fragen zur sozioökonomischen Lebenslage und zum Gesundheitsverhalten) auf einer fünfstufigen Intervallskala erhoben wurden, wobei der Wert 1 immer die kleinste Ausprägung (zum Beispiel „trifft überhaupt nicht zu") und der Wert 5 stets die größte Ausprägung (zum Beispiel „trifft voll und ganz zu") repräsentiert.

Abgeleitet aus dem Unternehmensmodell wurden unter theoretischen Gesichtspunkten sechs unterschiedliche Fragenmodule konzipiert. Dabei bilden die Konstrukte A: Immaterielle Arbeitsbedingungen, B: Netzwerkkapital, C: Führungskapital und D: Überzeugungs- und Wertekapital die unabhängigen Variablen (Treiber) des Modells ab. Die Konstrukte E: Gesundheit, F: Organisationspathologien und G: Wahrgenommene Produktivität bilden die abhängigen Variablen (Ergebnisse) der Untersuchung ab.

Die immateriellen Arbeitsbedingungen wurden durch insgesamt 24 Fragen erfasst, die sich ihrerseits durch konfirmatorische Faktoranalysen zu folgenden sieben Faktoren zusammenfassen ließen: A1: Partizipationsmöglichkeiten, A2: Fachliche Anforderungen, A3: Zeitliche Anforderungen, A4: Klarheit der Aufgabe, A5: Handlungsspielraum, A6: Sinnhaftigkeit der Aufgabe und A7: Zufriedenheit mit den organisatorischen Rahmenbedingungen. In diesem Zusammenhang wurden die Beschäftigten beispielsweise danach gefragt, in welchem Ausmaß Aussagen wie die folgenden ihrer Meinung nach zutreffen: „Bei wichtigen Dingen in meiner Abteilung kann ich fast immer mitreden und mitentscheiden" oder „Ich kann meine Arbeit selbstständig planen und einteilen." Zur Überprüfung der internen Konsistenz wurde für alle extrahierten Faktoren Cronbachs Alpha (α) berechnet.[10]

Zur Erfassung der Güte der sozialen Beziehungen der Beschäftigten (Netzwerkkapital) wurden insgesamt 18 Items formuliert, aus denen fünf Faktoren extrahiert wurden: B1: Gruppenkohäsion (α=0,844), B2: Kommunikation, B3: Sozialer „Fit" (α=0,794), B4: Soziale Unterstützung und B5: Vertrauen. Um die Struktur und Qualität der Arbeitsbeziehungen zwischen den Mitarbeiterinnen und Mitarbeitern innerhalb des eigenen Arbeitsbereichs beziehungsweise Arbeitsteams zu erfassen, wurden zum Beispiel folgende Items formuliert: „Bei uns in der Abteilung ist es üblich, dass man sich gegenseitig hilft und unterstützt" oder „In unserer Abteilung redet man viel und gerne miteinander."

Ein weiteres Fragenmodul bezog sich auf das Führungsverhalten des direkten Vorgesetzten (Führungskapital). Die insgesamt 20 Items konnten auf folgende sieben Faktoren reduziert werden: C1: Mitarbeiterorientierung (α=0,843), C2: Soziale Kontrolle, C3: Kommunikation (α=0,664), C4: Akzeptanz des Vorgesetzten (α=0,833), C5: Vertrauen in den Vorgesetzten (α=0,877), C6: Fairness und Gerechtigkeit, C7: Machtorientierung (α=0,743). Auch diese Reliabilitätskoeffizienten weisen auf eine hohe interne Konsistenz der verwendeten Einzelitems hin. Im Detail wurden die Befragten gebeten, beispielsweise zu folgenden Statements Stellung zu nehmen: „Mein direkter Vorgesetzter ist in jeder Hinsicht völlig zuverlässig" oder „Mein direkter Vorgesetzter spricht regelmäßig mit allen seinen Mitarbeitern."

Der Fragenblock zum Überzeugungs- und Wertekapital war der ausführlichste Teil und umfasst insgesamt 26 Fragen. Durch eine varimax-rotierte Faktorenanalyse konnten in diesem Fall folgende sieben Faktoren extrahiert werden: D1: Gemeinsame Normen und Werte (α=0,640), D2: Gelebte Unternehmenskultur (α=0,631), D3: Konfliktkultur (α=0,741), D4: Kohäsion im Betrieb (α=0,794), D5: Gerechtigkeit (α=0,792), D6: Individuelle Wertschätzung und D7: Vertrauen in die Geschäftsführung und den Betriebsrat. Diesbezüglich wurden beispielsweise folgende Items formuliert und von den Befragten bewertet: „Bei wichtigen Entscheidungen ist die Belegschaft bei uns in der Regel einer Meinung" oder „Bei uns ziehen alle Beschäftigten an einem Strang."

Die abhängigen Variablen der Untersuchung – Gesundheit, Organisationspathologien und wahrgenommene Produktivität der Beschäftigten –

[10] Die ermittelten Reliabilitätskoeffizienten weisen für alle Faktoren der immateriellen Arbeitsbedingungen gute Werte auf (A1: α=0,628, A2: α=0,554, A3: α=0,770, A4: α=0,744, A6: α=0,659, A7: α=0,696, A8: α=0,879).

wurden durch insgesamt 42 Items operationalisiert. Dabei wird die Gesundheit (E) der Beschäftigten durch folgende Teilaspekte konzeptualisiert: 1. durch den Faktor Y1 (Häufigkeit psychosomatischer Beschwerden, α=0,798), der wichtige Dimensionen der physischen Gesundheit durch sieben typische Beschwerden (zum Beispiel Häufigkeit des Auftretens von Müdigkeit, Kopf- und Magenschmerzen) abbildet, außerdem durch ein separates Item, das Auskunft über die Güte des eigenen körperlichen Gesundheitszustands gibt (Y2); 2. durch den Faktor Y3 (Ausmaß depressiver Verstimmungen, α=0,881), der den psychischen Gesundheitszustand durch fünf Items (zum Beispiel „Es fiel mir schwer etwas zu genießen") erfragt; 3. durch den Faktor Y4 (Allgemeines Wohlbefinden, α=0,792), der das Wohlbefinden der Befragten durch vier Fragen (zum Beispiel „Ich fühlte mich voller Energie und Tatkraft") erfasst; 4. durch das Ausmaß des Selbstwertgefühls (Y5, α=0,730), das zum Beispiel durch das Item: „Alles in allem bin ich mit mir selbst zufrieden" gemessen wurde; 5. durch jeweils ein Item, das die Trink- und Rauchgewohnheiten (Y7) der Mitarbeiter abbildet sowie 6. durch eine weitere Frage zum Ausmaß der krankheitsbedingten Fehltage (Y6).

Die Organisationspathologien (F) wurden durch insgesamt sechs Items abgefragt. Dabei wurde der Faktor Y11: Ausmaß von Mobbing am Arbeitsplatz (α=0,660) beispielsweise durch das Item: „In unserer Belegschaft sind Intrigen und Mobbing weit verbreitet" und der Faktor Y12: Ausmaß innerer Kündigung (α=0,708) zum Beispiel durch das Statement: „Ich tue bei der Arbeit bewusst nur das, was wirklich von mir verlangt wird" erfasst.

Zu den abhängigen Variablen in dieser Untersuchung gehört auch die wahrgenommene Produktivität der Mitarbeiterinnen und Mitarbeiter (G). Es wurden insgesamt 13 Items gebildet, die auf folgende vier Faktoren reduziert werden konnten: Y10: Qualität der Arbeitsleistungen insgesamt (α=0,578), Y9: Ausmaß des Qualitätsbewusstseins im Team (α=0,701), Y8: subjektive Arbeitsfähigkeit (α=0,657) und Y14: Commitment (α=0,651). Diesbezüglich lauten die Operationalisierungen beispielsweise: „In meiner Abteilung verbessern wir ständig die Qualität unserer Leistungen", „Ich fühlte mich fit genug, um hart und ausdauernd zu arbeiten" und „Ich bin stolz darauf, für dieses Unternehmen arbeiten zu können."

Zusammenfassend kann gesagt werden, dass fast alle Konstrukte durch mindestens drei Items operationalisiert worden sind, so dass eine besonders wichtige Voraussetzung für die Anwendung multivariater Analyseverfahren – hohe Reliabilität der Messungen – stets gegeben war. Die teststatischen Daten zu den Untersuchungsfaktoren sind im Anhang aufgeführt.

Der Fragebogen wurde im Vorfeld mit insgesamt 42 Befragten aus vier unterschiedlichen Unternehmen getestet. Aufgrund der guten Ergebnisse dieses Pretests wurde das Erhebungsinstrument nur noch in einigen wenigen Details für die Hauptuntersuchung modifiziert.

Durchführung der Mitarbeiterbefragung

Die Befragungsdaten stammen aus Mitarbeiterbefragungen, die in den Jahren 2006 und 2007 in fünf Unternehmen durchgeführt wurden. Befragt wurden 5.023 Beschäftigte, von denen 2.287 den Fragenbogen ausgefüllt haben. Dies entspricht einer Rücklaufquote von 45,5 Prozent.

Die Durchführung der Untersuchung erfolgte in den fünf verschiedenen Betrieben – vor allem im Hinblick auf die zu befragenden Personen und die Befragungsart – auf etwas unterschiedliche Art und Weise. Wie der Tabelle 1 zu entnehmen ist, wurden in den Betrieben A und B alle Beschäftigten des Unternehmens befragt, die im Bereich der Produktion und Verwaltung tätig sind. Während in einem dieser Betriebe die zuständigen Vorgesetzten den Fragebogen an ihre Mitarbeiter verteilt haben, wurde in dem anderen Unternehmen der Fragebogen zusammen mit der monatlichen Entgeltabrechnung an alle Beschäftigten verschickt. Die Rücklaufquoten sind in diesen beiden Betrieben mit 31,8 Prozent beziehungsweise 27,9 Prozent im Vergleich zu den anderen Unternehmen, in denen sich über 70 Prozent beziehungsweise 75 Prozent der Beschäftigten an der Befragung beteiligt haben, unterdurchschnittlich ausgefallen.

Dass die Beteiligung in den Betrieben C und D sehr viel höher war, kann zum einen dadurch begründet sein, dass die Stichprobengröße in beiden Fällen sehr viel kleiner war. Zum anderen kann der höhere Rücklauf aber auch darauf zurückgeführt werden, dass in beiden Unternehmen Gruppen- beziehungsweise Klassenraumbefragungen durchgeführt wurden.

Auch die dritte Erhebungsvariante, die Online-Befragung, hat sich im Unternehmen E (hier wurden ebenfalls alle Beschäftigten befragt) in hohem Maße bewährt. Die Beteiligung der Mitarbeiterinnen und Mitarbeiter war in diesem Fall mit 76,8 Prozent sehr hoch. Dieser hohe Rücklauf kann damit zusammenhängen, dass in einem Dienstleistungsunternehmen die Bearbeitung von Texten und der Umgang mit Formularen den Beschäftigten sehr viel geläufiger und vertrauter sein dürfte, als dies bei den Mitarbeitern in den vier Produktionsbetrieben der Fall ist.

Tabelle 2: Untersuchungsdesign der Mitarbeiterbefragung

	Wirtschafts-zweig	Befragungs-teilnehmer	Befragungs-art	Befragungs-zeitraum	Mitarbeiter-anzahl	Rücklauf-quote [%]
Betrieb A	Produktion	Alle MA	postalisch	2,5 Wochen	867	31,8
Betrieb B	Produktion	Alle MA	postalisch	2 Wochen	2422	27,9
Betrieb C	Produktion	MA der Produktion	Klassenraum-befragung	1 Tag	326	79,1
Betrieb D	Produktion	MA der Produktion	Klassenraum-befragung	1 Tag	83	72,3
Betrieb E	Dienstleister	Alle MA	online	3,5 Wochen	1325	76,8

MA = Mitarbeiter

Um eine datenschutzrechtlich einwandfreie und die Anonymität wahrende Bearbeitung zu gewährleisten, lag in den Betrieben A und B jedem Fragebogen ein Briefumschlag bei. Die befragten Mitarbeiterinnen und Mitarbeiter hatten so die Möglichkeit, den ausgefüllten Fragebogen anonym in einen verschlossenen Rückgabebehälter einzuwerfen. Bei den beiden Klassenraumbefragungen (Betriebe C und D) wurden die ausgefüllten Fragebögen direkt vor Ort von Mitarbeiterinnen der Hochschule eingesammelt. Die Online-Befragung im Betrieb E wurde (im Hinblick auf die technische Durchführung) durch einen externen Anbieter unterstützt. Dieses vom Betrieb E beauftragte Software-Unternehmen war dafür verantwortlich, alle Datenschutzkriterien einzuhalten und eine streng getrennte Datenhaltung von personenbezogenen Daten und Ergebnisdaten zu erfüllen.

Beschreibung der Stichprobe

Im Folgenden wird die Zusammensetzung der für die Datenauswertung herangezogenen Stichprobe (n=2.287) skizziert. Als Grundlage dienen dazu Tabelle 3 und Tabelle 4, in denen einige Sozialdaten und die wichtigsten beruflichen Merkmale der befragten Mitarbeiter dargestellt sind.

Wie das erste Merkmal A „Geschlecht“ deutlich macht, sind die Firmen A bis D männlich dominierte Betriebe: Mehr als 70 Prozent der hier Beschäftigten sind Männer. Im Betrieb E zeigt sich ein umgekehrtes Geschlechterverhältnis. Wie der letzten Spalte zu entnehmen ist, setzt sich die Gesamtstichprobe aus insgesamt einem Drittel Frauen (33,9 Prozent) und zwei Drittel Männern (62,0 Prozent) zusammen. 4,1 Prozent der Befragten haben darüber hinaus zu ihrem Geschlecht keine Angabe gemacht. Aufgrund zusätzlich auswertbarer Informationen kann aber mit hoher Wahrscheinlichkeit vermutet werden, dass es sich hierbei um Frauen handelt.

Über die Altersstruktur dieser Stichprobe gibt das zweite Merkmal B Auskunft. Während im Betrieb A das Gros der Befragten zwischen 36 und 45 Jahren alt ist (41,3 Prozent), ist im Betrieb B die Mehrzahl der Befragten (39,9 Prozent) deutlich jünger (bis 35 Jahre alt). In den drei anderen teilnehmenden Unternehmen stellt sich die Situation etwas anders dar, hier ist die Mehrheit der befragten Mitarbeiterinnen und Mitarbeiter bereits älter als 45 Jahre. In der gesamten Stichprobe findet sich eine nahezu gleich große Verteilung auf die drei Altersklassen (bis 35 Jahre: 31,4 Prozent, 36 bis 45 Jahre: 31,4 Prozent, älter als 45 Jahre: 37,2 Prozent). In wie weit die hier befragten Mitarbeiterinnen und Mitarbeiter in einer festen Partnerschaft leben, macht das Merkmal C deutlich. In allen fünf Unternehmen ist der Anteil der Beschäftigten, die einen festen Partner haben, mit 67,0 Prozent (Betrieb B) beziehungsweise 84,1 Prozent (Betrieb E) deutlich größer als der Anteil derjenigen, die als Single leben. Der Anteil der Alleinlebenden beschränkt sich in der Gesamtstichprobe auf insgesamt 18,3 Prozent.

Zudem hat die Mehrheit der Befragten (53,0 Prozent) keine betreuungspflichtigen Kinder (Merkmal D). Nur im Betrieb A ist die Anzahl der Mitarbeiter, die sich um Kinder kümmern müssen, etwas höher (50,0 Prozent) als derjenigen Mitarbeiterinnen und Mitarbeiter, die keinen erziehungspflichtigen Nachwuchs haben.

Das Merkmal E gibt Auskunft über das schulische Bildungsniveau der Beschäftigten. Während die meisten Mitarbeiter im Betrieb A und C einen Volks- oder Hauptschulabschluss haben (44,9 Prozent beziehungsweise 50,4 Prozent), hat das Gros der Beschäftigten im Unternehmen D die Real- oder Berufsschule abgeschlossen (48,3 Prozent); dagegen verfügt in den Firmen B und E das Gros der Befragten über die Fachhochschul- oder Hochschulreife (32,2 Prozent bzw. 52,8 Prozent). Auffällig ist der vergleichsweise hohe Anteil von Personen in den Betrieben A und C, die über keinen formalen Schulabschluss verfügen (3,6 Prozent bzw. 4,3 Prozent).

Betrachtet man das schulische Bildungsniveau für die Stichprobe insgesamt, so verfügt etwa jeder Dritte über die Fachhochschul- oder Hochschulreife (35,9 Prozent) oder hat die Real- beziehungsweise Berufsschule (36,0 Prozent) erfolgreich abgeschlossen. Zirka jeder Fünfte hat einen Volks- oder Hauptschulabschluss (22,1 Prozent), und nur einige wenige (1,2 Prozent) haben die Schule ohne Abschluss verlassen.

Tabelle 3: Persönliche Merkmale der Befragten

	Betrieb A (n=276)	Betrieb B (n=676)	Betrieb C (n=258)	Betrieb D (n=60)	Betrieb E (n=1017)	Gesamt (n=2287)
A: Geschlecht						
Männlich	70,3	83,0	85,3	73,3	39,2	62,0
Weiblich	28,6	7,4	8,5	25,0	60,0	33,9
keine Angabe	1,1	9,6	6,2	1,7	0,8	4,1
B: Alter						
bis 35 J.	27,9	39,9	14,0	18,3	32,0	31,4
36 bis 45 J.	41,3	25,1	39,5	30,0	30,9	31,4
älter 45 J.	30,8	34,9	46,5	51,7	37,2	37,2
C: Partnerschaft						
Nein	20,7	23,2	15,9	20,0	14,9	18,3
Ja	78,6	67,0	77,5	75,0	84,1	77,4
keine Angabe	0,7	9,8	6,6	5,0	1,0	4,3
D: Kinder						
Nein	48,2	48,2	45,3	51,7	59,4	53,0
Ja	50,0	41,7	45,3	36,7	39,9	42,2
keine Angabe	1,8	10,1	9,3	11,7	0,7	4,9
E: Schulabschluss						
kein Schulabschluss	3,6	0,9	4,3	0,0	0,0	1,2
Volks-, Hauptschule	44,9	26,0	50,4	40,0	5,1	22,1
Real-/Berufsfachschule	33,7	30,9	29,5	48,3	41,0	36,0
Fachabitur/Abitur	16,7	32,2	7,0	5,0	52,8	35,9
keine Angabe	1,1	9,9	8,9	6,7	1,1	4,7

Alle Angaben in Prozent

Zu den wichtigsten beruflichen Merkmalen der Befragten gehören die Position im Unternehmen (Merkmal F) sowie die Länge der Betriebszugehörigkeit (Merkmal G). Der Anteil der befragten Führungskräfte mit Personalverantwortung beträgt 12,5 Prozent, die große Mehrheit der Befragten sind Mitarbeiterinnen und Mitarbeiter ohne Führungsverantwortung (86,0 Prozent). Etwa jeder Fünfte (18,8 Prozent) ist in diesem Sample vergleichsweise neu im Unternehmen und noch nicht länger als fünf Jahre für den Betrieb tätig. Demgegenüber stehen 23,7 Prozent der Beschäftigten, die schon länger als 25 Jahre für das Unternehmen tätig sind und somit den Großteil ihres Berufslebens in „ihrer“ Firma verbracht haben. Insbesondere die Beschäftigten des Betriebs E fallen dadurch auf, dass nahezu ein Drittel der hier Befragten (34,9 Prozent) schon länger als ein Vierteljahrhundert im Unternehmen arbeitet.

Die Merkmale H bis L veranschaulichen wesentliche Kennzeichen des Arbeitsverhältnisses. Während in den Betrieben E und D nur vergleichsweise wenige Arbeitnehmer eine befristete Stelle (Merkmal H) haben (Betrieb E: 4,4 Prozent, Betrieb D: 6,7 Prozent), sind es in den Unternehmen C mit 12,0 Prozent und A mit 13,0 Prozent sowie insbesondere im Betrieb B mit 20,4 Prozent schon deutlich mehr Mitarbeiter, die über einen befristeten Arbeitsvertrag verfügen.

Tabelle 4: Berufliche Merkmale der Befragten

	Betrieb A (n=276)	Betrieb B (n=676)	Betrieb C (n=258)	Betrieb D (n=60)	Betrieb E (n=1.017)	Gesamt (n=2.287)
F: Position						
Mitarbeiter	81,2	84,5	87,2	88,3	87,9	86,0
Vorgesetzter	16,3	13,8	10,1	8,3	11,6	12,5
Keine Angabe	2,5	1,8	2,7	3,3	0,5	1,4
G: Betriebszugehörigkeit [Jahre]						
1–5	27,5	31,7	10,9	21,7	9,7	18,8
6–10	20,3	16,4	3,5	11,7	15,6	15,0
11–15	11,2	12,3	15,1	61,7	13,5	14,3
16–20	20,3	10,7	35,7	3,3	13,7	15,8
21–25	8,0	9,8	18,6	0,0	12,2	11,4
>25	11,6	17,3	14,7	1,7	34,9	23,7
Keine Angabe	1,1	1,9	1,6	0,0	0,4	1,0
H: Stellenbefristung						
Nein	86,2	77,7	86,8	91,7	95,2	87,9
Ja	13,0	20,4	12,0	6,7	4,4	11,1
Keine Angabe.	0,7	1,9	1,2	1,7	0,4	1,0
I: Stellenumfang						
Teilzeit	13,5	2,1	1,6	0,0	28,2	15,0
Vollzeit	86,5	97,9	98,4	100,0	71,8	85,0

Tabelle 4: (Fortsetzung)

	Betrieb A (n=276)	Betrieb B (n=676)	Betrieb C (n=258)	Betrieb D (n=60)	Betrieb E (n=1.017)	Gesamt (n=2.287)
J: Arbeitszeiten						
Feste Tagesarbeitszeit	51,8	29,0	21,7	68,3	71,2	50,7
Schichtarbeit	10,5	16,1	16,7	18,3	1,3	9,0
Flexible Arbeitszeit	24,3	52,1	55,4	10,0	25,3	36,1
Sonstige Arbeitszeit	12,3	1,9	2,7	0,0	2,0	3,2
keine Angabe	1,1	0,9	3,5	3,3	0,3	1,0
K: Überstunden [h]						
Keine	39,5	15,2	22,1	63,3	3,3	14,9
1–5	13,0	4,1	14,3	13,3	23,5	15,2
6–10	15,2	11,5	20,9	18,3	25,5	19,4
11–20	18,8	20,3	26,4	3,3	15,4	18,2
21–30	5,8	15,2	8,5	0,0	4,0	8,0
31–40	2,9	16,4	5,0	1,7	0,8	6,2
41–50	2,2	8,7	0,8	0,0	0,4	3,1
>50	2,5	8,4	1,9	0,0	1,1	3,5
L: Nettoeinkommen [€]						
<400	2,6	0,7	0,4	0,0	0,4	0,7
401–1000	14,1	17,4	6,1	5,9	21,9	17,6
1001–2000	65,2	45,2	83,8	88,2	52,6	56,3
2001–3000	14,8	25,0	8,8	5,9	19,3	18,9
3001–4000	1,9	9,5	0,9	0,0	5,0	5,3
>4000	1,5	2,2	0,0	0,0	0,8	1,2

Alle Angaben in Prozent

Wie das Merkmal I (Stellenumfang) verdeutlicht, haben von den insgesamt 2.287 befragten Personen 15 Prozent eine Teilzeitbeschäftigung, wobei im Betrieb A (13,5 Prozent) und vor allem im Betrieb E (28,2 Prozent) deutlich mehr Mitarbeiterinnen und Mitarbeiter in Teilzeit beschäftigt sind, als das in den anderen Unternehmen der Fall ist. An dieser Stelle sei angemerkt, dass es in dieser Stichprobe nur relativ wenige Männer gibt (n=15), die mit reduzierter Stundenzahl tätig sind; überwiegend gehören Frauen zu den Teilzeitbeschäftigten (n=323).

Von Schichtarbeit sind in dieser Stichprobe mit 9 Prozent insgesamt nur relativ wenige Personen betroffen. Gut die Hälfte der Mitarbeiter (50,7 Prozent) hat feste Tagesarbeitszeiten, und etwa jeder Dritte in diesem

Sample (36,1 Prozent) hat die Möglichkeit der flexiblen Arbeitszeit (Merkmal J: Arbeitszeiten).

Nur 14,9 Prozent der Befragten leisten keine Überstunden beziehungsweise Mehrarbeitstunden für das Unternehmen (Merkmal K: Überstunden). 52,8 Prozent der Mitarbeiterinnen und Mitarbeiter leisten maximal zwischen einer bis 20 Stunden Mehrarbeit pro Monat, und 20,8 Prozent der Befragten arbeiten mehr als 20 Stunden der vereinbarten Arbeitszeit.

Das insgesamt leicht unterdurchschnittliche schulische Bildungsniveau mag erklären, dass das Gros der Beschäftigten in dieser Stichprobe ein Nettoeinkommen von weniger als 2.000 Euro (56,3 Prozent) beziehungsweise weniger als 1.000 Euro (17,6 Prozent) oder auch nur bis 400 Euro netto (0,7 Prozent) monatlich erzielt (Merkmal L: Nettoeinkommen). 18,9 Prozent der Befragten stehen zwischen 2.001 bis 3.000 Euro netto im Monat zur Verfügung. Diejenigen Personen, die mehr als 3.000 Euro (5,3 Prozent) beziehungsweise mehr als 4.000 Euro (1,2 Prozent) monatlich verdienen, haben in der Regel nicht nur ein höheres Bildungsniveau, sondern sind zudem auch häufig als Führungskräfte tätig. Diese Besserverdienenden finden sich vor allem in den Unternehmen E und B.

Zusammenfassend lässt sich die Gesamtstichprobe wie folgt beschreiben: Es handelt sich um ein männlich dominiertes Sample mit einer relativ ausgewogenen Altersstruktur. Die große Mehrzahl der Befragungsteilnehmer lebt in partnerschaftlich-familiären Verhältnissen. Darüber hinaus haben viele der befragten Arbeitnehmer den Großteil ihres Arbeitslebens in „ihrer" Firma verbracht. Nur wenige sind von unregelmäßigen Arbeitszeiten, wie beispielsweise Schichtdienst, betroffen. Das Gros hat feste Tagesarbeitszeiten oder flexible Arbeitszeiten. Insgesamt ist das Bildungsniveau der Befragten in der gesamten Stichprobe eher durchschnittlich, wobei es zwischen den einzelnen Betrieben große Unterschiede gibt.

Betriebswirtschaftliche Daten[11]

In diesem Teil der Studie wurden prozessgenerierte Ergebniskennzahlen in den Unternehmenn ermittelt und zu der erfragten Ausstattung mit Sozialkapital in den Unternehmen in Beziehung gesetzt. Das Vorgehen unterscheidet sich grundsätzlich von der standardisierten Befragung, bei der bereits bei der Gestaltung des Fragebogeninstruments die verschiedenen Auswertungsmöglichkeiten mitbedacht werden mussten.

[11] Max Ueberle und Wolfgang Greiner

Vorgehen

Bei der Verwendung prozessgenerierter Kennzahlen muss man sich mit dem arrangieren, was vorliegt. Neben der Art und Qualität der verfügbaren Kennzahlen in den Betrieben betrifft dies auch deren Aggregation, denn prozessgenerierte Daten sind überwiegend nicht auf der individuellen Ebene verfügbar.

Das Vorgehen bei der Zusammenfügung betriebswirtschaftlicher Ergebnis- und Befragungsdaten kann als eine ökologische Querschnittsstudie charakterisiert werden. Die Charakterisierung als Querschnittsstudie bedeutet, dass Ursachen und Ergebnisse zeitgleich zu einem festen Stichtag erhoben werden (Klug et al. 2007). Dabei wird vorausgesetzt, dass die Ausstattung der Unternehmen mit Sozialkapital in der Vergangenheit zumindest relativ die gleiche war wie zum Erhebungszeitpunkt. Zudem ist das Studiendesign ökologisch, was bedeutet, dass den einzelnen Befragten Ergebnisdaten einer Gruppe zugeordnet werden (Mather et al. 2004, 1443 f.). Dies bezieht sich auf die Zuordnung von wirtschaftlichen Ergebnissen auf die einzelnen Befragten. Konkret wird den Mitarbeitern die durchschnittliche Ergebniskennzahl der Abteilung, in der sie beschäftigt sind, zugeordnet. Ein solches „ökologisches" Vorgehen birgt stets die Gefahr von Verzerrungen in sich, da der individuelle Beitrag zum Betriebsergebnis, den der einzelne Mitarbeiter tatsächlich leistet, vom Mittelwert seiner Gruppe abweichen wird – es gibt Hoch- und Geringleister. Aber immerhin kann der Mittelwert als eine verhältnismäßig gute Annäherung betrachtet und auch den Anforderungen des Datenschutzes damit genügt werden. Ein solches Vorgehen hat allerdings den methodischen Nachteil, dass die statistischen Auswertungsmöglichkeiten geringer sind. Ursache ist die geringe Varianz, da letztlich nur so viele verschiedene Merkmalsausprägungen vorliegen können, wie Gruppen gebildet wurden.

Hinsichtlich der Datenlage in den Unternehmen ist insgesamt zu beobachten, dass die Controllingsysteme durch die Abbildung in ERP-Software sowie die verbreitete Auslagerung an Dienstleister in den letzten Jahren eine gewisse Vereinheitlichung erfahren haben. Neben der vereinheitlichten Datenhaltung führte dies jedoch entgegen der Erwartung nicht zu einer Ausweitung der Datenbasis, sondern zu deren Reduzierung in den Bereichen jenseits derjenigen der technischen Produktionssteuerung. Insgesamt werden weniger Informationen als vor der Einführung der ERP-Systeme erfasst. Da spezielle dezentrale Datenerfassungen mit der Umstellung auf komplexe EDV aufwendig werden, wird darauf eher verzichtet. Die Informationen aus solchen Controllingsystemen werden seitens der Unternehmensleitungen keineswegs vermisst. Die durchweg mittelgroßen Unternehmen, die hier untersucht wurden, werden von den Mitarbeitern der dispositiven Ebene als so überschaubar erlebt, dass allfällige Schwachpunkte in der Unternehmenstätigkeit auch ohne einen dokumentarischen Umweg erfasst würden. Die Folge ist in der Unternehmenspraxis ein überwiegend an den technisch-produktiven Anforderungen der Güter- und Leistungserstellung orientiertes Controllingsystem. Zusammengefasst kann eine Tendenz zu einer Artikelerfolgsrechnung zu variablen Kosten beobachtet werden. Fixkosten werden nicht verrechnet, sondern aufgrund von Erfahrungswerten geplant. Ohnehin – so der Tenor aus den Betrieben – sei man um eine ständige Kostensenkung bemüht und bewege sich nahe der unteren Grenze, eine Kenntnis genauer Beträge helfe hier auch nicht weiter. Eine abteilungsbezogene Erfolgsrechung wird überwiegend nur in Kontexten von produktnahen Abteilungen durchgeführt, in denen die Aufbauorganisation mit den Produktlinien übereinstimmt.

Bemerkenswert erscheint in diesem Zusammenhang, dass in den Produktionsunternehmen kein einzelner Mitarbeiter einen Überblick über den vorhandenen Datenfundus hat. Auch schriftlich fixierte Zusammenstellungen über die verfügbaren Datenarten bestehen kaum. Somit stehen auch die im System vorhandenen Daten für Zwecke der Unternehmensführung nur eingeschränkt zur Verfügung. Insbesondere ist eine strenge Arbeitsteilung zwischen den fachlichen Abteilungen zu beobachten, was auch Geheimhaltungs- und Datenschutzgründe hat. Im Rahmen der vorliegenden Untersuchung war es daher notwendig, verschiedene Ansprechpartner in den Betrieben zu kontaktieren und zunächst explorative Gespräche zur Datenlage durchzuführen. Letztlich ist die Datengenerierung trotz der EDV-bedingten Standardisierung somit neben der Dokumentenlage noch von der Kreativität und dem impliziten Wissen der Mitarbeiter abhängig. Im Folgenden werden das Vorgehen bei der Exploration der Datenlage in den Unternehmen vorgestellt und die identifizierten Kennzahlen aufgeführt. Die Lage in den einzelnen Betrieben ist im Anhang dargestellt.

Kennzahlen

Zur Ermittlung des Betriebserfolgs wurde in den untersuchten Unternehmen nach Kennzahlen gesucht. Kennzahlen beinhalten eine Messvorschrift (Heineke 2005, 68) zur Erfassung von Ausschnitten der Realität, wozu mehr oder weniger komplexe Erhebungsalgorithmen vorgegeben werden. Damit soll eine gleichmäßige Erhebung in unterschiedlichen Perioden ermöglicht und gewährleistet werden, unabhängig von der betrachteten Institution und den erhebenden Personen. Mit der Verwendung von Kennzahlen ist ein Informationsverlust verbunden, um komplexe Informationen durch die Reduzierung ihrer Komplexität überschaubar und somit der Berücksichtigung in Entscheidungsprozessen zugänglich zu machen.

Über die Verwendung des Begriffs „Kennzahl" besteht heute in der betriebswirtschaftlichen Literatur weitgehend Einigkeit, die begrifflichen Differenzen bewegen sich auf Detailebene (vgl. Heineke 2005, 66–71). Dem Lehrbuch nach handelt es sich dabei um eine relative oder absolute Zahl, die quantitativ erfassbare Sachverhalte in konzentrierter Form erfasst (Reichmann 1993, 16). Nach herrschender Meinung sind drei Merkmale wesentlich, die eine Kennzahl ausmachen:

- **Informationscharakter** „Im Informationscharakter kommt zum Ausdruck, dass Kennzahlen Urteile über wichtige Sachverhalte und Zusammenhänge ermöglichen sollen."
- **Quantifizierbarkeit** „Die Quantifizierbarkeit ist eine Eigenschaft von Variablen, die, messtheoretisch gesprochen, die genannten Sachverhalte und Zusammenhänge auf einem metrischen Skalenniveau messen und somit relativ präzise Aussagen ermöglichen."
- **Spezifische Form** „Die spezifische Form schließlich soll es ermöglichen, komplizierte Strukturen und Prozesse auf eine relativ einfache Weise darzustellen, um einen möglichst schnellen und umfassenden Überblick insbesondere für Führungsinstanzen zu erlauben." (Reichmann 1993, 16).[12]

Den konkreten Wert erhalten Kennzahlen durch die Unterlegung der abteilungsspezifischen Daten, mit deren Werten die Variablen der Messvorschrift gefüllt werden. Teilweise liegen Kennzahlen bereits als prozessproduzierte Daten vor, das heißt, das Ergebnis des Berechnungsalgorithmus wird routinemäßig im Unternehmen erhoben. Teilweise liegen nur die Daten routinemäßig vor und sind in die Kennzahlenformel einzufügen. Ist der Berechnungsalgorithmus erst einmal entwickelt, ist dies jedoch nicht mit besonderen Schwierigkeiten verbunden.

Prozessproduzierte Daten

Bei der vorliegenden Untersuchung des Zusammenhangs zwischen der Ausstattung mit Sozialkapital und dem Erfolg von Abteilungen in Unternehmen wurde auf prozessproduzierte Daten zurückgegriffen, die routine-

---

[12] Heineke 2005, 71–106 führt umfassend aus und benennt die Kriterien „Informationsmerkmal", „Verdichtungsmerkmal" und „Zielbezug". Für eine Systematisierung von Kennzahlen s. z.B. Meyer 2006.

mäßig anfallen. Ihre Generierung setzt also hinsichtlich der Datenproduktion keinen besonderen Aufwand voraus. Es handelt sich dabei um eine Sekundäranalyse von Daten, die für andere Zwecke erhoben worden sind. Die Verwendung prozessproduzierter Daten bietet einige Vorteile. Zunächst ist dies die höhere Zuverlässigkeit der Informationen, da solche Daten üblicherweise bereits über einen längeren Zeitraum erfasst werden und somit systematische Fehler im Erfassungskonzept weitgehend ausgemerzt sein sollten. Der ausschlaggebende Gesichtspunkt ist jedoch die Nachhaltigkeit. Nur Daten, deren Erhebung in die betrieblichen Abläufe integriert ist, werden zuverlässig und vollständig erhoben, stehen für eine langfristige Messung zur Verfügung und ermöglichen damit die Beobachtung über saisonale Schwankungen hinaus. Außerdem ermöglichen sie weitere Untersuchungen über die häufig recht engen Projektlaufzeiten der wissenschaftlichen Arbeit hinaus, indem implementierte Daten mit überschaubarem Aufwand in späteren Zeiträumen untersucht werden können – unter Nutzung des während der Projektlaufzeiten erstellten Konzepts. Prospektiv ist somit die Möglichkeit für weitere Messungen zu späteren Zeitpunkten gegeben. Die Kosten-Nutzen-Relation stellt sich aus der Sicht der Betriebe bei prozessproduzierten Kennzahlen stets positiv dar, da der Nutzen aus der Effektbetrachtung von Sozialkapital zu demjenigen aus der originären Verwendung noch hinzukommt. Eine systematische Kosten-Nutzen-Analyse für die Erhebung von Kennzahlen ist jedoch – wie generell bei der Ermittlung und Verwertung von Informationen – schwierig (Meyer 2006, 46) und bedarf umfassender Überzeugungsarbeit, zumal die Einführung von ERP-Software individuelle und eventuell sogar zeitlich befristete Datenerhebungen mit hohen Kosten versehen hat.

Neben den Kostenvorteilen bei der Erhebung lassen prozessproduzierte Daten zudem eine höhere Qualität des Datenmaterials erwarten. Es werden Abweichungen im Antwortverhalten vermieden, die bei Befragungen häufig auftreten. Damit ist besonders zu rechnen, wenn Mitarbeiter aufgrund ihres Antwortverhaltens positive oder negative Folgen erwarten. Zudem stellen sich weniger Fragen des innerbetrieblichen Datenschutzes, da Daten weiterverarbeitet werden, deren Inhalt der Unternehmensleitung ohnehin bekannt ist. Überwiegend liegen prozessgenerierte Daten auch nicht individuell, sondern bereits abteilungsbezogen aggregiert vor. Generell ist zu beobachten, dass Daten zur individuellen Leistung von Mitarbeitern in den Unternehmen kaum standardisiert erhoben werden. Selbst die Akkordrichtsätze in unmittelbar produktiven Abteilungen gewerblicher Bereiche erfüllen diese Anforderung nicht, da sich in der Praxis wenig Variation in den erreichten Leistungsgraden ergibt. So ist beispielsweise häufig zu beobachten, dass sich die Akkordrichtsätze auf einem realistisch erreichbaren Niveau eingeschwungen haben, deren Überschreiten nur eingeschränkt honoriert wird.

Um die Betriebserfolge der einzelnen Abteilungen eines Unternehmens vergleichen zu können, sollten die Abteilungen im Idealfall als Profit Center organisiert sein, für die ein eigener Periodenerfolg ermittelt wird. Dazu ist eine interne Leistungsverrechnung zu Standard- oder Ist-Kosten notwendig. Tatsächlich findet innerhalb der untersuchten Unternehmen allerdings eine Verrechnung der Kosten allenfalls auf direkter Kostenbasis statt, eine Verrechnung der Erlöse überhaupt nicht. Als ursächlich dafür wird der hohe Aufwand für die Erfassung der Leistungsflüsse im Unternehmen sowie die hohe Durchlässigkeit der Aufgabenverteilung angegeben. Aus produktionstechnischer Sicht wird für eine solche Verrechnung keine Veranlassung gesehen, da generell eine möglichst effiziente Produktion angestrebt werde. Das Steuerungsmittel der Wahl ist die regelmäßige Inspektion durch die Betriebsleiter. Die erzielbaren Erlöse werden als marktseitig vorgegeben erlebt und entziehen sich folglich der unternehmerischen Gestaltung. Gelinge es nicht – so die Auffassung der Unternehmen – den Aufwand für die Herstellung mit den erzielbaren Erlösen insgesamt in Übereinstimmung zu bringen, sei die Produktion ohnehin nicht rentabel. Kenntnisse über die Ertragssituation der einzelnen Abteilungen helfen hier nicht. Produktbezogene Informationen zur Erlössituation liegen als Deckungsbeiträge allerdings vor.

Arten von Kennzahlen

Mit den erhobenen Kennzahlen sollen Auswirkungen der Ausstattung mit Sozialkapital in Unternehmen auf den betriebswirtschaftlichen Erfolg und das Erfolgspotenzial der beteiligten Betriebe untersucht werden. Volkswirtschaftliche Aspekte sowie Nutzenveränderungen der betroffenen Mitarbeiter bleiben in diesem Zusammenhang außer Betracht. Der Betriebsbegriff bezeichnet hier den Ort der Kombination von Produktionsfaktoren. Da der Schwerpunkt der Untersuchung eindeutig im Bereich des Produktionsfaktors Arbeit liegt, ist auch eine Verbindung zum Begriff der Arbeitsstätte beabsichtigt. Zugrunde liegt hier die Annahme, dass sich Sozialkapital vorwiegend im unmittelbaren Umfeld der Mitarbeiter herausbildet. Daher wird bevorzugt die Arbeitsgruppe betrachtet, in der sich die Mitarbeiter täglich bewegen. So wird zwar berichtet, dass „die Auswirkungen von Zufriedenheit auf die weitere Leistung eher indirekt und ungewiss als unmittelbar“ sind (Locke u. Latham 1990[13]), an anderer Stelle

---

[13] Übers. u. recte MU.

aber festgestellt, dass der einzige signifikante Einflussfaktor auf die Leistungsfähigkeit (hier älterer) Arbeitnehmer das Verhalten des unmittelbaren Vorgesetzten sei (Ilmarinen 2003). Dies legt das angewandte Vorgehen nahe, Kennzahlen eher im näheren Umfeld der Arbeitnehmer zu suchen, also abteilungs- und gruppenorientiert zu arbeiten. Teilweise wird dazu ein Bezug zur Anzahl der Mitarbeiter angebracht sein, ohne dass es sich dabei notwendigerweise um die Kosten- oder Erlöstreiber handeln muss.

In den Unternehmen war eine Vielzahl unterschiedlicher Kennzahlen vorzufinden. Unter der gleichen Bezeichnung wird dabei häufig abweichendes verstanden, was einen unternehmensübergreifenden Vergleich erschwert. Die in den Betrieben vorgefundenen Kennzahlen können nach ihrer Nähe zu Geldwerten geordnet werden.

Direkte monetäre Kennzahlen beschreiben den Kernbereich der Studie. Durch diese werden zumindest Teile des Periodenerfolges dargestellt. Dokumentiert wird – als häufig einzige monetäre Kennzahl – der Deckungsbeitrag 1. Diese Kennzahl liegt in zwei der Kooperationsunternehmen für produktive Bereiche vor. Die Berechnung erfolgt als Nettoerlös je Produktart minus variabler Kosten je Produktart und liefert den Kostenanteil, welcher aus der Fertigung des betrachteten Produktes an Gemeinkosten gedeckt werden kann. Selbstverständlich liefert diese Kennzahl keine eindeutige Aussage über den Unternehmenserfolg. Nur auf einige wichtige externe Einflussfaktoren sei hingewiesen: So ist der Erlös für verschiedene Produkte auch nach Deckung der Kosten schwankend, da je nach Branche und Produkt generell Erlöse relativ unterschiedlicher Höhe zu erwarten sind. Die Abgrenzung zwischen variablen und fixen Kosten kann in der Betriebspraxis verschieden gehandhabt werden, und letztlich bleibt auch offen, wie eng eine Produktart abzugrenzen ist. Mit einem etwas anderen Ansatz errechnen sich bei dem untersuchten Kreditinstitut die Deckungsbeiträge, die auch hier für operative Einheiten vorliegen. Als operatives Geschäft wird der Vertrieb betrachtet, der organisatorisch in Filialen gegliedert ist. Die Leistungen unterstützender Abteilungen werden nicht verrechnet. Zudem liegt das bankenspezifisch verbreitete Kosten-Erlös-Verhältnis (Cost-Income-Ratio) vor.

Mitarbeiter unterschiedlicher Motivationsstruktur und mit unterschiedlicher Gesundheit können als differenzierte Produktionsfaktoren gesehen werden, was zu jeweils unterschiedlichen Faktorkombinationen führt. Dies sollte sich wiederum auf die Art des Produktes auswirken. Innerhalb der industriellen Fertigungsverhältnisse steht hierbei als Parameter die Produktqualität zur Verfügung. In den Industrieunternehmen werden dementsprechend Fehlerkosten erhoben, die sich meist als Kosten für Nacharbeiten und Reparaturen darstellen. Andere Auswirkungen auf die Qualität der Produkte lassen sich allerdings weniger leicht monetär umrechnen und sind dementsprechend im Folgenden als nichtmonetäre Kennzahlen aufgeführt.

Abweichungsanalyse Bei der Abweichungsanalyse wird ein erzieltes Periodenergebnis zu vorher festgelegten Zielen in Beziehung gesetzt. Ein klassisches Beispiel ist die Beschäftigungsabweichung in der Plankostenrechnung.[14] Außerdem werden Zielsetzungen als Ansporn und Anhaltspunkt über die zu erbringende Leistung der Mitarbeiter gesetzt und ermöglichen eine unternehmensweite Planung. In den betrachteten Unternehmen sind die Ziele dabei aus Vergangenheitswerten als durchaus realistische Ziele abgeleitet und kaum ambitioniert gesetzt. Stets handelt es sich auch um die Ergebnisse von Verhandlungen zwischen den Abteilungsverantwortlichen und deren übergeordneten Stellen. Der Verlauf dieser Verhandlungen ist nicht nachvollziehbar, nach Schilderungen der Beteiligten ist er jedoch sehr individuell.

Planzahlen liegen für die produktiven Bereiche der Unternehmen vor. Auf der individuellen Ebene der Arbeitnehmer handelt es sich um die Erreichung von Akkordrichtsätzen, die in praxi allerdings nur eine geringe Varianz aufweisen. Für diese Bereiche bestehen auch Abweichungsanalysen, mit der die Beschäftigungsabweichung ermittelt wird. Dabei wird teilweise der Materialeinsatz nicht mit berücksichtigt, um den Einfluss von Preisabweichungen zu reduzieren. Die Abweichungsarten lassen sich jedoch sowohl theoretisch als auch praktisch nicht abgrenzen. Im Dienstleistungsunternehmen bestehen erste Versuche einer individuellen, das heißt, auf den einzelnen Mitarbeiter bezogene Führung durch Zielvereinbarung, bei der sich die Zielerreichung auch in der Entlohnung widerspiegeln soll. Die Ziele werden zu Periodenbeginn jedoch sehr vage gesetzt und sind nicht messbar formuliert, wofür die Verwendung von Kennzahlen notwendig wäre. Da die Zielerreichung bisher auch keine Auswirkungen auf die Vergütung der Mitarbeiter hat, wird sie auch nicht dokumentiert. Das Unternehmen selbst sieht dies auch als ein noch in der Erprobung befindliches Instrument. Andere individuell mitarbeiterbezogene Ansätze werden nicht beobachtet. Trotz des hohen Einflusses externer Faktoren auf die Zielerreichung erscheint ein Vergleich zwischen verschiedenen Abteilungen innerhalb des gleichen Unternehmens möglich, da sich diese externen Faktoren hier ähnlich auswirken sollten.

Abgeleitete monetäre Kennzahlen zeichnen sich dadurch aus, dass sie nicht in einer Währungsdimension dargestellt sind, sich jedoch mit überschaubarem Aufwand in eine solche überführen lassen. Beispiele sind Produktivitätssteigerungen, wenn der Produktdeckungsbeitrag bekannt ist.

---

[14] Dabei wird eine Abweichung von der geplanten Fixkostendeckung gemessen, die auf eine Über- oder Unterbeschäftigung der Kapazitäten zurückzuführen ist.

Typischerweise lässt sich bei abgeleiteten Kennzahlen allerdings nur ein Teil ihrer Auswirkungen monetarisieren. Der Übergang ist fließend.

Kennzahlen zur Faktorauslastung Im vorliegenden Zusammenhang wird vorwiegend der Faktor Arbeit betrachtet. Eine übermäßige Auslastung kann zu Ausfällen führen, die sich im Unfall- und Krankheitsgeschehen niederschlagen. Es handelt sich dabei um eine nachlaufende Zahl, die häufig angewendet wird. Es bestehen umfassende Ansätze zur monetären Bewertung resultierender Fehlzeiten (Zangemeister 2000; Fröhner et al. 2002; 43–45; Kollerer 1978; Bundesanstalt für Arbeitsschutz und Arbeitsmedizin 2007, 26–29), das Problem ist bisher jedoch allenfalls näherungsweise gelöst. Selbstverständlich kann die Belastung in Teilaspekten mit hoher Sicherheit ermittelt werden, nämlich für den Krankheitsfall die Kosten der Lohnfortzahlung und bei Zuständigkeit der Unfallversicherung die Zuordnung zu Beitragsklassen mit den entsprechenden Auswirkungen auf die Höhe der Beitragszahlungen.

Investitionskennzahlen bezeichnen Aufwendungen zur Sicherstellung der Unternehmenstätigkeit in der Zukunft. Für die vorliegenden Zwecke lagen in vier Unternehmen Informationen über die Beteiligung von Mitarbeitern an kontinuierlichen Verbesserungsprozessen (KVP) vor. Im Rahmen solcher Instrumente des KVP findet regelmäßig eine Bewertung der eingebrachten Vorschläge statt, aufgrund welcher Prämienzahlungen erfolgen. Durch diese wird annahmegemäß die Investitionsrendite abgebildet. Die Prämienzahlungen können daher als Kennzahl verwendet werden. Die freiwillige Fluktuation von Mitarbeitern kann als ein Akt der Vernichtung einer Investition verstanden werden. In den betrachteten Unternehmen werden daraus entstehende Kosten bisher zwar nicht berechnet, gewisse Untergrenzen lassen sich jedoch analog zu den Kosten aus Ausfällen wegen Krankheit und Unfall monetär berechnen (Greiner 2006, 361). Fluktuationsdaten lagen in allen untersuchten Unternehmen vor.

Nichtmonetäre Kennzahlen Nichtmonetäre Kennzahlen sind solche, deren zugrunde liegenden Sachverhalte zwar einen Erklärungsbeitrag zum Erfolg eines Betriebes liefern, welcher jedoch auch nach Umrechnung nicht in Geld quantifizierbar ist. Durch solche Daten können die entwickelten Hypothesen gestützt werden. In diesen Bereich fallen auch solche Daten, deren Wirkungszusammenhänge unklar sind. Dazu gehören etwa die Beteiligung an Ideenbörsen im Unternehmen, die Beteiligung der Mitarbeiter an außerdienstlichen Aktivitäten sowie die bei einem Unternehmen vorkommende Möglichkeit zu einer Beteiligung am Kapital des Unternehmens. Dies können zusammengenommen Indikatoren für ein Commitment mit dem Unternehmen sein; die Auswirkungen auf die Produktivität sind allerdings noch nicht untersucht. Hierzu gehört auch die Beteiligung an Maßnahmen der betrieblichen Gesundheitsförderung, die wegen bisher ungenauer Effektivitätsnachweise in den untersuchten Unternehmen noch nicht monetär bewertet werden können (Kreis u. Bödeker 2003; Eberle et al. 2005). Nichtmonetär sind ebenfalls viele Kennzahlen zur Qualität der Produktion, sofern sie nicht bereits oben als monetär bewertbar aufgeführt sind. Einer direkten monetären Bewertung entzieht sich in diesem Bereich etwa die Kundenzufriedenheit, die jedoch nur für ein Unternehmen vorlag und auch hier nicht nach Abteilungen aufgeschlüsselt war, des Weiteren Prozessfehler, die sich nicht unmittelbar auf das Arbeitsergebnis auswirken.

Kennzahlen in der Unternehmenspraxis

Trotz der hohen Unterschiedlichkeit der betrachteten Unternehmen nach Branche sind in der Unternehmenspraxis auch Gemeinsamkeiten zu erkennen. Insbesondere wird die Bedeutung von Kennzahlen als Führungsinstrument zugunsten der fallweisen Prozessbeobachtung in den Hintergrund gestellt.

Ermittlung der Daten

Die vorliegenden Daten entstammen zum einen den teilweise sehr komplexen Systemen der Produktionsplanung und -steuerung (PPS) mit umfangreicher Erfassung der Betriebsdaten, zum anderen auch dem Rechnungswesen. Letzteres ist allerdings in den untersuchten Unternehmen nicht auf die Berechnung der Effizienz von Abteilungen angelegt – was immerhin denkbar wäre – sondern überwiegend auf Planbasis auf Vergangenheitswerten aufgebaut. Insgesamt ist zu beobachten, dass die vorliegenden Daten der Unternehmen nicht an zentraler Stelle dokumentiert sind. Selbst für diejenigen Daten, die in den ERP-Systemen geführt werden, besteht nach den Erfahrungen aus der vorliegenden Studie meist keine Dokumentation. Während der Erhebungen hat sich zudem gezeigt, dass selten an einer Stelle Übersicht über die erhobenen Datenbestände besteht, vielmehr verfügen die leitenden Mitarbeiter nur über eine Übersicht in ihrem Zuständigkeitsbereich. Die Sichtung der Datenlage erfolgte daher durchweg im persönlichen Gespräch mit leitenden Mitarbeitern der Unternehmen aus verschiedenen Funktionen wie dem Personalwesen, dem Controlling und der Produktionssteuerung. Unterstützt wurden diese Kontakte durch einen zentralen Ansprechpartner, der durch das Unternehmen benannt wurde und als Vermittler diente. Alle fünf untersuchten Unternehmen verfügen über integrierte Systeme zur Informationsverarbeitung in der Form einer ERP-Software. Bei den Industrieunternehmen steht diese auf der Grundlage von SAP R/3, bei dem Dienstleistungsunternehmen von Lotus Notes. Die zentrale Datenhaltung reduziert den Ertrag bei der explorativen Datenanalyse. Es wurde aus den Industriebetrieben berichtet, dass durch die Vereinheitlichung unter der ERP-Software die üblichen Kompromisse geschlossen wurden und auch spezielle Daten nicht mehr zur Verfügung stehen; dabei handelt es sich um eine bekannte Begleiterscheinung bei der Einführung von Standardsoftware. Die dennoch versuchte Datenexploration auf unterschiedlichen Hierarchiestufen brachte erwartungsgemäß keine neuen Erkenntnisse.

Kriterien für die Auswahl

Aus der Datenlage musste notwendigerweise eine Auswahl nach ihrer Verwendbarkeit für den Untersuchungszweck getroffen werden. So schied die überwiegende Menge an Daten aus der umfänglichen Betriebsdatenerfassung aus, da von diesen kein Erklärungsbeitrag zu erwarten war. Leitend für die Auswahl waren Bausteine für eine Beschreibung des Periodenerfolges der Abteilungen, darüber hinaus Elemente, die hypothetisch einer Variabilität in den in der Mitarbeiterbefragung gemessenen Aspekten wie Sozialkapital und Commitment zugänglich erschienen. Problematisch gestaltete sich allerdings die Zugänglichkeit zu direkten Erfolgskennzahlen der Markttätigkeit der Unternehmen. Seitens der Produktionsunternehmen wurde ein Zugriff auf diese nicht uneingeschränkt gewährt. Bei dem Dienstleistungsunternehmen lagen allerdings auch diese Daten vor.

Vorliegen der Daten

Obgleich in allen Unternehmen ein ERP-System im Einsatz ist, war es überwiegend nicht möglich, die Abfragen für die vorliegenden Zwecke zu automatisieren. Innerhalb des Unternehmens wird die entsprechende Kompetenz nicht vorgehalten, sondern im Einzelfall von Beratungsunternehmen eingekauft, sofern nicht wie im Falle des Dienstleistungsunternehmens die Aufbereitung der Daten ohnehin an einen Dienstleister ausgelagert ist. Es besteht in den Unternehmen überwiegend keine Instanz, die in der Lage ist, alle Daten ohne weiteres zusammenzustellen. In keinem der Unternehmen wird das Konzept eines Data Warehouse oder dergleichen verfolgt. Teilweise konnten die Informationen stattdessen von Mitarbeitern der verschiedenen Abteilungen durch händische Abfragen zusammengestellt werden.

Hinsichtlich des zeitlichen Horizonts wurde das während der Untersuchung laufende Geschäftsjahr analysiert. Nach Möglichkeit wurden zudem Informationen über einen Dreimonatszeitraum aus dem Erhebungsmonat und den beiden Vormonaten erhoben. Bei dem letzteren Vorgehen ergeben sich jedoch bedeutende saisonale Abweichungen, die in unterschiedlichen Unternehmensbereichen nicht gleichlaufend sind.

Exploration prozessgenerierter Controllingdaten

Für die Analyse der Unternehmensdaten war es notwendig, angemessene Erhebungseinheiten zu bilden sowie adäquate Kennzahlen zu ermitteln. Im Folgenden werden einige grundsätzliche Hinweise zur Vorgehensweise gegeben. Das Vorgehen in den einzelnen Unternehmen ist im Anhang beschrieben.

Das in der Untersuchung vorgesehene Studiendesign erforderte die Bildung angemessener Erhebungseinheiten möglichst hoher Zahl, also möglichst kleine Einheiten. Aus Gründen des Datenschutzes für die Mitarbeiter der Unternehmen – und damit letztlich zur Sicherstellung der Mitwirkungsbereitschaft – wurden Einheiten unter sechs Mitarbeitern zusammengefasst.[15] Ein wichtiges Kriterium zur Abgrenzung der Erhebungsgruppen war das Vorliegen von Kennzahlen, die zur Abschätzung der Leistungsfähigkeit der Gruppen herangezogen werden konnten. Je nach Ausprägung des Controllingsystems resultierten daraus teilweise Gruppengrößen erheblichen Umfangs, deren weitere Aufteilung unter diesem Gesichtspunkt nicht sinnvoll war. Da bei der vorgesehenen Überprüfung von Auswirkungen der Ausstattung mit Sozialkapital Aspekte wie sozialer Zusammenhalt innerhalb einer Abteilung oder die Auswirkungen des Führungsverhaltens von Vorgesetzten wesentlich erschienen, waren als weitere Kriterien die räumliche Nähe der Mitarbeiter zueinander sowie die Zuständigkeiten der Führungskräfte zu berücksichtigen. In der Realität konnten nicht all diese Anforderungen im gleichen Maße erfüllt werden, weshalb in Abstimmung mit den verantwortlichen Vertretern der Unternehmen folgender Prioritätenkatalog angelegt wurde:

- Die Gruppengröße – es handelt sich um ein Ausschlusskriterium: Gruppengrößen unter sechs Mitarbeitern wurden niemals gebildet. Neben grundsätzlichen ethischen Überlegungen war dies auch eine Voraussetzung, um die notwendige Unterstützung bei Mitarbeitern und Belegschaft zu erreichen.
- Vorliegen von Informationen aus dem Controlling für die Gruppen.

---

[15] Diese Zahl wird auch für die spätere Präsentation von Ergebnissen einen Grenzwert darstellen: Lagen aus der Befragung weniger als sechs Antworten vor, wurde aus Anonymisierungsgründen ein Aggregat mit einer weiteren Gruppe gebildet.

- Die räumliche Nähe der beteiligten Mitarbeiter und der unmittelbaren Führungskraft.
- Die Ähnlichkeit der ausgeübten Tätigkeiten der Mitarbeiter der Erhebungsgruppe.

Daneben waren noch besondere Anforderungen hinsichtlich spezieller Interessen der Unternehmen zu berücksichtigen, wie die Bildung von Gruppen analog zu bereits bei anderer Gelegenheit durchgeführten Erhebungen und Mitarbeiterbefragungen. Im Ergebnis lagen unternehmensspezifisch stark unterschiedlich besetzte Gruppen vor, woraus sich auch eine stark unterschiedliche Anzahl der gebildeten Gruppen ergab. Nicht vermeiden ließ sich häufig die Durchmischung von Mitarbeitern mit unterschiedlichen Aufgaben. Ursachen waren die Notwendigkeit des Erreichens entsprechender Gruppengrößen sowie die Datenaggregation der Prozessdaten, die eine weitere Aufschlüsselung nicht zuließ. In solchen Fällen wurde meist auch bei der Befragung der Mitarbeiter auf eine weitere Aufschlüsselung nach Gruppen verzichtet. Letztlich handelte es sich bei der Bildung der Erhebungsgruppen um einen Aushandlungsprozess zwischen den verschiedenen Anspruchsgruppen aus der Wissenschaft und den untersuchten Unternehmen sowie um einen Ausgleich zwischen den verschiedenen wissenschaftlich-methodischen Ansprüchen. Für jede dieser Erhebungseinheiten wurde nach dem Vorliegen angemessener teilbetrieblicher Kennzahlen gesucht, mit denen ein Vergleich der Abteilungsergebnisse durchgeführt wurde.

Zusammenführung von Befragungsdaten und Kennzahlen

Es ergibt sich zwischen den Unternehmen ein heterogenes Bild an routinemäßig vorliegenden Kennzahlen. Eines der wesentlichen Ziele des Forschungsprojekts bestand in der Zusammenführung beziehungsweise der Verknüpfung der sozialwissenschaftlichen mit den betriebswirtschaftlichen Daten. Hierzu waren die individuellen Datensätze aus den Mitarbeiterbefragungen der fünf Unternehmen mit den betriebsinternen ökonomischen Kennzahlen der jeweiligen Unternehmen in Verbindung zu bringen.

Ein bedeutsamer methodischer Aspekt war die Entscheidung für eine betriebsimmanente Auswertung. Aufgrund der aus forschungsökonomischen Gründen überschaubaren Stichprobe erschien ein Vergleich über Unternehmen hinweg zunächst nicht sinnvoll, da die Erfolgsdaten nicht vergleichbar sind. Gründe hierfür sind die uneinheitlichen Verfahren sowie die unterschiedlichen Ertragspotenziale unterschiedlicher Branchen.

Es ist festzustellen, dass durchweg nur für Bereiche mit hoher Produktnähe, das heißt Nähe zur Endfertigung, überhaupt Informationen über den monetären Erfolg der Tätigkeit vorlagen. In keinem Fall werden hierbei Gemeinkosten mit berücksichtigt. Dies gilt gleichermaßen für die Industrieunternehmen wie für das betrachtete Dienstleistungsunternehmen. Etwas umfassender war die Datenlage hinsichtlich der Potenzialperspektive, wo Fluktuations-, Unfall- und Fehlzeitendaten zur Routine der betrieblichen Dokumentation gehören. Die entstehenden Kosten werden jedoch nicht im Einzelnen ermittelt, eine Schlussfolgerung kann so nur mit Einschränkungen gezogen werden. Wo Systeme der kontinuierlichen Verbesserung implementiert sind, lagen Informationen über Prämienzahlungen vor, außerdem einige Anhaltspunkte, die Rückschlüsse auf das Commitment zulassen sollten, wie die Beteiligungsquote an gemeinschaftlichen Aktivitäten außerhalb der Arbeitszeit. Solche bestehen jedoch nicht in allen untersuchten Unternehmen.

Da auf der ökonomischen Seite wie angeführt abteilungsbezogene Kollektivdaten zu erwarten waren, wurden bei der Erhebung des Fragebogeninstruments die Zugehörigkeit der Mitarbeiter zu den Abteilungen in Selbstauskunft erfragt, wobei die vorhandenen Abteilungen im Unternehmen zur Auswahl standen. Somit war eine Zuordnung der Befragungsdaten zu den Kollektiv- oder Abteilungsdaten möglich. Natürlich bringt ein solches Vorgehen den Nachteil mit sich, dass nur *eine* ganz konkrete Kennzahl für *alle* Beschäftigten dieser Abteilung vorliegt, wodurch es hinsichtlich der Kennzahl innerhalb der Gruppe keine Varianz geben kann. Aus dem Gesichtspunkt der Datenanalyse ist das bedauerlich.

Bei der Aufbereitung der unternehmensspezifischen Kennzahlen schließlich hat sich gezeigt, dass der betriebswirtschaftliche Erfolg in den fünf Unternehmen der Untersuchung durch jeweils sehr unterschiedliche Kennzahlen erhoben wird. Es gibt nur sehr wenige Zahlen, die in allen fünf Unternehmen gleichermaßen routinemäßig vorliegen. Innerhalb der einzelnen Betriebe wurde die Varianz der Kennzahlen natürlich durch die Anzahl der einzelnen Abteilungen (die je nach Größe des Unternehmens zwischen elf bis zu 99 Abteilungen erheblich variierte) maßgeblich beeinflusst. Darüber hinaus gibt es innerhalb der Unternehmen auch Arbeitsbereiche, wie beispielsweise in der Verwaltung, in denen in keiner der beteiligten Firmen überhaupt eine Erfolgskennzahl vorliegt. Unternehmensintern werden sie als Gemeinkostenstellen behandelt. Diese Abteilungen konnten dementsprechend (zumindest was die Produktivität beziehungsweise den Erfolg betrifft) bei der Zusammenführung der Daten nicht berücksichtigt werden.

Ein weiteres Problem besteht darin, dass – im Unterschied zu den Befragungsdaten – bei einer Vielzahl der zur Verfügung stehenden betriebswirtschaftlichen Kennzahlen kaum eine ausreichende Anzahl an Ereignissen vorlag. Fluktuation und Arbeitsunfälle sind beispielsweise Ereignisse, die in den von untersuchten Unternehmen naturgemäß eher selten vorkommen. Empirisch bedeutet das, dass auch diese Kennzahlen kaum Varianz aufweisen und für statistische Zwecke somit weniger geeignet sind. Insgesamt wurden bei der Zusammenführung der Daten für eine betriebsspezifische Analyse nur solche Produktivitäts- und Erfolgskennzahlen ausgewählt und verwendet, die (a) für verschiedene Arbeitsbereiche beziehungsweise Abteilungen innerhalb der Betriebe existierten und (b) in ausreichendem Umfang vorlagen, das heißt, Varianz aufwiesen.

5 Sozialkapital, Gesundheit und Betriebsergebnis

Im Folgenden werden zunächst die sozial- und gesundheitswissenschaftlichen Ergebnisse der Studie zu den Zusammenhängen zwischen „Treibern" und „Frühindikatoren" sowie den wahrgenommenen „Spätindikatoren" vorgestellt, wie sie mit Hilfe der Mitarbeiterbefragung ermittelt wurden. Im zweiten Teil dieses Kapitels werden Ergebnisse der Studie zu den Zusammenhängen zwischen „Treibern" und betriebswirtschaftlichen „Spätindikatoren" betrachtet. Dazu wurden die Daten aus der Mitarbeiterbefragung und Routinedaten der beteiligten Unternehmen zusammengeführt.

Ergebnisse der Mitarbeiterbefragung[16]

Die 2.287 Datensätze der Mitarbeiterbefragung aus fünf Betrieben wurden mit Hilfe des Softwarepakets SPSS (Version 14) ausgewertet. In einem ersten Schritt der Darstellung wird durch betriebsspezifische Mittelwertvergleiche geklärt, ob zwischen den fünf untersuchten Unternehmen im Hinblick auf die genannten Konstrukte beziehungsweise Faktoren der Untersuchung signifikante Unterschiede bestehen. Korrelationsanalysen werden in einem zweiten Schritt durchgeführt, in dem es um die Beantwortung der Frage geht, ob sich Zusammenhänge zwischen den verschiedenen Faktoren des Unternehmensmodells belegen lassen. In einem dritten Schritt wird mit Hilfe der Clusteranalyse die Frage geklärt werden, ob sich in dem Datensatz unterschiedliche Gruppen von Befragten mit mehr oder weniger großen Gesundheitsproblemen identifizieren lassen, die sich jeweils durch ein spezielles Muster im Hinblick auf ihr Sozialkapital auszeichnen. Schließlich soll in einem vierten Schritt eine Pfadanalyse Aufschluss darüber geben, ob sich die vermuteten Zusammenhänge zwischen den unabhängigen und abhängigen Variablen des Unternehmensmodells empirisch bestätigen lassen.

[16] Petra Rixgens, Martina Behr und Bernhard Badura

Unternehmensvergleich

Der Aufbau dieses ersten Teilkapitels folgt der inhaltlichen Struktur des verwendeten Fragebogens, der für die Studie entworfen wurde. Er ist gemäß dem beschriebenen Unternehmensmodell in folgende Themenblöcke gegliedert: (1) die immateriellen Arbeitsbedingungen der Mitarbeiterinnen und Mitarbeiter, (2) die Güte der sozialen Beziehungen innerhalb der einzelnen Arbeitsteams (Netzwerkkapital), (3) die Qualität der Führung (Führungskapital), (4) verschiedene Aspekte der Unternehmenskultur (Wertekapital), (5) die psychische und physische Gesundheit, (6) die wahrgenommene Produktivität, die Organisationspathologien sowie die Work-Life-Balance der Beschäftigten.

Es wird davon ausgegangen, dass Unternehmen sich nicht nur in der Ausstattung mit Humankapital unterscheiden, sondern auch Unterschiede bezüglich des Sozialkapitals, des Gesundheitszustands und der Produktivität der Mitarbeiter in den verschiedenen Betrieben bestehen. Zur Überprüfung dieser Annahme werden mit Hilfe einer einfachen Varianzanalyse für jedes Unternehmen Mittelwerte berechnet, die schließlich im Hinblick auf signifikante Differenzen zwischen den Betrieben untersucht werden. Dabei besagt ein signifikantes Ergebnis mit einem Alpha-Wert kleiner als 0,05, dass die gefundenen Differenzen zwischen den Mittelwerten kein bloßes Zufallsergebnis sind, sondern auf systematische Unterschiede zwischen den fünf Unternehmen hinweisen (vgl. Tabelle 5 bis Tabelle 9). Als Datengrundlage dienen hierzu die bereits beschriebenen Indizes. Wie bereits erläutert, wurden alle neu gebildeten Faktoren vorher teststatistisch überprüft. Für alle gebildeten Faktoren wurde die Güte der Indexbildung sowohl durch eine klassische Faktorenanalyse als auch durch die Berechnung des Reliabilitätskoeffizienten Cronbachs Alpha festgestellt.

Die Tabellen, in denen die Ergebnisse der einfachen Varianzanalyse dargestellt werden, sind folgendermaßen aufgebaut: In der ersten Spalte sind die Faktoren zu den fünf verschiedenen Themenblöcken dargestellt. In den nachfolgenden Spalten finden sich die Mittelwerte für die fünf verschiedenen Unternehmen sowie der Gesamtmittelwert, der jeweils auf der Basis der Gesamtstichprobe von n=2.287 Befragten berechnet wurde. Daneben stehen in der letzten Spalte die Ergebnisse des Signifikanztests zu der Frage, ob die Unterschiede zwischen den arithmetischen Mittelwerten (AM) für die fünf Gruppen groß genug sind, um von signifikanten Gruppen-Differenzen sprechen zu können, oder aber nur zufällige (nicht-signifikante) Unterschiede bestehen. Zur besseren Übersicht sind zudem der höchste beziehungsweise beste Wert eines jeden Faktors dunkelgrau, die mittleren Werte hellgrau und der niedrigste beziehungsweise schlechteste Wert weiß hinterlegt.

Immaterielle Arbeitsbedingungen

Vergleicht man zunächst die immateriellen Arbeitsbedingungen (Faktoren A1 bis A7, Tabelle 5) der Beschäftigten in den fünf untersuchten Unternehmen, fällt auf, dass es zwischen den einzelnen Unternehmen erhebliche Unterschiede gibt: Für alle sieben Faktoren konnten hoch signifikante Unterschiede berechnet werden. Im Detail stellt sich die Situation wie folgt dar: Überdurchschnittlich gute Werte konnten vor allem für den Betrieb D ermittelt werden. Gemessen an den Werten der anderen vier Unternehmen, aber auch im Vergleich zum Gesamtmittelwert, lassen sich die Arbeitsbedingungen der Beschäftigten in der Firma D durch überdurchschnittlich gute Partizipationsmöglichkeiten (AM=9,56) und eine geringe fachliche (AM=4,98) wie auch zeitliche Überforderung (AM=8,49) kennzeichnen. Zudem empfinden diese Mitarbeiterinnen und Mitarbeiter ihre Arbeit in sehr viel stärkerem Maße als inhaltlich bereichernd und sinnhaft (AM=12,02), als die Beschäftigten der anderen Unternehmen dies tun.

Tabelle 5: Betriebsspezifische Mittelwerte und Ergebnisse der Varianzanalyse für die immateriellen Arbeitsbedingungen

	A	B	C	D	E	alle	α
A1: Partizipationsmöglichkeiten	8,56	9,39	9,56	9,56	9,41	9,32	0,00
A2: Fachliche Überforderung	5,40	6,14	5,88	4,98	5,96	5,91	0,00
A3: Zeitliche Überforderung	8,74	9,41	8,90	8,49	9,15	9,13	0,00
A4: Klarheit der Aufgabe	17,33	15,63	16,32	16,93	16,65	16,40	0,00
A5: Handlungsspielraum	6,76	7,21	7,63	7,09	7,24	7,21	0,00
A6: Sinnhaftigkeit der Aufgabe	11,38	11,16	11,35	12,02	11,01	11,16	0,00
A7: Zufriedenheit mit org. Rahmenbedingungen insgesamt	16,40	16,44	15,71	15,95	16,95	16,58	0,00

Angegeben sind Mittelwerte. α: Signifikanzniveau. Stichprobenumfang: Betrieb A: n=276, B: n=676, C: n=258, D: n=60, E: n=1.017. Skala: A1, A2, A3, A6: 3–9–15; A4: 4–12–20; A5: 2–6–10; A7: 5–15–25.

Ganz anders stellt sich demgegenüber die Situation vor allem im Betrieb B dar. In diesem Unternehmen wurden für die drei Faktoren A2 bis A4 die jeweils schlechtesten Werte berechnet. Demnach sind die Arbeitnehmerinnen und Arbeitnehmer in diesem Betrieb nicht nur am meisten von fachlicher (AM=6,14) und zeitlicher (AM=9,41) Überforderung betroffen, sondern sie wissen offenbar auch nicht genau, was in ihren Verantwortungsbereich fällt, oder was von ihnen bei der Arbeit erwartet wird (AM=15,63). Demgegenüber haben die Beschäftigten der anderen Unternehmen eine sehr viel höhere Aufgabenklarheit (Betrieb A: AM=17,33, Betrieb C: AM=16,32, Betrieb D: AM=16,93 und Betrieb E: AM=16,65).

In den Unternehmen A, C und E ergibt sich bezüglich der Arbeitsbedingungen ein eher heterogenes Bild. Die Mitarbeiterinnen und Mitarbeiter des Betriebs A haben zum Beispiel vergleichsweise wenige Möglichkeiten, bei wichtigen Entscheidungen in der Abteilung mitzureden oder mitzuentscheiden. Die Partizipationsmöglichkeiten werden in diesem Unternehmen mit einem AM von 8,56 nicht nur im Vergleich zum Gesamtmittelwert, sondern auch im Hinblick auf die Mitbestimmungsmöglichkeiten in den anderen Unternehmen nur unterdurchschnittlich bewertet. Auch bleibt der Mittelwert, der für den Handlungsspielraum der Beschäftigten des Betriebs A berechnet wurde (6,76), weit unterhalb der Vergleichswerte. Andererseits ist aber die Klarheit der Aufgabe für die Belegschaft in keinem anderen Unternehmen so hoch, wie für die Beschäftigten dieses Betriebs.

Die immateriellen Arbeitsbedingungen im Modellbetrieb C lassen sich vor allem durch gute Partizipationsmöglichkeiten (AM=9,56) und einen hohen Gestaltungs- und Handlungsspielraum kennzeichnen (AM=7,63). Was jedoch die Zufriedenheit der hier Befragten mit den organisatorischen Rahmenbedingungen betrifft, so fällt dieser Mittelwert mit 15,71 weit unterdurchschnittlich aus und stellt den schlechtesten Wert dieses Vergleichs dar.

Wie die Tabelle 5 zusätzlich zeigt, sind demgegenüber die Mitarbeiterinnen und Mitarbeiter im Betrieb E mit den Rahmenbedingungen, wie beispielsweise mit dem Angebot an Fort- und Weiterbildungen, der technischen Ausstattung oder mit den äußeren Bedingungen ihres Arbeitsplatzes, stärker zufrieden. Die Sinnhaftigkeit der Aufgabe wird allerdings geringer eingeschätzt (AM=16,95) als anderswo. Die anderen Arbeitsbedingungen, wie beispielsweise die Partizipationsmöglichkeiten oder die zeitliche oder fachliche Überforderung, weisen im diesem Betrieb E keine Besonderheiten auf; diese Bedingungen werden von den hier Befragten leicht überdurchschnittlich bewertet.

Für die immateriellen Arbeitsbedingungen hat sich zusammenfassend der Befund ergeben, dass es zwischen den fünf verschiedenen Unternehmen deutliche Unterschiede gibt. Während in den Betrieben C und insbesondere D die befragten Mitarbeiterinnen und Mitarbeiter die immateriellen Arbeitsbedingungen zum größten Teil überdurchschnittlich gut einschätzen, fallen die Bewertungen dagegen in den Unternehmen A und vor allem im Betrieb B weniger gut aus.

Netzwerkkapital

Zur Qualität der sozialen Beziehungen innerhalb des eigenen Arbeitsteams wurden den Befragten insgesamt 14 Fragen gestellt, die zu fünf Faktoren zusammengefasst werden konnten (Faktoren B1 bis B5, Tabelle 6). Zunächst einmal kann auch hier konstatiert werden, dass sich die untersuchten Betriebe auch mit Blick auf das Netzwerkkapital deutlich unterscheiden: Für alle fünf Faktoren konnten signifikante Unterschiede zwischen den Betrieben berechnet werden. Auffällig ist, dass in keinem anderen Unternehmen das Netzwerkkapital so gut eingeschätzt wird, wie im Betrieb E. In diesem Unternehmen sind das Zusammengehörigkeitsgefühl (AM=19,40) und die Güte der Kommunikation (AM=7,81) außergewöhnlich gut. Auch passen die Kolleginnen und Kollegen in menschlicher Hinsicht sehr viel besser zusammen (AM=11,51), als das in den anderen Firmen der Fall ist. Zudem ist die Belegschaft in diesem Betrieb E offenbar sehr viel eher bereit, sich bei der Arbeit gegenseitig zu unterstützen (AM=7,56) und einander zu vertrauen (AM=7,32) als anderswo.

Tabelle 6: Betriebsspezifische Mittelwerte und Ergebnisse der Varianzanalyse für das Netzwerkkapital

	A	B	C	D	E	alle	α
B1: Ausmaß des Zusammengehörigkeitsgefühls	18,21	18,87	18,40	18,25	19,40	18,96	0,00
B2: Güte der Kommunikation im Team	7,38	7,66	7,31	7,49	7,81	7,65	0,00
B3: Sozialer Fit der Gruppenmitglieder	10,85	11,36	10,73	11,09	11,51	11,29	0,00
B4: Soziale Unterstützung innerhalb des eigenen Teams	7,04	7,43	7,12	7,41	7,56	7,41	0,00
B5: Gegenseitiges Vertrauen innerhalb des eigenen Teams	6,67	6,94	6,80	7,12	7,32	7,07	0,00

Angegeben sind Mittelwerte. α: Signifikanzniveau. Stichprobenumfang: Betrieb A: n=276, B: n=676, C: n=258, D: n=60, E: n=1.017. Skala: B1: 5–25; B2, B4, B5: 2–6–10; B3: 3–9–15.

Ganz anders stellt sich die Situation für die Betriebe C und vor allem A dar. Dass die Güte der sozialen Beziehungen insbesondere im Unternehmen A verbesserungsbedürftig ist, zeigt sich beispielsweise an dem geringen Zusammengehörigkeitsgefühl der Arbeitsteams (AM=18,21), der mangelnden Bereitschaft, sich bei der Arbeit gegenseitig zu unterstützen (AM=7,04) und an dem nur unterdurchschnittlich starken Vertrauensverhältnis der Teammitglieder (AM=6,67). Zudem wird die Qualität und Quantität der Kommunikation in den Arbeitsgruppen (AM=7,38) und der soziale „Fit“ der Mitglieder (AM=10,85) im Betrieb A nicht besonders gut eingeschätzt. Zwar fallen die Bewertungen im Unternehmen C (AM=7,31 bzw. 10,73) diesbezüglich noch etwas schwächer aus, aber auch die Werte des Unternehmens A sind weit unterdurchschnittlich. Das Netzwerkkapital der Betriebe B und D weist darüber hinaus keine Besonderheiten auf. Die hier berechneten Mittelwerte entsprechen etwa den jeweils berechneten Gesamtmittelwerten.

Führungskapital

Auch im Hinblick auf die Einschätzung des direkten Vorgesetzten (Faktoren C1 bis C7, Tabelle 7) gibt es zwischen den untersuchten Unternehmen signifikante Unterschiede. Betrachtet man die in der Tabelle 7 berechneten Werte der einzelnen Unternehmen, fällt auf, dass die höchsten Werte für die Vorgesetzten des Unternehmens E und die schwächsten Beurteilungen für die Führungskräfte des Betriebs C ermittelt werden konnten. Somit ist in keinem der Vergleichsunternehmen die Akzeptanz des Vorgesetzten (AM=11,21) und das Vertrauen, das den Führungskräften entgegengebracht wird (AM=11,47) so hoch, wie im Betrieb E. Ebenso gelingt es diesen Vorgesetzten augenscheinlich sehr viel besser, alle Kolleginnen und Kollegen fair und gerecht zu behandeln (AM=7,45), mit allen Beschäftigten eine rege Kommunikation zu pflegen (AM=12,48) und sich auch in sehr viel stärkerem Maße an den Bedürfnissen und Belangen ihrer Mitarbeiter zu orientieren (AM=15,56), als den Führungskräften der anderen Betriebe. Mit dieser hohen Mitarbeiterorientierung geht außerdem eine geringe Machtorientierung der Vorgesetzten einher (AM=6,58). Die Tendenz der Führungskräfte im Betrieb E, die Mitarbeiter beispielsweise in Gegenwart anderer zu kritisieren oder sich immer durchsetzen zu wollen, auch wenn die Mitarbeiter eine andere Meinung haben, ist bei diesen Vorgesetzten somit vergleichsweise gering. Erwähnenswert erscheint zudem die Tatsache, dass auch das Ausmaß sozialer Kontrolle (Faktor C2) mit einem berechneten Mittelwert von 6,44 im Betrieb E am höchsten ist.

Tabelle 7: Betriebsspezifische Mittelwerte und Ergebnisse der Varianzanalyse für das Führungskapital

	A	B	C	D	E	alle	α
C1: Ausmaß der Mitarbeiterorientierung	14,57	14,72	13,93	14,64	15,56	14,99	0,00
C2: Ausmaß der sozialen Kontrolle	6,24	5,93	5,91	6,36	6,44	6,21	0,00
C3: Güte der Kommunikation	11,48	11,58	10,92	11,98	12,48	11,91	0,00
C4: Akzeptanz des Vorgesetzten	10,89	10,72	9,87	10,61	11,21	10,87	0,00
C5: Vertrauen in den Vorgesetzten	11,08	10,94	10,30	11,11	11,47	11,13	0,00
C6: Ausmaß von Fairness und Gerechtigkeit	7,15	7,31	6,60	7,11	7,45	7,27	0,00
C7: Ausmaß der Machtorientierung	7,58	7,09	8,00	7,42	6,58	7,03	0,00

Angegeben sind Mittelwerte. α: Signifikanzniveau. Stichprobenumfang: Betrieb A: n=276, B: n=676, C: n=258, D: n=60, E: n=1.017. Skala: C1: 4–12–20; C2, C6: 2–6–10; C3, C4, C5, C7: 3–9–15.

Im Gegensatz zu diesen guten Ergebnissen stehen die unterdurchschnittlichen Bewertungen des Betriebs C. Das Verhalten der Führungskräfte dieses Unternehmens ist gekennzeichnet durch eine geringe Mitarbeiterorientierung (AM=13,93) und soziale Kontrolle (AM=5,91), durch defizitäre Kommunikationsstrukturen zwischen den Hierarchieebenen (AM=10,92) sowie durch einen weniger gerechten und fairen Umgang der Vorgesetzten mit ihren Mitarbeitern (AM=6,60). Parallel dazu ist das Vertrauensverhältnis zwischen den beiden Statusgruppen äußerst schlecht (AM=10,30) und die Vorgesetzten werden von ihren Mitarbeitern in ihrer Rolle als „Chef" nur wenig anerkannt und akzeptiert (AM=9,87). Für die anderen drei Betriebe (A, B und D) konnten Werte berechnet werden, die sich insgesamt betrachtet alle um den Gesamtmittelwert herum bewegen. Erwähnenswert erscheint aber die Tatsache, dass diese drei Betriebe bezüglich der Faktoren C1, C5 und C7 – im Vergleich zum Gesamtmittelwert – nur unterdurchschnittlich abschneiden, was mit der guten Bewertung der Führungskräfte des Unternehmens E zusammenhängt. So liegen das Ausmaß der Mitarbeiterorientierung und des gegenseitigen Vertrauens der Statusgruppen in diesen drei Firmen unterhalb und das Ausmaß der Machtorientierung der Führungskräfte oberhalb des Gesamtmittelwerts.

Wertekapital

Auch bezüglich des Wertekapitals haben sich für alle analysierten Faktoren (D1 bis D7, Tabelle 8) signifikante Unterschiede zwischen den Betrieben ergeben. Auffällig sind zunächst einmal die Resultate des Betriebs C. Für dieses Unternehmen wurden mit Ausnahme des Faktors D4 die niedrigsten Werte berechnet. In keinem anderen Betrieb gibt es beispielsweise so wenige gemeinsame Werte und Normen (AM=15,79), die zudem im betrieblichen Alltag nur wenig umgesetzt und gelebt werden (AM=8,66). Ebenso werden der Umgang mit Konflikten (AM=11,37), das Ausmaß von Fairness und Gerechtigkeit im Unternehmen (AM=8,82), die individuelle Wertschätzung für die Mitarbeiter im gesamten Betrieb (AM=6,10) sowie das Vertrauen in die Geschäftsführung und den Betriebsrat (AM=6,26) von den hier Befragten weit unterdurchschnittlich eingeschätzt. Nur der Teamgeist beziehungsweise das Gemeinschaftsgefühl werden von den Mitarbeiterinnen und Mitarbeitern des Unternehmens E noch etwas schwächer bewertet als von den Arbeitnehmern des Betriebs C.

Tabelle 8: Betriebsspezifische Mittelwerte und Ergebnisse der Varianzanalyse für das Wertekapital

	A	B	C	D	E	alle	α
D1: Gemeinsame Normen und Werte	16,64	16,88	15,79	17,36	16,64	16,65	0,00
D2: Gelebte Unternehmenskultur	9,08	9,16	8,66	10,54	8,95	9,04	0,00
D3: Güte der Konfliktkultur	12,31	12,84	11,37	12,81	11,91	12,21	0,00
D4: Gemeinschaftsgefühl im Unternehmen	12,23	13,37	12,04	13,27	11,94	12,45	0,00
D5: Ausmaß von Gerechtigkeit im Unternehmen	9,62	9,71	8,82	9,48	9,17	9,36	0,00
D6: Wertschätzung für die Mitarbeiter	6,30	6,66	6,10	6,64	6,30	6,40	0,00
D7: Ausmaß des Vertrauens in die Geschäftsleitung/Betriebsrat	6,80	6,63	6,26	7,53	n.e.	6,50	0,00

Angegeben sind Mittelwerte. α: Signifikanzniveau. n. e.: nicht erhoben. Stichprobenumfang: Betrieb A: n=276, B: n=676, C: n=258, D: n=60, E: n=1.017. Skala: D1: 5–25; D2, D5: 3–9–15; D3, D4: 4–12–20; D6, D7: 2–6–10.

Unter den untersuchten Unternehmen verfügt die Firma B über das stärkste Wertekapital. Zwar fallen die Bewertungen für die Faktoren D1, D2 und D7 nur leicht überdurchschnittlich aus, jedoch konnten beispielsweise im Hinblick auf die individuelle Wertschätzung (AM=6,66), das Ausmaß von Gerechtigkeit im Betrieb (AM=9,71), das Gemeinschaftsgefühl im Unternehmen (AM=13,37) sowie bezüglich des Umgangs mit Konflikten (AM=12,84) die besten Werte ermittelt werden.

Das Unternehmen D fällt darüber hinaus dadurch auf, dass es hier deutlich mehr gemeinsame Werte und Normen gibt (AM=17,36), die im Arbeitsalltag sehr viel stärker umgesetzt und gelebt werden (AM=10,54) als in den anderen Betrieben. Außerdem ist das Vertrauen, das die Beschäftigten ihrer Geschäftsführung und ihrem Betriebsrat in diesem Betrieb D entgegenbringen, deutlich höher als anderswo. Dass in den Betrieben A und E im Bereich der Unternehmenskultur noch Entwicklungsbedarf besteht, zeigen die berechneten Mittelwerte der Unternehmen. Für beide Betriebe konnten Werte ermittelt werden, die zwar nicht ganz so niedrig sind, wie im Unternehmen C, jedoch zum überwiegenden Teil weit unterdurchschnittlich ausfallen.

Gesundheit und Produktivität

Der letzte Teil dieses varianzanalytischen Vergleichs beschäftigt sich mit der Gesundheit und der wahrgenommenen Produktivität der Mitarbeiterinnen und Mitarbeiter. Die ersten sieben Faktoren (Y1 bis Y7, Tabelle 9) beziehen sich zunächst auf das psychische und physische Befinden und das Gesundheitsverhalten der Befragten sowie die Fehlzeiten. Hier zeigen die Befunde, dass insbesondere die Belegschaft des Betriebs E – dem einzigen Dienstleistungsunternehmen – subjektiv über einen deutlich schlechteren Gesundheitszustand verfügt als vor allem die Mitarbeiter der Betriebe A und D. Die Beschäftigten der Firma E sind dem eigenen Empfinden nach signifikant häufiger von psychosomatischen Beschwerden, wie beispielsweise Kopf- und Magenschmerzen, betroffen (AM=13,73). Zudem schätzen sie die Güte ihres eigenen körperlichen Gesundheitszustands sehr viel schlechter ein (AM=3,98) als andere. Auch das eigene Wohlbefinden wird von diesen Mitarbeiterinnen und Mitarbeitern weniger gut beurteilt (AM=15,06), was mit deutlich höheren Fehlzeiten (AM=8,72) dieser Beschäftigtengruppe einhergeht. Nur das Selbstwertgefühl ist bei diesen Befragten (AM=20,88) sowohl im Vergleich zum Gesamtmittelwert, als auch im Hinblick auf die Mittelwerte der Betriebe B, C und D überdurchschnittlich stark ausgeprägt.

Sehr viel besser beurteilen demgegenüber die Belegschaften des Unternehmens D und insbesondere des Betriebs A die eigene physische und psychische Gesundheit. Erwähnenswert erscheint zudem die Tatsache, dass die Mitarbeiterinnen und Mitarbeiter im Unternehmen A gemäß den vorliegenden Daten über einen guten körperlichen Gesundheitszustand und ein gutes allgemeines Wohlbefinden verfügen, aber dennoch mit 8,08 Fehltagen die zweithöchste Fehlzeitenquote aufweisen. Was das Gesundheitsverhalten betrifft, so konnte das stärkste Trink- und Rauchverhalten (Faktor Y7) für den Betrieb C ermittelt werden (AM=4,81). Die beschäf-

Tabelle 9: Betriebsspezifische Mittelwerte und Ergebnisse der Varianzanalyse für die Gesundheit und Produktivität

	A	B	C	D	E	alle	α
Y1: Häufigkeit psychosomatischer Beschwerden	12,42	13,31	12,82	12,11	13,73	13,30	0,00
Y2: Güte des körperlichen Gesundheitszustands	4,15	4,14	4,14	4,03	3,98	4,06	0,00
Y3: Ausmaß depressiver Verstimmungen	9,78	10,21	9,66	9,33	10,75	10,33	0,00
Y4: Ausmaß des Wohlbefindens	15,92	15,25	15,58	15,38	15,06	15,29	0,00
Y5: Güte des Selbstwertgefühls	20,95	20,17	20,43	20,48	20,88	20,62	0,00
Y6: Ausmaß von Fehlzeiten	8,08	3,74	4,78	4,88	8,72	6,53	0,00
Y7: Trink- und Rauchgewohnheiten	4,73	4,57	4,81	4,51	4,33	4,50	0,00
Y8: Subjektive Arbeitsfähigkeit	12,29	12,03	12,28	12,25	12,16	12,16	0,39
Y9: Ausmaß des Qualitätsbewusstseins im Team	15,86	14,78	15,29	16,11	15,20	15,19	0,00
Y10: Qualität der Arbeitsleistungen im Betrieb insgesamt	12,51	12,26	11,78	12,15	11,77	12,02	0,00
Y11: Ausmaß von Mobbing am Arbeitsplatz	4,84	4,79	5,38	4,97	4,40	4,69	0,00
Y12: Ausmaß innerer Kündigung	6,36	5,80	6,17	6,61	5,01	5,57	0,00
Y13: Ausmaß Work-Life-Balance	20,35	18,24	20,39	20,98	19,51	19,37	0,00
Y14: Commitment	11,19	11,99	11,12	11,56	11,33	11,50	0,00

Angegeben sind Mittelwerte. α: Signifikanzniveau. Stichprobenumfang: Betrieb A: n=276, B: n=676, C: n=258, D: n=60, E: n=1.017. Skala: Y1: 7–31–35; Y2: 1–6; Y3: 5–25; Y4, Y9: 4–12–20; Y5, Y13: 5–15–25; Y6: 0–...; Y7: 2–5–9; Y8, Y10, Y11, Y12, Y14: 3–9–15.

tigten Frauen und Männer des Unternehmens E konsumieren den eigenen Angaben zufolge Alkohol und Tabak demgegenüber sehr viel seltener (AM=4,33).

Die nachfolgenden Faktoren (Y8 bis Y10) beziehen sich auf die wahrgenommene Produktivität und Qualität. Der erste Faktor Y8 beinhaltet die selbst eingeschätzte Arbeitsfähigkeit. Wie der berechnete Alpha-Wert von 0,394 deutlich macht, konnte diesbezüglich zwischen den fünf Unternehmen kein signifikantes Ergebnis berechnet werden, was auf Unterschiede zwischen den verschiedenen Unternehmen hindeuten würde. Was jedoch das Qualitätsbewusstsein (Faktor Y9) und die Einschätzung der Qualität der Arbeitsleistungen im Betrieb insgesamt betrifft (Faktor Y10), so gibt es zwischen den fünf Unternehmen große Unterschiede. Insbesondere das Qualitätsbewusstsein im Betrieb D ist mit einem arithmetischen

Mittelwert von 16,11 überdurchschnittlich gut, aber auch für das Unternehmen A (AM=15,86) konnte diesbezüglich ein weit überdurchschnittlicher Wert ermittelt werden. Dass sich im Betrieb B beispielsweise das Denken nicht vorrangig um die Kunden dreht und nicht so stark auf die Qualität der Arbeitsergebnisse geachtet wird, wie in anderen Unternehmen, macht der Mittelwert für diesen Betrieb von nur 14,78 deutlich.

Etwas anders verhält es sich mit der Einschätzung der Qualität der Arbeitsleistungen, die von den Befragten selbst, dem Arbeitsteam und dem gesamten Unternehmen erbracht werden (Faktor Y10). Diese Qualität schätzen die Befragten im Betrieb A (AM=12,51) signifikant besser ein, als die Beschäftigten im Unternehmen D (AM=12,15) und insbesondere im Unternehmen E (AM=11,77).

Die nächsten beiden Faktoren Y11 und Y12 betreffen die Organisationspathologien Mobbing und Innere Kündigung. Wie die arithmetischen Mittelwerte von nur 4,40 und 5,01 zeigen, sind die Mitarbeiterinnen und Mitarbeiter im Betrieb E von Mobbing-Aktivitäten und Innerer Kündigung sehr viel seltener betroffen als die Kolleginnen und Kollegen des Betriebs C und D. Während die Belegschaft im Unternehmen C das Gefühl hat, vor allem durch Mobbing-Vorgänge belastet zu sein (AM=5,38), ist im Betrieb D das Ausmaß der Inneren Kündigung überdurchschnittlich hoch (AM=6,61).

Betrachtet man darüber hinaus die Work-Life-Balance (Y13) der Beschäftigten, so zeigt sich, dass die Arbeitnehmer des Unternehmens C (AM=20,39) und insbesondere des Betriebs D (AM=20,98) den eigenen Angaben zufolge deutlich geringere Probleme haben, das Berufsleben mit dem Familienleben in Einklang zu bringen als die Beschäftigten der anderer Firmen. Die Mitarbeiterinnen und Mitarbeiter des Betriebs B weisen den Befunden zur Folge die ungünstigste Work-Life-Balance auf (AM=18,24).

Auch für den letzten hier zu analysierenden Faktor Y14 (Commitment) konnten zwischen den fünf an der Untersuchung teilnehmenden Unternehmen signifikante Unterschiede berechnet werden. Die eindeutig stärkste persönliche Bindung an die „eigene" Firma haben die Arbeitnehmerinnen und Arbeitnehmer, die im Betrieb D (AM=11,56) und im Unternehmen B (AM=11,99) tätig sind. Andererseits können sich die Beschäftigten des Betriebs C (AM=11,12) in ganz besonders geringem Maße mit „ihrer" Firma identifizieren.

Sozialkapital: Abteilungsvergleich

Für den varianzanalytischen Teil bleibt noch erklärend hinzuzufügen, dass vertiefende Untersuchungen zeigen, dass das Sozialkapital nicht nur zwischen den einzelnen Betrieben variiert, sondern auch innerhalb einzelner Unternehmen zwischen unterschiedlichen Abteilungen und Gruppen. Auf diese Ergebnisse soll hier ergänzend eingegangen werden: Jeder der untersuchten fünf Betriebe besteht aus unterschiedlich vielen Arbeitsbereichen beziehungsweise Abteilungen. Während sich das kleinste Unternehmen in zehn einzelne Arbeitsbereiche unterteilen lässt, gliedert sich der größte Betrieb in 98 unterschiedliche Abteilungen.

Bezüglich nahezu aller Elemente unseres Unternehmensmodells konnte ein signifikanter Unterschied nicht nur zwischen den einzelnen Unternehmen, sondern auch zwischen den einzelnen Arbeitsbereichen eines Betriebs ermittelt werden. In der Abb. 4 ist ein solcher Abteilungsvergleich exemplarisch dargestellt. Wie die berechneten Mittelwerte der verschiedenen Arbeitsbereiche dieses Unternehmens deutlich machen, wird das Ausmaß von Fairness und Gerechtigkeit im gesamten Betrieb in den 25 Abteilungen sehr unterschiedlich beurteilt. Während die Belegschaften in den Abteilungen 13 (AM=10,14), 8 (AM=10,21) und 25 (AM=10,35) in sehr viel stärkerem Maße der Meinung sind, dass es beispielsweise im Umgang mit den Beschäftigten fair und gerecht zugeht, beurteilen dies die Mitarbeiter der Bereiche 9 (AM=8,52) und insbesondere 6 (AM=8,11) und 12 (AM=8,00) sehr viel kritischer.

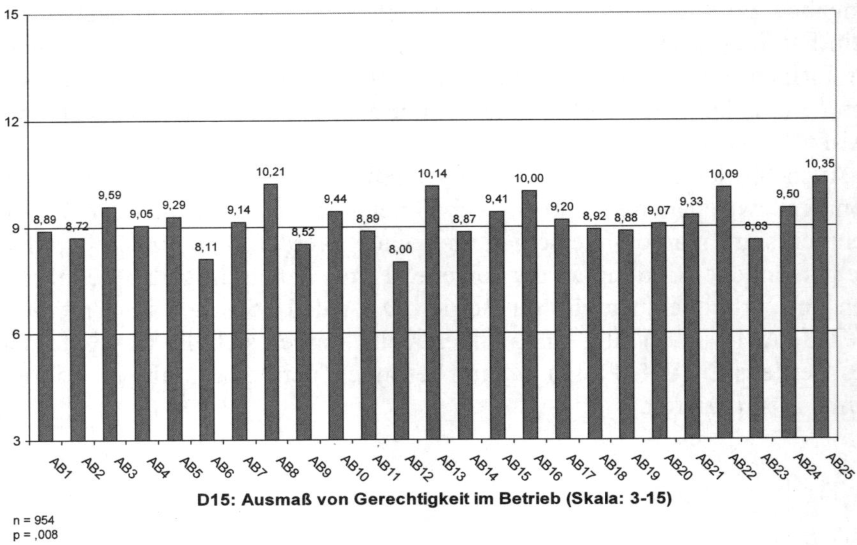

Abb. 4: Abteilungsvergleich zum Ausmaß von Gerechtigkeit im Betrieb

Auffallend häufig hat sich bei diesen Abteilungsvergleichen gezeigt, dass mit einem hohen Sozialkapital sowohl ein gutes gesundheitliches Wohlbefinden als auch eine bessere wahrgenommene Produktivität einhergeht. Ebenso weisen die Mitarbeiter der Arbeitsbereiche, die eher über ein niedriges Netzwerk-, Führungs- und Wertekapital verfügen, häufig einen deutlich schlechteren Gesundheitszustand auf und beurteilen auch die Qualität der Arbeitsleistung mit mehr Skepsis als die Beschäftigten anderer Abteilungen. Abb. 4 und Abb. 5 zeigen, dass beispielsweise die Mitarbeiterinnen und Mitarbeiter der 12. Abteilung das Ausmaß von Gerechtigkeit im Betrieb deutlich unterdurchschnittlich beurteilen, und zugleich auch am häufigsten psychosomatische Gesundheitsbeschwerden, wie zum Beispiel Kopf-, Rücken- und Magenschmerzen, angeben (AM=16,08).

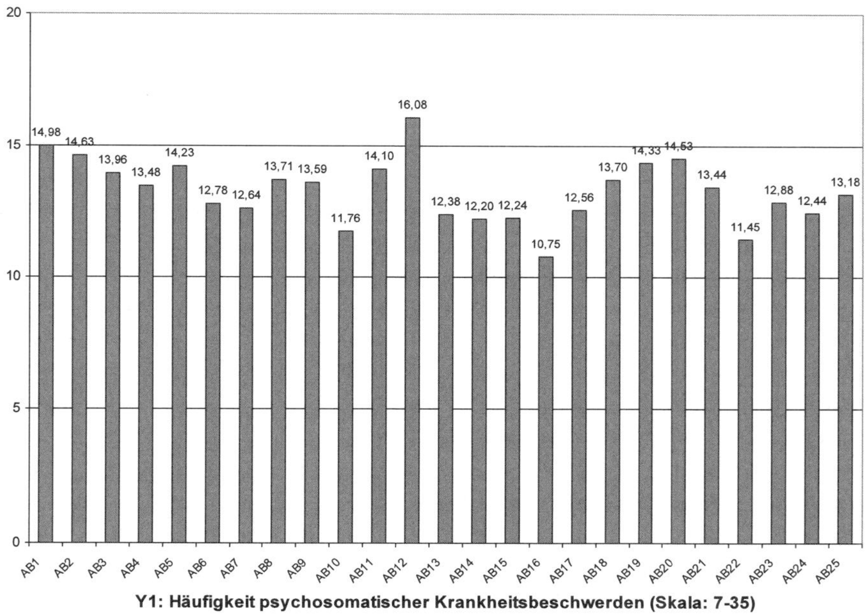

Abb. 5: Abteilungsvergleich zur Häufigkeit psychosomatischer Beschwerden

Sozialkapital: Positionsunterschiede

Deutliche Unterschiede haben sich auch zwischen Vorgesetzten und Mitarbeitern ergeben. Während die Führungskräfte die immateriellen Arbeitsbedingungen, das Sozialkapital sowie die eigene Gesundheit und die Produktivität überdurchschnittlich gut einschätzen, bewerten dies die

Mitarbeiter sehr viel schlechter. Zwischen der Vorgesetzten- und der Mitarbeiterperspektive gibt es somit – betriebsübergreifend – signifikante Unterschiede.

Sozialkapital: Altersunterschiede

Vor dem Hintergrund des demografischen Wandels ist vor allem der Befund interessant, dass insbesondere ältere Beschäftigte (ab dem 55. Lebensjahr) im Betrieb die vertikalen und horizontalen sozialen Beziehungen sowie die gemeinsamen Werte und Normen sehr viel besser einschätzen, als die jüngeren Kolleginnen und Kollegen. Auch die wahrgenommene Arbeitsleistung und die Qualität der Arbeit werden von den älteren Arbeitnehmern in dieser Stichprobe sehr viel besser eingeschätzt, als von den Jüngeren.

Sozialkapital: Geschlechterunterschiede

Ein Unterschied zwischen den Geschlechtern konnte nur partiell belegt werden. Während die Frauen und Männer in dieser Stichprobe beispielsweise das Wertekapital im Unternehmen in etwa gleich einschätzen, gibt es aber im Hinblick auf das Netzwerk- und Führungskapital sehr wohl geschlechtsspezifische Unterschiede. So beurteilen Frauen die sozialen Beziehungen sowohl zu ihren Kolleginnen und Kollegen als auch zu ihren Vorgesetzten sehr viel besser als Männer. Im Gegensatz dazu hat sich – wie in vielen anderen empirischen Untersuchungen (zum Beispiel Schmidt 2002, Merbach et al. 2002) – auch in dieser Stichprobe gezeigt, dass die weiblichen Beschäftigten ihren eigenen Gesundheitszustand schlechter bewerten als die männlichen Befragten.

Sozialkapital: Qualifikationsunterschiede

Zudem hat sich schließlich die Annahme bestätigt, dass es bezüglich des Humankapitals beziehungsweise des Bildungsniveaus der Befragten einige auffällige Unterschiede gibt. Kongruent zu anderen Forschungsbefunden (zum Beispiel Sachverständigenrat zur Begutachtung der Entwicklung im Gesundheitswesen 2005) hat sich in dieser Studie gezeigt, dass Mitarbeiter mit einem höheren Schulabschluss über ein deutlich besseres gesundheitliches Wohlbefinden verfügen, als Personen mit einem niedrigeren Abschluss. Ebenso beurteilen Beschäftigte, die über einen Realschul- oder Berufsschulabschluss oder über das Abitur verfügen, die horizontalen und vertikalen sozialen Beziehungen sehr viel besser, als die Kolleginnen und Kollegen mit einem Hauptschulabschluss oder diejenigen, die ihren Schulbesuch ohne formalen Abschluss beendet haben. Was jedoch die gemeinsamen Werthaltungen im Unternehmen betrifft, so konnten keine Unterschiede zwischen Mitarbeitern mit hohem und niedrigem Bildungsniveau ermittelt werden.

Zusammenhangsanalysen: Arbeitsbedingungen, Sozialkapital und Gesundheit

Nachdem im vorangegangenen Kapitel belegt werden konnte, dass es im Hinblick auf die Arbeitsbedingungen, das Sozialkapital und die Gesundheit signifikante Unterschiede zwischen den fünf untersuchten Unternehmen gibt, soll in diesem zweiten Analyseschritt der Frage nachgegangen werden, ob sich die theoretisch vermuteten Zusammenhänge zwischen den verschiedenen Faktoren unseres Unternehmensmodells auch empirisch belegen lassen. Als Datengrundlage dient hierzu die Korrelationsmatrix der insgesamt 40 Faktoren in der Tabelle 10. In den Zeilen der Tabelle sind die 26 Faktoren aufgeführt, die für die vier Konstrukte: A: Arbeitsbedingungen, B: Netzwerkkapital, C: Führungskapital und D: Wertekapital ermittelt wurden. Dies sind die „Treiber" beziehungsweise die unabhängigen Variablen unserer Untersuchung. In den Spalten finden sich die 14 abhängigen Variablen beziehungsweise Ergebnisvariablen zu den Themen: Gesundheit (Y1 bis Y7), Arbeitsfähigkeit (Y8), Qualitätsbewusstsein (Y9), Qualität der Arbeitsleistungen (Y10), Organisationspathologien (Y11 bis Y12), Work-Life-Balance (Y13) und Commitment (Y14).

Mit Hilfe der Korrelationsanalyse wurden die Zusammenhänge zwischen den einzelnen Faktoren berechnet. Alle Korrelationen mit einem Wert von über 0,04 innerhalb der Tabelle sind signifikant. Die Stärke des Zusammenhangs wird durch die Höhe der Korrelation deutlich. Da Korrelationen immer nur Werte zwischen 0 und 1 annehmen können, weist demzufolge ein Wert, je näher er an 1 liegt, auf einen umso stärkeren korrelativen Zusammenhang der beiden Variablen beziehungsweise Faktoren hin.

Mit Blick auf die Befunde lässt sich folgendes festhalten: Auf den ersten Blick wird ersichtlich, dass es viele signifikante Zusammenhänge gibt. Nur mit Ausnahme der beiden Faktoren C2 und Y7 (Soziale Kontrolle und Trink- und Rauchgewohnheiten) stehen alle Faktoren in einem starken linearen Zusammenhang. Zudem entsprechen alle Vorzeichen der errechneten Produkt-Moment-Korrelationskoeffizienten (r) exakt den theoretischen Erwartungen.

Im Detail stellen sich die Ergebnisse für den Gesundheitszustand (Y1 bis Y7) der Befragten in den fünf Unternehmen wie folgt dar: Je besser die Arbeitsbedingungen (Themenblock A) von den Beschäftigten bewertet werden, wie beispielsweise die Partizipationsmöglichkeiten (r=-0,299), die Sinnhaftigkeit der Aufgabe (r=-0,382) und die Zufriedenheit mit den organisatorischen Rahmenbedingungen (r=-0,382), umso weniger sind die Mitarbeiterinnen und Mitarbeiter von psychosomatischen Beschwerden (Y1) betroffen. Die Abb. 6 illustriert, dass mit mehr Partizipationsmöglichkeiten die Häufigkeiten von beispielsweise Kopf- und Magenschmerzen und Konzentrationsstörungen bei den Beschäftigten deutlich abnehmen. Die Punkte im Diagramm wurden aus der Kombination der Mittelwerte beider Variablen berechnet. Dabei stehen die einzelnen Punkte nicht immer für die gleiche Anzahl von Fällen.

Ein ebenso klarer Befund ergibt sich für die sozialen Beziehungen (Themenblock B). So geht beispielsweise mit einem hohen sozialen Zusammenhalt (r=-0,307) und einem guten „Fit" der Mitarbeiterinnen und Mitarbeiter (r=-0,289) sowie ausreichender sozialer Unterstützung im Team (r=-0,242) ein besserer physischer Gesundheitszustand der Beschäftigten einher. Wie die negativen Vorzeichen der entsprechenden Korrelationskoeffizienten signalisieren, hängt auch das Führungsverhalten (Themenblock C) eng mit dem Gesundheitszustand zusammen; je besser die Führung, desto besser ist das gesundheitliche Befinden der Beschäftigten.

Tabelle 10: Korrelationsmatrix der verschiedenen Faktoren des Unternehmensmodells

		Krankheits-beschwerden Y1	Körperlicher GH-zustand Y2	Depressive Verstimmungen Y3	Wohlbefinden Y4	Selbstwert-gefühl Y5	Fehlzeiten Y6	Trink-/Rauch-gewohnheiten Y7	Subjektive Arbeitsleistung Y8	Qualitäts-bewusstsein Y9	Qualität der A.-leistungen Y10	Mobbing Y11	Innere Kündigung Y12	Work-Life-Balance Y13	Commitment Y14
A1	Partizipationsmöglichkeiten	-,299	,226	-,312	,337	,206	-,136	,017	,326	,339	,243	-,383	-,281	,202	,380
A2	Fachliche Überforderung	,261	-,187	,289	-,350	-,313	,031	-,026	-,283	-,228	-,219	,197	,159	-,310	-,168
A3	Zeitliche Überforderung	,300	-,210	,298	-,258	-,082	,006	-,017	-,247	-,135	-,147	,139	-,069	-,499	-,127
A4	Klarheit der Aufgabe	-,178	,123	-,243	,299	,342	-,019	,033	,210	,437	,232	-,239	-,108	,256	,229
A5	Handlungsspielraum	-,208	,153	-,226	,269	,250	-,114	,036	,226	,239	,175	-,242	-,269	,153	,281
A6	Sinnhaftigkeit der Aufgabe	-,273	,226	-,322	,402	,414	-,091	,045	,319	,465	,301	-,264	-,277	,209	,503
A7	Zufriedenheit mit Rahmenbeding.	-,382	,288	-,320	,310	,128	-,093	-,007	,353	,326	,339	-,323	-,125	,297	,402
B1	Ausmaß der Zusammengehörigkeit	-,307	,223	-,326	,377	,265	-,129	,012	,363	,535	,300	-,593	-,279	,260	,403
B2	Güte der Kommunikation im Team	-,233	,246	-,269	,300	,250	-,104	,034	,295	,398	,256	-,442	-,149	,200	,280
B3	Sozialer Fit der Gruppenmitglieder	-,289	,243	-,313	,360	,247	-,117	,004	,337	,508	,291	-,568	-,244	,248	,378
B4	Soziale Unterstützung im Team	-,242	,215	-,274	,308	,236	-,070	,005	,292	,534	,290	-,465	-,184	,214	,346
B5	Vertrauen innerhalb des Teams	-,216	,168	-,242	,300	,244	-,070	,032	,267	,510	,243	-,455	-,232	,179	,337
C1	Ausmaß der Mitarbeiterorientierung	-,247	,221	-,275	,283	,242	-,097	-,015	,306	,445	,237	-,505	-,222	,256	,348
C2	Ausmaß der sozialen Kontrolle	-,022	,062	-,057	,035	,096	,024	-,044	,049	,248	,062	-,040	,080	,028	,089
C3	Güte der Kommunikation	-,196	,187	-,221	,240	,209	-,049	-,015	,270	,401	,228	-,501	-,224	,250	,325
C4	Akzeptanz des Vorgesetzten	-,216	,193	-,239	,250	,229	-,084	-,013	,277	,423	,252	-,478	-,190	,221	,334
C5	Vertrauen in den Vorgesetzten	-,249	,191	-,278	,282	,226	-,068	,000	,304	,430	,239	-,477	-,181	,259	,322
C6	Fairness und Gerechtigkeit	-,245	,207	-,271	,275	,186	-,081	-,005	,288	,380	,235	-,520	-,186	,245	,323
C7	Ausmaß der Machtorientierung	,189	-,152	,211	-,218	-,143	,097	,040	-,259	-,249	-,141	,504	,294	-,223	-,268
D1	Gemeinsame Normen und Werte	-,299	,265	-,324	,345	,280	-,108	-,026	,314	,464	,346	-,337	-,152	,216	,598
D2	Gelebte Unternehmenskultur	-,304	,232	-,326	,351	,155	-,096	-,013	,345	,359	,302	-,326	-,138	,278	,520
D3	Konfliktkultur	-,344	,278	-,365	,382	,180	-,117	-,002	,360	,357	,322	-,442	-,116	,296	,513
D4	Gemeinschaftsgefühl	-,296	,273	-,334	,369	,192	-,134	-,014	,324	,440	,332	-,347	-,116	,203	,637
D5	Gerechtigkeit	-,361	,295	-,381	,409	,185	-,119	,018	,393	,371	,337	-,448	-,127	,310	,530
D6	Wertschätzung für die Mitarbeiter	-,329	,288	-,343	,389	,247	-,111	,003	,348	,400	,334	-,373	-,126	,255	,586
D7	Vertrauen in die Geschäftsführung	-,276	,220	-,293	,305	,207	-,081	-,032	,292	,342	,264	-,252	-,096	,244	,483

Korrelationen über 0,04 sind auf dem Niveau von 0,05 bzw. 0,01 signifikant.

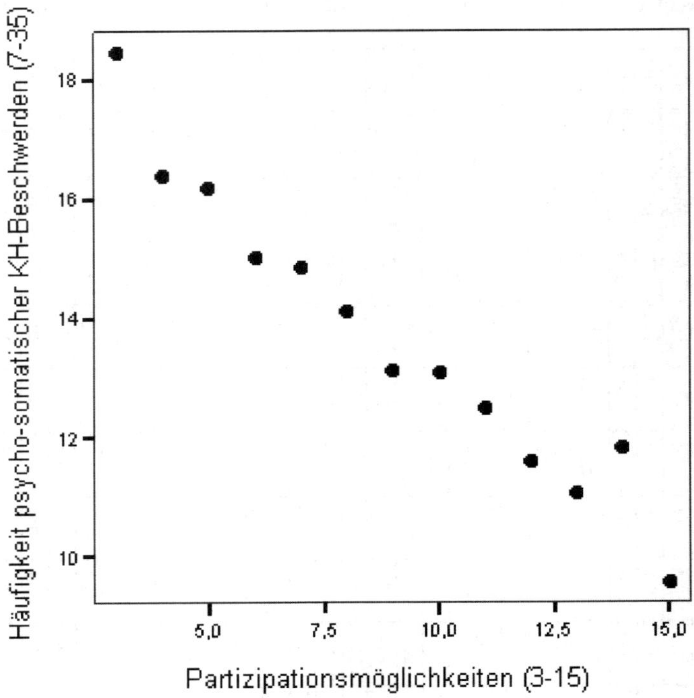

Abb. 6: Zusammenhang zwischen Partizipationsmöglichkeiten und der Häufigkeit psychosomatischer Beschwerden
Die Punkte zeigen Mittelwerte und stehen für eine unterschiedliche Anzahl von Fällen.

Vor allem stehen das Ausmaß des Vertrauens (r=-0,249), der Mitarbeiterorientierung (r=-0,247) und der Fairness und Gerechtigkeit (r=-0,245) in einem korrelativen Zusammenhang mit den gesundheitlichen Beeinträchtigungen der Befragten. Das Punktediagramm in der Abb. 7 veranschaulicht den nahezu linearen Zusammenhang zwischen der Akzeptanz der Führungskräfte und dem gesundheitlichen Wohlbefinden der Mitarbeiter (r=0,250). Die Korrelationsanalyse erbrachte nur für die soziale Kontrolle (Faktor C2) keinen signifikanten Befund.

Außerdem stehen alle sieben Indexvariablen des Themenblocks D in einer starken wechselseitigen Beziehung zu den Indexvariablen Y1 und Y2. Je konstruktiver innerhalb des Betriebs beispielsweise mit Konflikten umgegangen wird (r=-0,344) und je größer das Ausmaß der empfundenen Ge-

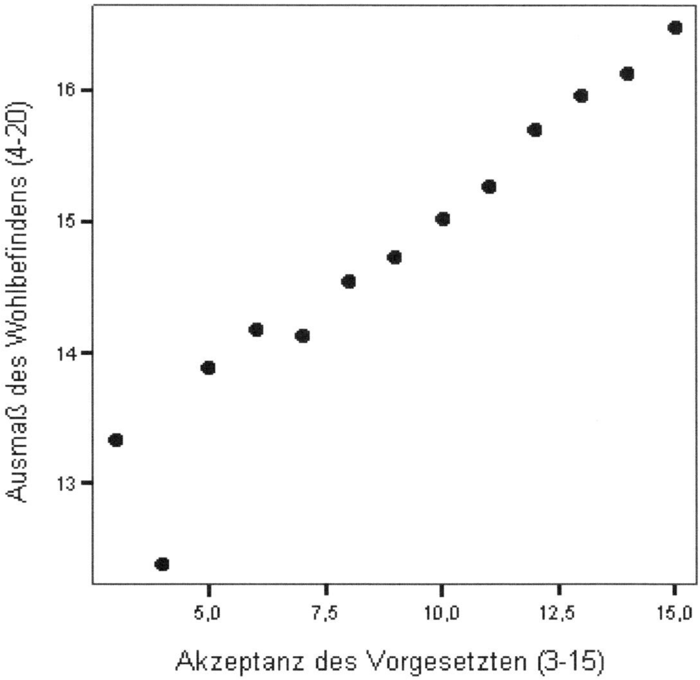

Abb. 7: Zusammenhang zwischen der Akzeptanz des Vorgesetzten und dem Ausmaß des Wohlbefindens der Beschäftigten

rechtigkeit im Betrieb ist (r=-0,361), desto weniger sind die hier Befragten von psychosomatischen Gesundheitsbeschwerden betroffen.

Ein ähnliches Bild ergibt sich auch für die depressiven Verstimmungen, das allgemeine Wohlbefinden und das Selbstwertgefühl der Beschäftigten, die durch die Indexvariablen Y3, Y4 und Y5 erfasst wurden. Teilweise konnten hier sogar noch höhere Korrelationen berechnet werden als für die physische Gesundheit. Auffällig ist hier beispielsweise, dass insbesondere die Faktoren der Unternehmenskultur (Themenblock D) eng mit der psychischen Gesundheit beziehungsweise depressiven Verstimmungen und dem Wohlbefinden der Mitarbeiterinnen und Mitarbeiter verknüpft sind.

Die Daten weisen beispielsweise darauf hin, dass sowohl gemeinsame Normen und Werte des Unternehmens (r=0,345), die im betrieblichen Alltag auch gelebt und umgesetzt werden (r=0,351), als auch der konstruktive Umgang mit Konflikten (r=0,382) sowie der faire und gerechte Umgang mit allen Mitarbeitern des Unternehmens (r=0,409) mit einem höherem Wohlbefinden der Beschäftigten einhergehen. Das Punktediagramm in der Abb. 8 veranschaulicht den nahezu linearen Zusammenhang zwischen der gelebten Unternehmenskultur und dem Ausmaß depressiver Verstimmungen (r=-0,326). Auch wenn die Korrelationen für den Faktor Y5 nicht ganz so hoch sind, kann auch hier konstatiert werden, dass das Wertekapital in einem deutlichen Zusammenhang zu dem Selbstwertgefühl der Befragten steht.

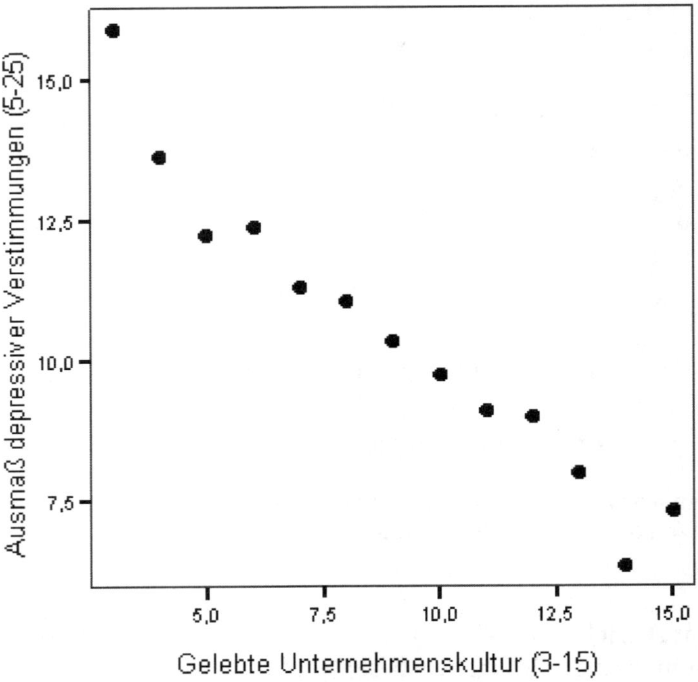

Abb. 8: Zusammenhang zwischen gelebter Unternehmenskultur und dem Ausmaß depressiver Verstimmungen der Mitarbeiter

Die einzelnen Faktoren des Themenblocks B stehen ebenfalls in einem linear-korrelativen Zusammenhang zur psychischen Gesundheit. Hier gehen eine optimale Zusammensetzung der Arbeitsgruppen, ein guter Teamzusammenhalt sowie eine starke soziale Unterstützung und ein hohes Vertrauensverhältnis innerhalb der Teams mit einem guten psychischen Gesundheitszustand, Wohlbefinden und Selbstwertgefühl der Mitarbeiter einher.

Wie die zahlreichen korrelativen Zusammenhänge des Themenblocks A deutlich machen, muss das psychische Befinden der Beschäftigten auch mit den Arbeitsbedingungen in Verbindung gebracht werden. Hier spielen nicht nur fachliche Überforderung, Partizipationsmöglichkeiten und die Klarheit der Aufgabe eine maßgebliche Rolle, sondern vor allem, ob die Beschäftigten ihre Tätigkeit als inhaltlich befriedigend und sinnhaft empfinden. Konkret heißt dies: Je mehr ein Mitarbeiter beispielsweise die Möglichkeit bekommt, mit zu entscheiden, je mehr er weiß, welche Ziele er bei der Arbeit verfolgt, und er zudem seine Tätigkeit als sinnhaft erlebt, desto besser ist der psychische Gesundheitszustand, das Wohlbefinden und das Selbstwertgefühl der Betroffenen.

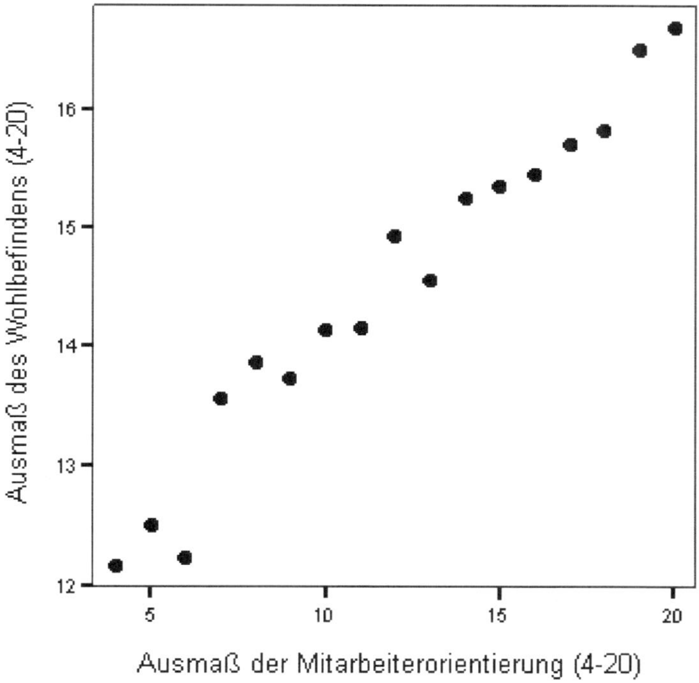

Abb. 9: Zusammenhang zwischen dem Ausmaß der Mitarbeiterorientierung und dem Ausmaß des Wohlbefindens

Dass die Führungskräfte im Unternehmen eine zentrale Rolle spielen, wird beispielsweise auch durch die Korrelationen des Themenblocks C deutlich: Je mehr ein Vorgesetzter in seiner Rolle als „Chef" anerkannt und akzeptiert wird und je stärker er sich an den Belangen seiner Mitarbeiter orientiert und zudem ihr Vertrauen genießt, desto weniger sind die Mitarbeiter von depressiven Verstimmungen betroffen und desto größer ist das subjektive Wohlbefinden und Selbstwertgefühl der Beschäftigten. Einer dieser Zusammenhänge ist exemplarisch in der Abb. 9 dargestellt: je höher die Mitarbeiterorientierung der Vorgesetzten, umso größer das allgemeine Wohlbefinden der Beschäftigten (r=0,283).

Aus betriebswirtschaftlicher Sicht ist vor allem folgender Befund hervorzuheben: Der Faktor Y6 (krankheitsbedingte Fehltage) weist darauf hin, dass Fehlzeiten nicht nur in Verbindung mit Krankheit gesehen werden sollten, sondern zudem auch mit zahlreichen anderen Faktoren in Verbindung gebracht werden müssen. Den Befunden zufolge gehen hohe Fehlzeiten insbesondere auch mit Beziehungsproblemen im eigenen Team, Führungsdefiziten und Defiziten in der Unternehmenskultur einher. Bezüglich der Kultur des Unternehmens beziehungsweise des Wertekapitals scheint es so zu sein, dass vor allem ein fehlender Zusammenhalt innerhalb der Belegschaft und Mangel an Gerechtigkeit und Souveränität im Umgang mit Konflikten in einem signifikanten Zusammenhang mit den krankheitsbedingten Fehltagen stehen. Da die Varianz bei den Fehltagen nicht groß ist (mehr als die Hälfte der Befragten haben in dieser Stichprobe keine Fehltage), könnte die Höhe der Korrelationen (die im Vergleich zu den anderen Indikatoren relativ gering ist) allerdings auch mit der fehlenden Streuung der Daten zusammenhängen.

Durch die vier Faktoren Y8 (Arbeitsfähigkeit), Y9 (Qualitätsbewusstsein), Y10 (Qualität der Arbeitsleistungen) und Y14 (Commitment) wurde die wahrgenommene Produktivität der Mitarbeiter im Betrieb erfasst. Auch diesbezüglich zeigt sich, dass ausnahmslos alle Faktoren der Themenblöcke A bis D in einem signifikant linearen Zusammenhang mit der wahrgenommen Arbeitsfähigkeit stehen. Eine höhere Arbeitsfähigkeit hängt diesen Befunden zur Folge insbesondere vom Wertekapital des Unternehmens ab. Hier geht es beispielsweise darum, dass alle Beschäftigten im Betrieb fair und gerecht behandelt werden (Faktor D5) und sie die Möglichkeit haben, offen über Konflikte und Meinungsverschiedenheiten zu sprechen (Faktor D3). Zudem wird die Arbeitsfähigkeit den Ergebnissen zufolge dann sehr hoch sein, wenn die Kolleginnen und Kollegen einer Arbeitsgruppe nicht nur fachlich, sondern auch menschlich gut zusammenpassen und miteinander harmonisieren (Faktor B3), und sie innerhalb der Teams über einen hohen sozialen Zusammenhalt verfügen (Faktor B1). Das Punktediagramm in der Abb. 10 veranschaulicht noch einmal diesen linearen Zusammenhang des Zusammengehörigkeitsgefühls der Mitarbeiter einer Abteilung und der selbst eingeschätzten Arbeitsfähigkeit.

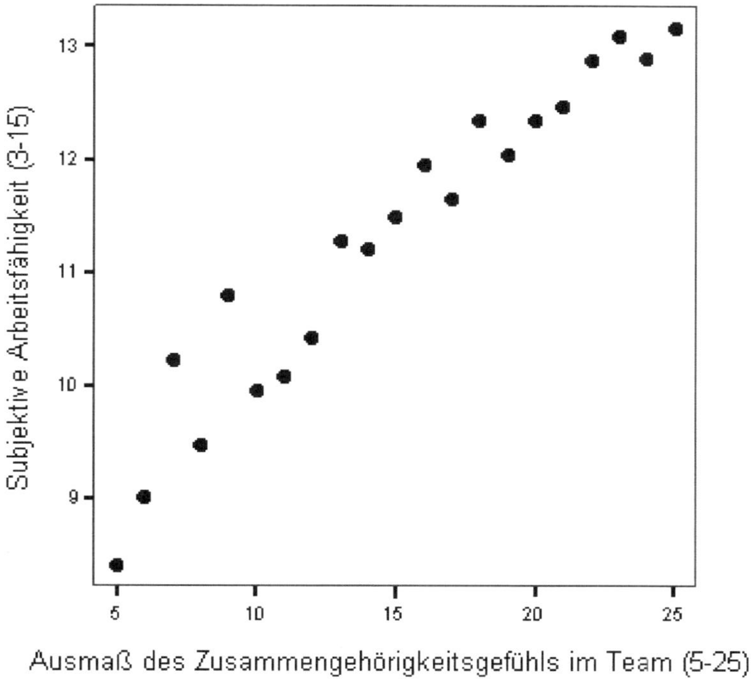

Abb. 10: Zusammenhang zwischen dem Ausmaß des Zusammengehörigkeitsgefühls im Team und der Arbeitsfähigkeit

Auch hinsichtlich des Qualitätsbewusstseins wurden für ausnahmslos alle Faktoren signifikante und zugleich starke Zusammenhänge ermittelt. So hängt das Qualitätsbewusstsein unter anderem von der Güte der sozialen Beziehungen innerhalb der Arbeitsteams sowie von der Qualität der Führung und dem Wertekapital des Unternehmens ab. Darüber hinaus wird die Qualität der Arbeitsleistungen (Faktor Y10) vor allem immer dann sehr hoch eingeschätzt, wenn die organisatorischen Rahmenbedingungen überdurchschnittlich gut bewertet werden (Faktor A7) und es beispielsweise viele gemeinsame Werte und Normen im Betrieb gibt (Faktor D1), die Wertschätzung (Faktor D6), das Vertrauen in die Geschäftsleitung (Faktor D7) und das Gemeinschaftsgefühl (Faktor D14) innerhalb des Unternehmens hoch sind. Die wahrgenommene Qualität der Arbeitsleistungen im Betrieb insgesamt wird schließlich auch von der Güte der horizontalen (Netzwerkkapital) und vertikalen (Führungskapital) Beziehungen beeinflusst.

Im Hinblick auf die untersuchten Organisationspathologien (Y11 und Y12) haben die Analysen ebenfalls einige beachtenswerte Resultate ergeben. So wurde für den Index Y11 für alle Faktoren der Themenblöcke A bis D (mit Ausnahme der sozialen Kontrolle) ein signifikanter Zusammenhang berechnet. Darüber waren auch für kaum eine der anderen Variablen so hohe Korrelationen zu ermitteln wie für diesen Mobbing-Faktor. Ist es also ein erklärtes Ziel der Unternehmen, Mobbingprozesse einzudämmen beziehungsweise zu verhindern, dann sollte neben einer Verbesserung der immateriellen Arbeitsbedingungen vor allem an der Güte der sozialen Beziehungen innerhalb der Teams und an der Qualität der Führung gearbeitet werden. Zudem werden zum Beispiel eine offene Konfliktkultur und ein hohes Maß an Gerechtigkeit im Betrieb den Befunden zufolge dazu beitragen, dass Mobbing-Aktivitäten im Unternehmen reduziert werden. Dieser letzte Aspekt wird durch das Punktediagramm in der Abb. 11 noch einmal zusätzlich verdeutlicht. Ein hohes Maß an Fairness und Gerechtigkeit im Unternehmen geht in der Untersuchung mit geringen Mobbing-Aktivitäten einher (r=-0,448).

Obgleich die Korrelationen für Innere Kündigung nicht ganz so hoch sind wie für den Mobbing-Faktor, lässt sich ähnliches auch für diesen Index Y12 sagen. Auch der bewusste Verzicht beziehungsweise die Verweigerung einer engagierten Leistung steht in der vorliegenden Studie in einem signifikanten Zusammenhang zu den Arbeitsbedingungen, der Güte der sozialen Beziehungen und der Qualität der Führung sowie dem Wertekapital.

Ebenso wurden für die Work-Life-Balance (Faktor Y13) zahlreiche signifikante Zusammenhänge berechnet. Zunächst überrascht es nicht, dass die fachliche (Faktor A2) und vor allem die zeitliche Überforderung (Faktor A3) in einem stark negativen Zusammenhang zu der Vereinbarkeit von Beruf und Familie stehen. Fühlen sich die Mitarbeiterinnen und Mitarbeiter fachlich oder zeitlich überfordert, hat das für viele Betroffenen zur Folge, das Berufsleben mit dem Familienleben nicht oder nicht ausreichend in Einklang bringen zu können (s. Abb. 12).

Diesbezüglich konnten aber auch andere Zusammenhänge berechnet werden: Gut funktionierende soziale Beziehungen innerhalb der Arbeitsteams, akzeptierte und kompetente Führungskräfte sowie eine Unternehmenskultur, die im hohen Maße zum Beispiel dadurch geprägt ist, dass Konflikte konstruktiv bearbeitet und alle Mitarbeiter im Betrieb gleich behandelt werden, wirken sich positiv auf die Work-Life-Balance der hier Befragten aus.

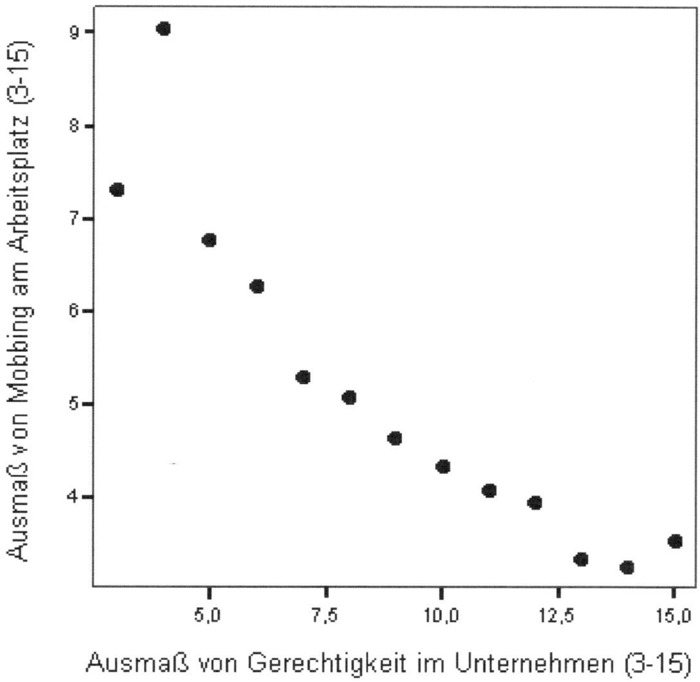

Abb. 11: Zusammenhang zwischen dem Ausmaß von Gerechtigkeit im Betrieb und dem Ausmaß von Mobbing am Arbeitsplatz

Der letzte Index der Korrelationsmatrix ist schließlich das Commitment (Faktor Y14). Die subjektive Bindung der Mitarbeiterinnen und Mitarbeiter an ihren Betrieb gilt in der einschlägigen Literatur als einer der besten Prädiktoren der Personalfluktuation. Für diesen Faktor konnten ähnlich viele und zudem hohe Korrelationen ermittelt werden, wie für das Qualitätsbewusstsein und Mobbing. Die Bindung der Beschäftigten an ihren Betrieb lässt sich offenbar insbesondere dadurch erhöhen, dass beispielsweise gemeinsame Werte und Normen des Unternehmens formuliert und insbesondere auch kommuniziert werden und schließlich im betrieblichen Alltag gelebt beziehungsweise umgesetzt werden. Der stark lineare Zusammenhang zwischen dem Ausmaß gemeinsamer Werthaltungen im Betrieb und der Bindung der Mitarbeiter an „ihre" Firma ist in der Abb. 13 grafisch dargestellt. Darüber hinaus führt ein höherer sozialer Zusammenhalt nicht nur auf der Abteilungsebene, sondern auch innerhalb des gesamten Betriebs zu einem deutlich höheren Commitment der Beschäftigten. Neben der Sinnhaftigkeit der Aufgabe und einer hohen Zufriedenheit mit den organisatorischen Rahmenbedingungen sind der faire und gerechte Umgang – sowohl zwischen Führungskräften und ihren Mitarbeitern als auch im gesamten Unternehmen – Garanten dafür, dass sich die Beschäftigten mit „ihrem“ Betrieb stärker identifizieren.

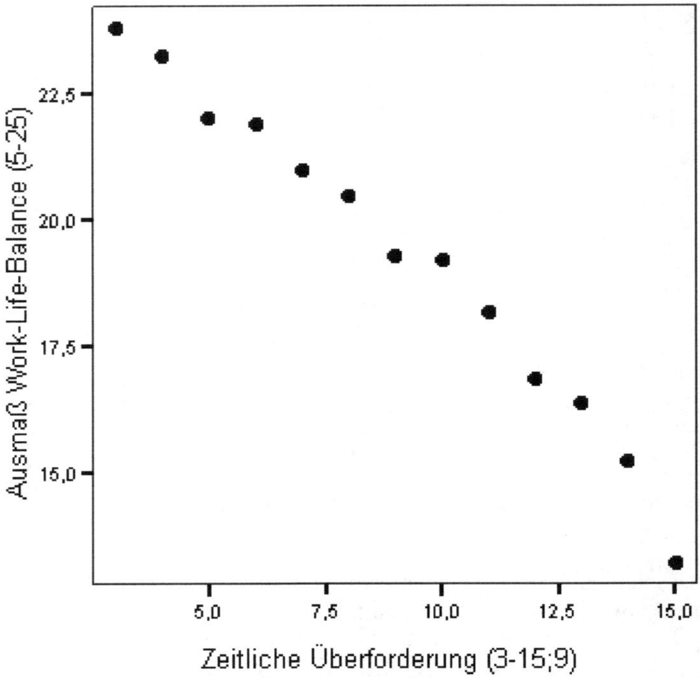

Abb. 12: Zusammenhang zwischen zeitlicher Überforderung und der Work-Life-Balance

Der zentrale Befund bezüglich der übergreifenden Zusammenhänge der Themenblöcke A bis D und Y lässt sich für die hier untersuchten Betriebe wie folgt zusammenfassen: Je besser die immateriellen Arbeitsbedingungen und je stärker die sozialen Beziehungen innerhalb der Arbeitsteams sind, je besser die Qualität der Führung und je ausgeprägter eine mitarbeiterorientierte Unternehmenskultur ist, desto höher sind das physische und psychische Wohlbefinden, die wahrgenommene Produktivität sowie die Work-Life-Balance und das Commitment der Beschäftigten. Auch die Organisationspathologien Mobbing und Innere Kündigung lassen sich unter solchen Bedingungen deutlich seltener finden.

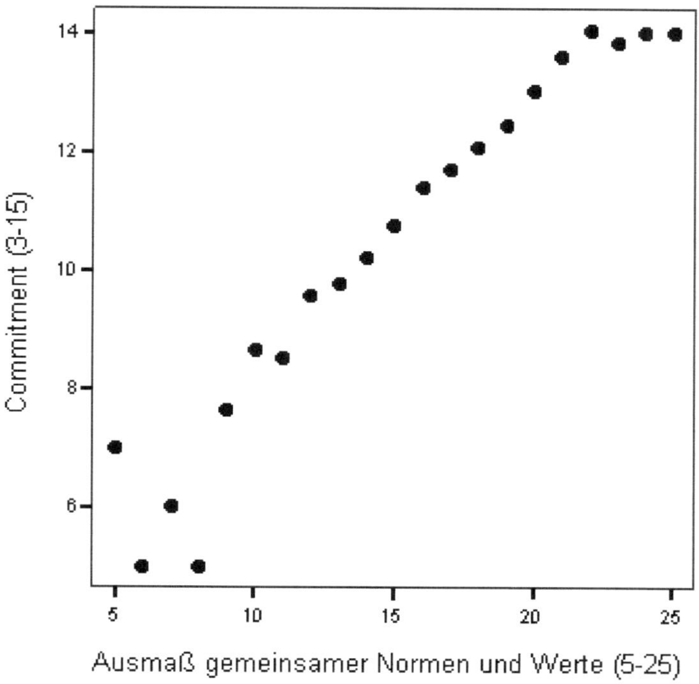

Abb. 13: Zusammenhang zwischen gemeinsamen Normen und Werten im Betrieb und Commitment

Wie sich im vorausgegangenen Kapitel beim varianzanalytischen Mittelwertvergleich herausgestellt hat, konnten zwischen den fünf untersuchten Unternehmen im Hinblick auf nahezu jedes Konstrukt signifikante Unterschiede berechnet werden. Daher lag die Vermutung nahe, dass es auch bezüglich der Zusammenhänge der einzelnen Faktoren zwischen den fünf Unternehmen deutliche Unterschiede geben würde – diese Vermutung hat sich jedoch nicht bestätigt. Die hier beschriebenen Korrelationen wurden bei der Datenanalyse auch für jeden Betrieb getrennt berechnet. Bei diesen betriebsspezifischen Korrelationsanalysen hat sich gezeigt, dass die Signifikanz der Zusammenhänge von der Stichprobengröße der einzelnen Betriebe beeinflusst wird. So haben sich beispielsweise für den kleinsten Betrieb (n=60) weniger signifikante Zusammenhänge ergeben, als für das größte Unternehmen (n=1.017). Darüber hinaus konnten für die fünf untersuchten Betriebe auch im Hinblick auf die Höhe der Korrelationen zum Teil kleine Unterschiede festgestellt werden. So wirken sich beispielsweise die Möglichkeiten zur Partizipation auf das Ausmaß an Innerer Kündigung unterschiedlich stark aus. Dieser Befund ist durchaus plausibel, da er darauf hinweist, dass die Partizipation den Mitarbeiterinnen und Mitarbeitern in den untersuchten Unternehmen möglicherweise unterschiedlich wichtig ist. Der Zusammenhang als solcher bleibt aber bestehen und konnte in allen Unternehmen gleichermaßen nachgewiesen werden.

Gesundheitsprofile der Beschäftigten in den beteiligten Unternehmen

Nachdem sich in den vorausgegangenen Kapiteln herausgestellt hat, dass sich die Unternehmen im Hinblick auf ihre Arbeitsbedingungen, ihr Sozialkapital und die Gesundheit ihrer Beschäftigten unterscheiden und zudem deutlich geworden ist, dass nahezu alle Treiber des Unternehmensmodells in einem nahezu linearen Zusammenhang mit den Ergebnissen stehen, soll in diesem dritten Analyseschritt die Frage beantwortet werden, ob sich in dem Datensatz unterschiedliche Gruppen von Befragten mit mehr oder weniger großen Gesundheitsproblemen identifizieren lassen, die sich jeweils durch ein spezielles Muster zum Beispiel im Hinblick auf ihr Sozialkapital auszeichnen. Hierzu wurden mit Hilfe der Clusteranalyse die Befragten anhand von ausgewählten Variablen zu Gruppen beziehungsweise „Clustern" zusammengefasst. Die Mitglieder einer solchen Gruppe sollen auf der einen Seite große Gemeinsamkeiten aufweisen und deshalb untereinander möglichst homogen sein. Auf der anderen Seite sollen sich die gebildeten Cluster untereinander aber möglichst stark unterscheiden und deshalb untereinander möglichst heterogen sein.[17]

[17] In die Clusteranalyse sind folgende Index-Variablen eingeflossen: Die fünf beziehungsweise sieben Faktoren des Netzwerk- und Wertekapitals wurden ausnahmslos übernommen. Dagegen wurden aus dem Modul A nur die Zufriedenheit mit den organisatorischen Rahmenbedingungen, die Partizipationsmöglichkeiten, die Klarheit und Sinnhaftigkeit der Aufgabe sowie der Handlungsspielraum berücksichtigt. Aus dem Führungsmodul C sind die Mitarbeiterorientierung, die Güte der Kommunikation, die Akzeptanz und das Vertrauen in den Vorgesetzten sowie das Ausmaß von Fairness und Gerechtigkeit in die Analyse eingeflossen. Die Gesundheit der Beschäftigten wurde durch die Güte des körperlichen Gesundheitszustands, das Ausmaß des subjektiven Wohlbefindens und die Stärke des eigenen Selbstwertgefühls berücksichtigt. Um schließlich auch Leistungsaspekte in die Clusteranalyse einzubeziehen, sind zudem die beiden Indexvariablen „Qualitätsbewusstsein" und „Qualität der Arbeitsleistung im Betrieb" in die Analyse eingeflossen. Mit Ausnahme der Index-Variable „Zufriedenheit mit den organisatorischen Rahmenbedingungen", die in der ursprünglichen Form übernommen wurde, wurden die einzelnen Index-Variablen der verschiedenen Module zu einem jeweils zusammenfassenden Faktor auf-

Die erste Erkenntnis aus dieser statistischen Auswertung besteht darin, dass die Befragten hinsichtlich des Ausmaßes ihrer Einschätzung der Unternehmensbedingungen in neun verschiedene Cluster gruppiert werden konnten, die sich durch ein ganz bestimmtes Muster an unterschiedlich wichtigen Erklärungen im Hinblick auf die Zufriedenheit mit den organisatorischen Rahmenbedingungen, die immateriellen Arbeitsbedingungen, das Sozialkapital und die Gesundheit sowie die Qualität der Arbeitsleistung beschreiben lassen. In der Tabelle 11 sind die Ergebnisse dieser Clusteranalyse in zwei Teilen dargestellt. Die erste Frage war, welche Befragten mit welchen Merkmalen unter welches Cluster fallen. Zu diesem Zweck ist im oberen Teil der Tabelle die jeweilige Zahl der Fälle dargestellt, die jeweils nach Betrieb, Alter und Position zu den neun gefundenen Clustern gehören. Die zweite Frage war, durch welche Gemeinsamkeiten sich die Befragten in den verschiedenen Clustern unterscheiden. Dazu sind im unteren Teil der Tabelle zeilenweise die Mittelwerte der sieben neuen Index-Variablen ausgewiesen, die sich für die Mitglieder der einzelnen Cluster jeweils ergeben haben. Zur besseren Lesbarkeit der Tabelle sind die niedrigsten Mittelwerte einer jeden Variablen zusätzlich dunkelgrau und die höchsten Mittelwerte hellgrau hinterlegt. In der Tabelle 11 ist abzulesen, dass die Einschätzung der Bedingungen im ersten gefundenen Cluster vergleichsweise schlecht ausgefallen ist. In den daneben stehenden Clustern 2 bis 9 nimmt das Ausmaß der Kritik bis zum Cluster 9 kontinuierlich ab.

Vergleicht man zunächst die theoretischen Skalendurchschnittswerte mit den empirischen Gesamtmittelwerten der einzelnen Faktoren, wird deutlich, dass es sich bei der untersuchten Stichprobe um Mitarbeiterinnen und Mitarbeiter handelt, die die Bedingungen vor Ort, die Qualität der Arbeitsleistungen und das Sozialkapital überdurchschnittlich gut einschätzen. Die berechneten Gesamtmittelwerte liegen jeweils deutlich über den Skalendurchschnittswerten. Gleiches lässt sich auch für die Gesundheit der hier Befragten sagen; der diesbezüglich ermittelte Gesamtmittelwert von 39,95, der deutlich über dem Skalendurchschnittswert von 31,5 liegt, weist in den untersuchten Unternehmen insgesamt auf relativ gesunde Belegschaften hin.

---

summiert. Neben diesen sieben neu gebildeten Faktoren sind auch drei nominalskalierte Variablen bei der Gruppenbildung berücksichtigt worden, die sich als besonders wichtige Einflussgrößen herausgestellt haben: Der Betrieb, das Alter und die Position der Beschäftigten. Insgesamt sind 2.254 Fälle in die Clusteranalyse eingegangen; 33 Fälle wurden aufgrund fehlender Werte von der Analyse ausgeschlossen.

Hier schließt sich die Frage an, durch welche kategorialen Merkmale die Mitglieder der einzelnen Cluster beschrieben werden können und welche Ausprägungen sie beispielsweise in Bezug auf das Sozialkapital und die immateriellen Arbeitsbedingungen aufweisen. Um die einzelnen Cluster personell und im Hinblick auf die Kombination der Erklärungsargumente näher zu beschreiben, werden im Folgenden die absoluten Häufigkeiten aus dem oberen Teil der Tabelle in Zusammenhang mit den jeweils dazugehörenden Mittelwerten aus dem unteren Teil der Tabelle betrachtet, um „Gesundheitsprofile" der Beschäftigten herauszuarbeiten. Die beiden extremen Cluster 1 und 9 lassen sich wie folgt charakterisieren: Am kritischsten eingestellt sind diesen Befunden zufolge zweifellos die Befragten des Cluster 1. Diese Gruppe setzt sich aus Beschäftigten aller fünf Unternehmen zusammen, wobei sich die meisten Befragten aus dem Betrieb B (n=72) und die wenigsten Beschäftigten aus dem Unternehmen D (n=2) rekrutieren. Zudem finden sich in dieser Gruppe überwiegend Mitarbeiter (n=144) sowie einige wenige Führungskräfte (n=12). Auch was das Alter dieser Gruppe betrifft, handelt es sich um ein sehr heterogenes Cluster, denn alle drei Altersgruppen sind vertreten. Diese sehr gemischte Gruppe fällt zunächst dadurch auf, dass sie die Qualität der Arbeitsleistungen nur weit unterdurchschnittlich bewerten (AM=22,69).

Auch in Bezug auf die Zufriedenheit mit den organisatorischen Rahmenbedingungen (AM=11,99), die Güte der immateriellen Arbeitsbedingungen (AM=33,42) und im Hinblick auf das Sozialkapital weisen diese Beschäftigten die mit deutlichem Abstand niedrigsten Mittelwerte auf. Auffällig ist zudem, dass mit dieser harten Kritik ein schlechter Gesundheitszustand der Befragten einhergeht (AM=33,89). Insgesamt betrachtet haben wir es in diesem 1. Cluster also betriebsübergreifend mit einem bestimmten Prozentsatz von harten Unternehmenskritikern zu tun. Wesentliche Merkmale dieser Kritiker sind eine sehr hohe Unzufriedenheit, äußerst schlechte Sozialbeziehungen (sowohl zu den eigenen Kolleginnen und Kollegen (AM=34,79) wie auch zu den direkten Vorgesetzten (AM=35,92)), eine weit unterdurchschnittliche Bewertung der Unternehmenskultur (AM=47,12) sowie ein außerordentlich schlechter Gesundheitszustand.

Tabelle 11: Ergebnisse der Clusteranalyse

Häufigkeiten		Cluster 1	2	3	4	5	6	7	8	9	Gesamt
	Gesamt (n)	**156**	**199**	**190**	**367**	**308**	**230**	**254**	**275**	**275**	**2254**
Betrieb	Betrieb A	20	146	0	0	0	0	0	61	42	269
	Betrieb B	72	0	110	0	0	230	0	166	86	664
	Betrieb C	22	28	80	74	0	0	0	22	25	251
	Betrieb D	2	25	0	0	0	0	0	26	5	58
	Betrieb E	40	0	0	293	308	0	254	0	117	1012
Alter	jünger als 36 Jahre	35	104	0	0	308	230	0	0	34	711
	36-45 Jahre	63	95	190	0	0	0	254	0	109	711
	älter als 45 Jahre	58	0	0	367	0	0	0	275	132	832
Position	Mitarbeiter	144	199	190	367	308	230	254	275	0	1967
	Vorgesetzte	12	0	0	0	0	0	0	0	275	287

	Cluster 1	2	3	4	5	6	7	8	9	Gesamt
1. Zufriedenheit mit org. Rahmenbedingungen (Skala: 5-25; 15)	11,99	16,23	15,82	16,83	16,66	17,72	17,11	16,84	18,09	16,61
2. Güte der immateriellen Arbeitsbedingungen (Skala: 12-60; 36)	33,42	43,18	45,12	44,13	44,05	42,10	43,99	46,21	49,75	44,09
3. Netzwerkkapital (Skala: 14-70; 42)	34,79	49,55	52,90	52,72	54,05	54,26	54,44	54,31	56,24	52,37
4. Führungskapital (Skala: 16-76; 46)	35,92	53,81	54,69	57,09	59,10	58,43	58,78	58,60	59,19	56,18
5. Wertekapital (Skala: 21-105; 63)	47,12	64,96	66,48	65,33	64,74	72,05	65,43	71,60	70,87	66,19
6. Gesundheitszustand (Skala: 10-51; 31,5)	33,89	40,80	40,28	39,37	40,06	40,28	40,43	40,57	41,87	39,95
7. Qualität der Arbeitsleistung (Skala: 7-35; 24)	22,69	27,82	27,03	27,12	26,89	27,23	27,19	28,36	28,68	27,20

Anders liegen die Verhältnisse im Cluster 9. In dieser Gruppe sind ausschließlich Führungskräfte der fünf Unternehmen zu finden. Diese 275 Vorgesetzten verfügen dem subjektiven Empfinden nach über eine gute Gesundheit (AM=41,87). Auch schneiden sie bezüglich aller anderen Faktoren überdurchschnittlich gut ab. Die Perspektive dieser Führungskräfte unterscheidet sich offenbar von derjenigen der Mitarbeiterinnen und Mitarbeiter deutlich. So schätzen sie die Qualität der erbrachten Leistung (AM=28,68) und die Güte der individuellen Arbeitsbedingungen (AM=49,75) genauso überdurchschnittlich ein, wie die Qualität der Führung (AM=59,19) und die Sozialbeziehungen der Mitarbeiter innerhalb der Arbeitsteams (AM=56,24). Zudem ist in diesem Cluster die Zufriedenheit der Vorgesetzten mit den organisatorischen Rahmenbedingungen (AM=18,09) auch sehr viel höher, als in anderen Gruppen. Nur was die Unternehmenskultur betrifft, wie beispielsweise das Vorhandensein von gemeinsamen Werten und Normen im Unternehmen, konnte für diese Gruppe nicht der höchste Wert errechnet werden. Gleichwohl wird das Wertekapital von den Führungskräften aber immer noch sehr viel besser bewertet (AM=70,87), als dies in anderen Gruppen der Fall ist.

Die Cluster 5 und 6 setzen sich ausschließlich aus Mitarbeitern zusammen, die jünger als 36 Jahre sind, wobei die Personen des Clusters 5 im Betrieb E und des Clusters 6 im Unternehmen B tätig sind. Im Hinblick auf die Gesundheit gibt es zwischen den beiden Gruppen keine erkennbaren Unterschiede – trotz des geringen Durchschnittsalters wird das gesundheitliche Wohlbefinden im Vergleich zu den anderen Clustern durchschnittlich beurteilt. Bemerkenswert sind die unterschiedlichen Einschätzungen der Rahmenbedingungen und der immateriellen Arbeitsbedingungen sowie des Führungs- und Wertekapitals dieser beiden Gruppen. Während für die Arbeitnehmer des Betriebs E für die Zufriedenheit mit den organisatorischen Rahmenbedingungen (AM=16,66) und den immateriellen Arbeitsbedingungen (AM=44,05) ein jeweils nur durchschnittlicher Wert ermittelt werden konnte, wird dies von den relativ jungen Befragten des Cluster 6 ganz anders bewertet. Sie sind mit den Rahmenbedingungen ihres Unternehmens in deutlich höherem Maße zufrieden (AM=17,72), jedoch bewerten sie die Arbeitsbedingungen (AM=42,10) schlechter als die Alterskollegen. Während sich die ebenso jungen Arbeitnehmer im 5. Cluster nur in vergleichsweise schwachem Maße an gemeinsamen Werten und Normen im Unternehmen orientieren, (AM=64,74) haben sie jedoch ein überdurchschnittlich gutes Verhältnis zu ihren Vorgesetzten (AM=59,10). Genau andersherum stellt sich die Situation für die jungen Mitarbeiter im Cluster 6 dar. Keine andere Gruppe verfügt über ein so hohes Wertekapital (AM=72,05). Im Gegensatz dazu steht allerdings die nur mittelmäßige Bewertung der Führungskräfte (AM=58,43). Insgesamt betrachtet handelt es sich bei den Personen im Cluster 5 um eine Gruppe mit starkem Führungskapital, aber auch Defiziten im Bereich des Wertekapitals. Im Cluster 6 haben wir es zwar auch mit vergleichsweise jungen Mitarbeitern zu tun, sie verfügen aber über ein sehr viel höheres Sozialkapital als die Vergleichsgruppe, was sich insbesondere bei dem Teilaspekt des Wertekapitals zeigt.

Das Alter ist auch eine der Gemeinsamkeiten der Gruppen 3 und 7. Die Mitarbeiter beider Cluster arbeiten zwar in unterschiedlichen Betrieben, sie sind jedoch alle zwischen 36 und 45 Jahre alt. Beide Gruppen verfügen zudem über eine ähnlich gute Gesundheit, die sogar noch etwas besser eingeschätzt wird als von den jüngeren Kollegen. Was jedoch die anderen Faktoren betrifft, so gibt es zwischen diesen beiden Clustern deutliche Unterschiede. Im Gegensatz zu ihren Kollegen des Clusters 3 bewerten die Personen des Clusters 7 die Qualität der Arbeitsleistungen (AM=27,19) nicht ganz so schlecht und sind zudem mit den Rahmenbedingungen des Unternehmens sehr viel zufriedener (AM=17,11), als die Vergleichsgruppe (AM=27,03 bzw. 15,82). Auch bezüglich der Einschätzung über die Güte der sozialen Beziehungen – sowohl zu den eigenen Kollegen (54,44), als auch zu den Vorgesetzten (AM=58,78) – wurden für die Beschäftigten dieses 7. Clusters bessere Werte ermittelt als für die 3. Gruppe (AM=52,90 bzw. 54,69). Lediglich zeigten sich diese Befragten des Clusters 7 mit den Arbeitsbedingungen im Betrieb etwas unzufriedener (AM=43,99 vs. 43,18). Ebenso hält sich die Stärke des Wertekapitals (AM=65,43 vs. 64,96) in dieser Gruppe sehr in Grenzen.

In den beiden Clustern 4 und 8 konnten jeweils ältere Mitarbeiter, die über 45 Jahre alt sind, zusammengefasst werden. Das Alter ist die einzige Gemeinsamkeit dieser Gruppe, ansonsten gibt es zwischen diesen beiden Cluster große Unterschiede. So konnten im Cluster 4 die „reifen" Kritiker dieses Samples zusammengefasst werden. Diese älteren Personen weisen einen eher weniger guten Gesundheitszustand auf (AM=39,37) und betrachten auch die Mitarbeiterorientierung und das Vorhandensein gemeinsamer Werte im Unternehmen (AM=65,33) tendenziell skeptisch. Das Ausmaß der Unzufriedenheit mit den immateriellen Arbeitsbedingungen, wie beispielsweise mit der Klarheit der Arbeitsaufgabe und dem eigenen Handlungsspielraum sowie mit den Führungskräften liegt etwa auf dem Niveau der Gesamtmittelwerte aller Befragten. Die Unzufriedenheit mit diesen Aspekten hält sich also in Grenzen. Besondere Probleme dieser älteren Beschäftigtengruppe sind demnach insbesondere Gesundheitsprobleme und Defizite im Wertekapital. Im Gegensatz dazu haben die Beschäftigten des Clusters 8 trotz ihres Alters dem subjektiven Empfinden zufolge einen auffallend guten Gesundheitszustand (AM=40,57). Auch für die anderen Faktoren konnten durchweg sehr hohe Mittelwerte berechnet werden. So werden neben der Qualität der Arbeitsleistung (AM=28,36) sowohl die immateriellen Arbeitsbedingungen (AM=46,21) als auch das Sozialkapital (Netzwerkkapital: AM=54,31, Führungskapital: AM=58,60, Wertekapital: AM=71,60) sehr viel höher bewertet, als der Gesamtdurchschnitt. Nur die Zufriedenheit mit den Rahmenbedingungen (AM=16,84), wie beispielsweise die Zufriedenheit mit dem Angebot an Fort- und Weiterbildungen, wird von den Beschäftigten nicht ganz so gut eingeschätzt. Insgesamt betrachtet haben wir es in dieser Gruppe – im Gegensatz zu den Alterskollegen des Clusters 4 – aber mit sehr zufriedenen älteren Arbeitnehmern zu tun, die trotz ihres Alters über eine subjektiv gute Gesundheit verfügen.

Das 2. Cluster ist schließlich im Hinblick auf das Alter heterogen besetzt. Hier finden sich Beschäftigte jungen und mittleren Alters. Diese Produktionsmitarbeiter unterscheiden sich aber nicht nur im Hinblick auf die kategorialen Merkmale mit den anderen Gruppen, sondern auch bezüglich der inhaltlichen Kriterien. Sie weisen zwar einen sehr guten Gesundheitszustand auf (AM=40,80) und schätzen auch die Qualität der Arbeitsleistung vergleichsweise überdurchschnittlich ein (AM=27,82). Was jedoch die anderen fünf Kriterien betrifft, so konnten für diese 2. Gruppe nur weit unterdurchschnittliche Werte ermittelt werden. Der Befund, dass die Mitarbeiter trotz eines eher geringen Sozialkapitals über eine ausgesprochen gute Gesundheit verfügen, passt nicht ganz mit den theoretischen Vorüberlegungen zusammen. Plausibel wird der Befund erst, wenn man bedenkt, dass es sich bei dieser Klientel des Clusters 2 um jüngere Beschäftigte handelt, die ihr eigenes Wohlbefinden meist sehr viel besser einschätzen als Ältere.

Renaissance der Unternehmenskultur (Überzeugungs- und Wertekapital)

In diesem vierten Analysekapitel wird schließlich mit Hilfe eines linearen Strukturgleichungsmodells geklärt, ob sich die vermuteten Zusammenhänge zwischen den unabhängigen und abhängigen Variablen unseres Unternehmensmodells empirisch bestätigen lassen. Ein Strukturgleichungsmodell bietet sich hier deshalb an, weil durch dieses methodische Verfahren komplexe Kausalmodelle im Hinblick auf die kausale Anordnung der Variablen, die Richtung ihrer Beziehungen sowie die Stärke der direkten und indirekten Effekte, die von den erklärenden Variablen auf die zu erklärenden Variablen ausgehen, umfassend überprüft werden können. Um Missverständnissen vorzubeugen, soll gleich zu Anfang betont werden, dass im Rahmen von linearen Strukturgleichungsmodellen üblicherweise mit dem

Konzept der direkten und indirekten Kausalität gearbeitet wird. Hierbei handelt es sich um ein rein statistisches Konzept, nicht aber um Kausalität im naturwissenschaftlichen Sinne. Das lineare Strukturgleichungsmodell wurde mit Hilfe der Programmpakete PRELIS, LISREL und AMOS geschätzt. Im Gegensatz zu anderen Analysetechniken weist dieses Vorgehen einige Besonderheiten auf, die nachfolgend kurz erläutert werden sollen: Bei linearen Strukturgleichungsmodellen unterscheidet man zunächst nur zwei Arten von Variablen: (1.) exogene (unabhängige) Variablen und (2.) endogene (abhängige) Variablen. Darüber hinaus besteht durch ein solches Strukturgleichungsmodell die Möglichkeit einer expliziten Unterscheidung beziehungsweise der Analyse von Zusammenhängen zwischen Konstrukten sogenannter latenter (sc. nicht beobachtbarer Variabeln) und manifesten (sc. beobachtbaren) Variablen. Wenn ein Modell mit latenten und manifesten Variablen untersucht werden soll, dann ist zunächst eine Differenzierung in ein Struktur- und Messmodell vorzunehmen. Durch das Messmodell können die Beziehungen zwischen den latenten Variablen und ihren Indikatoren (manifeste Variablen) hergestellt werden. Die berechneten Koeffizienten im Messmodell stellen Kennwerte für die Validität und Reliabilität der verwendeten Indikatoren dar (Reinecke 2005).[18]

[18] Das Strukturmodell gibt darüber hinaus Auskunft über die Beziehungen der latenten Variablen des Modells. Werden in linearen Strukturgleichungsmodellen „kausale" Beziehungen unterstellt, so können für jede endogene latente Variable der Anteil der erklärten Varianz und für jede entsprechende exogene latente Variable ein entsprechender Pfadkoeffizient, der ein Maß für die Richtung und Stärke der Wirkung darstellt, angegeben werden. In herkömmlichen Korrelations- beziehungsweise Regressionsanalysen sagt der entsprechende Korrelations- beziehungsweise Regressionskoeffizient nur etwas über die Gesamtstärke des Zusammenhangs zwischen einem Prädiktor und der jeweiligen abhängigen Variable aus. Er gibt aber keine Auskunft darüber, wie stark der separate Einfluss einer einzelnen Bedingungsvariable auf den zu erklärenden Sachverhalt ist. Auf der Grundlage der Pfadanalyse lassen sich im Gegensatz dazu Kausaleffekte (sogenannte Total-Effekte) der unabhängigen Variable auf die abhängigen Variablen in direkt-kausale und indirekt-kausale Effekte zerlegen. Darüber hinaus können in der Pfadanalyse aber auch nicht-kausale (insbesondere indirekt-korrelierte Effekte) berechnet werden, die die Tatsache berücksichtigen, dass die unabhängigen Variablen meistens noch mit anderen Prädiktoren interkorreliert sind, welche ihrerseits wiederum eigenständige kausale Einflüsse auf die abhängige Variable haben. In die Kategorie der nicht-kausalen Effekte gehören ebenso die Effekte von Drittvariablen, die in keinerlei Beziehung zum Prädiktor stehen. Die Berechnung der indirekten kausalen Effekte erfolgt dabei durch die Multiplikation der Pfadkoeffizienten, über die der jeweilige indirekte Einfluss verläuft. Der totale kausale Effekt ergibt sich aus der Addition der direkten und der verschiedenen indirekten Kausaleffekte.

Ziel der Strukturgleichung ist es zu überprüfen, inwieweit die empirischen Daten den theoretischen Annahmen (in unserem Fall des Unternehmensmodells) entsprechen. Zur Prüfung dieser Modellkonzeption wird die Kovarianzmatrix der zugrunde gelegten Daten mit der aus den geschätzten Modellparametern ermittelten Kovarianzmatrix verglichen. Das hier zugrunde liegende Modell wurde mit Hilfe von insgesamt 25 manifesten Variablen berechnet, die als Indikatoren für sechs latente Konstrukte dienten. Die Auswahl der Indikatoren erfolgte auf der Basis umfangreicher und ausführlicher Analysen im Vorfeld. Demgemäß enthält das Modell (Abb. 14) eine exogene Variable: das Wertekapital. Dieses Wertekapital beeinflusst die anderen fünf endogenen Variablen: Führungskapital, immaterielle Arbeitsbedingungen, Netzwerkkapital, Qualität der geleisteten Arbeit und Gesundheit.[19] Alle sechs Messmodelle haben sich im

[19] Diese sechs latenten Variablen wurden durch folgende 25 empirischen Indikatoren gebildet: Die exogene Variable „Wertekapital" wurde dabei durch die bekannten Indizes zur Messung der gelebten Unternehmenskultur (D11), dem Vorhandensein gemeinsamer Werte und Normen (D12), der Konfliktkultur (D13), dem Gemeinschaftsgefühl im Unternehmen (D14), der Gerechtigkeit im Betrieb (D15) und durch die Wertschätzung für die Mitarbeiter (D16) abgebildet. Als Indikatoren der endogenen Variable „Führungskapital" dienten neben der Mitarbeiterorientierung (C11), der Güte der Kommunikation zwischen den beiden Statusgruppen (C13) und der Akzeptanz der Führungskraft (C14) auch das Vertrauen in den Vorgesetzten (C15) sowie das Ausmaß von Fairness und Gerechtigkeit (C16). Die „immateriellen Arbeitsbedingungen" wurden durch die vier Indikatoren: Partizipationsmöglichkeiten (A22), Klarheit der Aufgabe (A25), Handlungsspielraum (A26) und Sinnhaftigkeit der Aufgabe (A27) gebildet. Ebenso wurde auch das „Netzwerkkapital" durch die folgenden fünf Indikatoren mehrdimensional erfasst: Ausmaß der Kohäsion im Team (B11), Qualität und Quantität der Kommunikation (B12), Güte des sozialen Fits (B13) und der gegenseitigen sozialen Unterstützung (B14) sowie des wechselseitigen Vertrauens (B15). Darüber hinaus dienten für die „Qualität der geleisteten Arbeit" die beiden manifesten Variablen Y31: Qualität der Arbeitsleistung insgesamt und B21: Qualitätsbewusstsein im Team. Die drei Indikatoren zur Gesundheit der Beschäftigten beziehen sich neben der Güte des körperlichen Gesundheitszustands (Y11) auf das allgemeine Wohlbefinden (Y22) und das Selbstwertgefühl (Y24). An dieser Stelle sei schließlich noch angemerkt, dass einige der hier eingesetzten Items Missing values aufwiesen. Da wir im Rahmen der Strukturgleichung aber auf keinen der insgesamt 2.287 Fälle verzichten wollten, wurden zunächst mit dem Programm PRELIS eine der „Missing-Data-Techniken" angewandt und die fehlenden Werte ersetzt. Zur Beurteilung der Anpassungsgüte des Modells wurde der RMSEA (0,058), CFI (0,951) und RFI (0,936) berechnet; alle drei gängigen Gütekriterien weisen darauf hin, dass das Modell die empirischen Daten gut abbildet.

faktoranalytischen Teil der Kovarianzstrukturanalyse durchweg als empirisch tragfähig erwiesen (Ergebnisse siehe Anhang). Im folgenden pfadanalytischen Teil kann dementsprechend legitimer Weise die Frage nach der Plausibilität des zu überprüfenden Modells der direkt- und indirektkausalen Beziehungen zwischen den latenten Variablen gestellt werden.

Zuvor sei noch darauf hingewiesen, dass dem nachfolgend beschriebenen Strukturgleichungsmodell im Vorfeld eine ganze Reihe von verschiedenen Berechnungen vorausgegangen ist. Es wurde überprüft, ob das Modell durch die Anordnung der latenten Variablen in anderer Form spezifiziert werden kann. Gemäß dem Unternehmensmodell wurde beispielsweise versucht, alle drei Sozialkapitalkomponenten (Werte-, Führungs- und Netzwerkkapital) als exogene Variablen zu konzipieren. Auch wurde beispielsweise kontrolliert, ob die kausale Richtung des Wertekapitals auf die Führung nicht auch in entgegen gesetzter Weise möglich ist oder eventuell beide Variablen einen interkorrelativen Zusammenhang aufweisen. Für alle zuvor berechneten Modelle kann aber der eindeutige Befund konstatiert werden, dass in keinem Fall eine angemessene Anpassung der theoretischen mit den empirischen Daten erreicht werden konnte.

Die Tabelle 12 zeigt die standardisierte Lösung des Modells, das nach der üblichen Elimination von nicht signifikanten und irrelevanten Pfaden die größte Erklärungskraft für die gesamte Stichprobe (n=2.287) aufweist und insofern zum Test der Hypothesen über die Gesamtstruktur von Sozialkapital und Gesundheit im Betrieb am besten geeignet ist.

Zunächst verdeutlicht das bereinigte Kausalmodell die hohe Bedeutung des Wertekapitals. Diese exogene Variable steht in einem stark korrelativen Zusammenhang zu ausnahmslos allen fünf endogenen Variablen des Modells. Das Konstrukt „Wertekapital“ erklärt alleine 37 Prozent der Varianz des „Führungskapitals“. Die Qualität der Führung im Betrieb hängt beispielsweise insbesondere von einer mitarbeiterorientierten Unternehmenskultur und von der Tatsache ab, dass ein Betrieb in hohem Maße über gemeinsame Werte verfügt, die im betrieblichen Alltag auch umgesetzt und gelebt werden (GAMMA=0,61). Wie die Abbildung zudem deutlich macht, werden auch die immateriellen Arbeitsbedingungen (GAMMA=0,39) stark durch die exogene Variable beeinflusst. Dieser Befund ist nicht überraschend. Es ist vielmehr naheliegend, dass zum Beispiel die Möglichkeiten zur Partizipation und der Handlungsspielraum stark durch die gemeinsamen Werthaltungen im Unternehmen beeinflusst werden. Auch der relativ starke Zusammenhang dieser Variable mit dem Netzwerkkapital (GAMMA=0,25) ist nachvollziehbar, wenn man bedenkt, dass sich beispielsweise ein fairer und gerechter Umgang mit allen Mitarbeitern im Betrieb sowie eine gute Konfliktkultur auch auf die sozialen Beziehungen innerhalb der einzelnen Arbeitsteams auswirken.

Dass das Wertekapital eine zentrale Rolle in dieser Untersuchung spielt, wird zudem durch den Befund deutlich, dass es einen direkten Effekt sowohl auf das Konstrukt „Qualität der geleisteten Arbeit“ (GAMMA=0,23) als auch auf die latente Variable „Gesundheit“ (GAMMA=0,20) gibt. Soll die Qualität der angebotenen Produkte und Dienstleistungen im Unternehmen verbessert sowie das gesundheitliche Wohlbefinden der Mitarbeiterinnen und Mitarbeiter gestärkt werden, so müssen Maßnahmen der Verbesserung insbesondere eine Stärkung und Optimierung des Wertekapitals zum Ziel haben.

Wie erwartet steht das Führungskapital in einem linearen Zusammenhang zu den „immateriellen Arbeitsbedingungen“ und dem „Netzwerkkapital“. Es ist plausibel, dass die Vorgesetzten die Arbeitsbedingungen ihrer Mitarbeiter entscheidend mitgestalten (BETA=0,34). Ebenso leisten die Führungskräfte einen maßgeblichen Beitrag zur Verbesserung der sozialen Beziehungen ihrer Mitarbeiterinnen und Mitarbeiter (BETA=0,31).

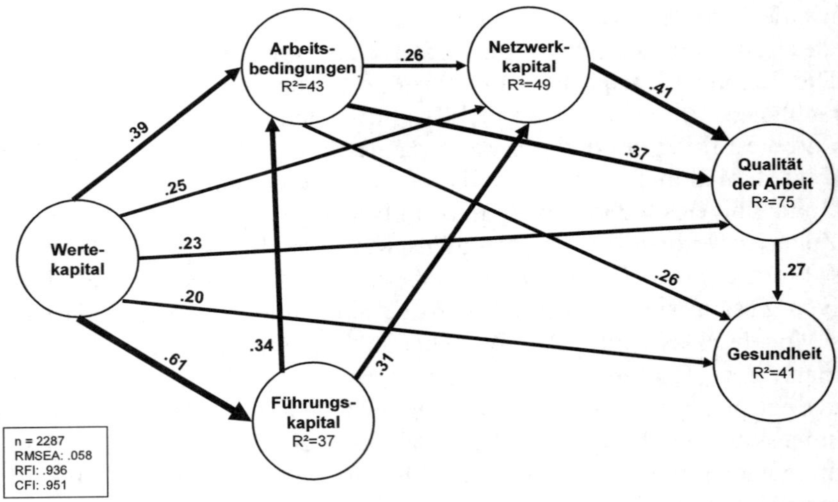

Abb. 14: Pfadmodell zur Überprüfung der Struktur und Zusammenhänge von Sozialkapital, Arbeitsbedingungen, der Qualität der erbrachten Leistung und der Gesundheit

Auch den immateriellen Arbeitsbedingungen kommt in den hier untersuchten Betrieben eine hohe Bedeutung zu. Eine hohe Aufgabenklarheit, ein angemessener Handlungsspielraum, gute Partizipationsmöglichkeiten sowie eine inhaltlich sinnhafte und befriedigende Tätigkeit sind maßgeblich dafür verantwortlich, dass das Netzwerkkapital innerhalb der Teams gestärkt (BETA=0,26), die Qualität der Arbeit verbessert (BETA=0,37) und zusätzlich die Gesundheit der Beschäftigten (BETA=0,26) gefördert wird.

Obwohl auch das Wertekapital und die Arbeitsbedingungen in einem direkt-linearen Zusammenhang zu der Qualität der Arbeit stehen, hat keine der Variablen einen so starken Einfluss auf die Einschätzung der Qualität der geleisteten Arbeit im Betrieb wie das Netzwerkkapital (BETA=0,41). Die Güte der sozialen Beziehungen innerhalb der einzelnen Arbeitsteams ist somit offenbar ein wichtiger Erfolgsfaktor für die subjektiv wahrgenommene Qualität der Produkte oder Dienstleistungen.

Aus einer gesundheitswissenschaftlichen Perspektive ist schließlich der Befund hervorzuheben, dass nicht nur das Wertekapital (BETA=0,20) und die Arbeitsbedingungen (BETA=0,26), sondern auch die Qualität der geleisteten Arbeit (BETA=0,27) die Gesundheit der hier befragten Mitarbeiterinnen und Mitarbeiter beeinflussen. Für die latente Variable „Gesundheit" beträgt die Varianzaufklärung durch diese drei Effekte 41 Prozent. Die besten Prädiktoren für eine gute Gesundheit der Belegschaften sind demzufolge zum einen eine mitarbeiterorientierte Unternehmenskultur, gute Arbeitsbedingungen beispielsweise in Form von angemessenen Handlungsspielräumen und adäquate Mitbestimmungsmöglichkeiten, zum anderen insbesondere die Wahrnehmung und Einschätzung der Qualität der geleisteten Arbeit.

Insgesamt hat sich somit die Annahme bestätigt, dass das Sozialkapital und die immateriellen Arbeitsbedingungen direkte Auswirkungen auf die Qualität der geleisteten Arbeit und die Gesundheit der Beschäftigten haben. Die nachgewiesenen Wirkungen der Arbeitsbedingungen und des Werte-

Tabelle 12: Direkte, indirekte und totale Effekte des Strukturgleichungsmodells

		Führungs-kapital	Arbeits-bedingungen	Netzwerk-kapital	Qualität der Arbeit	Gesundheit
Werte-kapital	direkt	0,61	0,39	0,25	0,23	0,20
	indirekt	0,00	0,21	0,34	0,47	0,34
	total	0,61	0,60	0,60	0,69	0,54
Führungs-kapital	direkt		0,34	0,31	0,00	0,00
	indirekt		0,00	0,09	0,29	0,17
	total		0,34	0,40	0,29	0,17
Arbeitsbe-dingungen	direkt			0,26	0,37	0,26
	indirekt			0,00	0,11	0,13
	total			0,26	0,48	0,39
Netzwerk-kapital	direkt				0,41	0,00
	indirekt				0,00	0,11
	total				0,41	0,11
Qualität der Arbeit	direkt					0,27
	indirekt					0,00
	total					0,27

und Netzwerkkapitals sind demzufolge direkt kausaler Natur. Die immateriellen Arbeitsbedingungen haben einen starken Effekt auf die Gesundheit der Beschäftigten. Dagegen hat sich die Annahme, dass beispielsweise auch das Führungs- und Netzwerkkapital einen unmittelbaren Einfluss auf das gesundheitliche Wohlbefinden der Mitarbeiter hätten, zunächst nicht bestätigt. Da sich diese und auch noch andere Zusammenhänge nicht direkt belegen lassen, können diese Einflüsse letztendlich nur indirekter Natur sein. Diese berechneten indirekten Effekte (und für einen besseren Überblick auch die direkten und totalen Effekte) sind in der Tabelle 12 dargestellt.

Nach diesen Ergebnissen lassen sich die wesentlichsten indirekt kausalen Effekte der einzelnen Komponenten auf die Qualität der Leistung und die Gesundheit der Arbeitnehmer eindeutig bestimmen. Das Werte- und Führungskapital sowie die immateriellen Arbeitsbedingungen sind wichtige Faktoren zur Erklärung der Gesundheit der Beschäftigten, weil sie zu einer positiven Bewertung der Arbeitsqualität führen und somit nachhaltig das gesundheitliche Wohlbefinden der Mitarbeiter beeinflussen. Die Analyse der indirekten Effekte zeigt noch einmal die große Bedeutung des Wertekapitals in den untersuchten Betrieben. Eine mitarbeiterorientierte Unternehmenskultur und eine gemeinsame Werteorientierung hat nicht nur einen starken direkten Einfluss auf die Arbeitsqualität und Gesundheit der Beschäftigten, sondern auch die indirekt kausalen Zusammenhänge dieser Variable sind hoch. Die Auswirkungen des Führungs- und Netzwerkkapitals auf die Gesundheit sind vor allem indirekter Natur. Gute Führungskräfte tragen zum einen in erheblichem Maße dazu bei, die Rahmen- beziehungsweise Arbeitsbedingungen ihrer Mitarbeiter zu gestalten. Zum anderen haben sie aber auch die Aufgabe, Arbeitsteams zu stabilisieren; gut funktionierende Arbeitsgruppen tragen dann ihrerseits dazu bei, die Gesundheit der Beschäftigten zu fördern. Ein hoher Handlungsspielraum, angemessene Partizipationsmöglichkeiten und eine sinnhafte Aufgabe wirken sich darüber hinaus vor allem deshalb positiv aus, weil sie einerseits dazu beitragen, das Netzwerkkapital zu unterstützen und andererseits die Einschätzung über die Qualität der Arbeit zu verbessern.

Die Befunde der Kovarianzstrukturanalyse legen die Schlussfolgerung nahe, dass das beschriebene Modell dazu geeignet ist, die zentralen Aspekte des Sozialkapitals im Unternehmen zu erfassen und Zusammenhänge zwischen Sozialkapital, immateriellen Arbeitsbedingungen, Qualität der Arbeit und Gesundheit der Beschäftigten zu klären. Die „Treiber" unseres Unternehmensmodells sind in hohem Maße dazu geeignet, die Qualität der Leistung und das Ausmaß des gesundheitlichen Wohlbefindens der Mitarbeiter vorherzusagen.

Die Kovarianzstrukturanalyse erlaubt – in Ergänzung der uni- und bivariaten Befunde – eine Gewichtung der „Treiber" unseres Unternehmensmodells. Netzwerkkapital und direkte Vorgesetzte sind, wie schon die bivariate Analyse gezeigt hat, bedeutsam für Gesundheit und Unternehmenserfolg, wenn auch zu unserer Überraschung nur auf indirektem Wege. Noch bedeutsamer sind allerdings das Überzeugungs- und Wertekapital sowie die immateriellen Arbeitsbedingungen. Der Grad der Mitarbeiterorientierung der Unternehmensführung und die von ihr maßgeblich zu verantwortende Kohäsionskraft der Unternehmenskultur tragen offensichtlich dazu bei, dass die Arbeit als sinnvoll, verstehbar und beeinflussbar und die horizontalen und vertikalen Beziehungen im Unternehmen als unterstützend erlebt werden. Kultur hat eine sinnstiftende und eine beziehungsförderliche Funktion. Sie erleichtert soziale Kohäsion und kognitive Kohärenz und fördert damit direkt wie indirekt Gesundheit und Arbeitsleistung.

Das dargestellte Pfadmodell gilt für alle untersuchten Unternehmen gleichermaßen. Wie die vorausgegangenen Analysen gezeigt haben, weisen die fünf Unternehmen einige nicht unerhebliche Unterschiede auf. Deshalb wurde auch im Rahmen dieser Analyse überprüft, inwieweit die Vorhersagegewichte und die Korrelationen des vorgestellten Strukturgleichungsmodells für unterschiedliche Gruppen (zum Beispiel Betrieb, Geschlecht, Alter, Position) systematisch variieren. Auf eine komplette separate Modellschätzung musste bei denjenigen Gruppen verzichtet werden, bei denen die Fallzahl zu gering war (zum Beispiel Betrieb D). Ingesamt betrachtet hat sich der Befund ergeben, dass das vorgestellte Modell für alle untersuchten Unternehmen mit nur kleinen Abweichungen Gültigkeit besitzt. Zudem konnten keine nennenswerten Unterschiede zwischen Frauen und Männern ermittelt werden. Nur in der Stärke des Zusammenhangs zwischen der Qualität der Arbeit und der Gesundheit der Beschäftigten gibt es zwischen den Geschlechtern leichte Unterschiede. So profitieren die männlichen Beschäftigten hinsichtlich der eigenen Gesundheit von dem Stolz beziehungsweise der Einschätzung der Qualität der Arbeitsleistung etwas stärker, als dies die Frauen tun.

Ergebnisse prozessproduzierter Kennzahlen[20]

Anhand der Mitarbeiterbefragung konnte festgestellt werden, dass sich eine hohe Ausstattung mit Sozialkapital im Unternehmen positiv auf die Gesundheit der Mitarbeiter auswirkt. Berichtet wurden Zusammenhänge aus den Bereichen der unmittelbaren Arbeitssituation, den sozialen Bezie-

[20] Max Ueberle und Wolfgang Greiner

hungen innerhalb des Arbeitsteams, dem Führungsverhalten sowie der Organisationskultur. Die verschiedenen Aspekte wurden aus dem Blickwinkel der Mitarbeiter erfasst und wirken sich unmittelbar auf den psychischen und physischen Gesundheitszustand sowie die Regenerationsfähigkeit aus. Darüber hinaus konnte mit Hilfe der Befragungsdaten ein Zusammenhang zwischen der Ausstattung mit Sozialkapital und der berichteten Ausfallzeit und Arbeitsqualität nachgewiesen werden. Im Folgenden wird der Frage nachgegangen, ob und in welcher Stärke sich diese Zusammenhänge auf den Erfolg der untersuchten Unternehmen auswirken. Dazu wurden die Befragungsdaten mit Kennzahlen aus dem Controllingbereich der Unternehmen in Verbindung gebracht. Anhand von prozessgenerierten Routinedaten der beteiligten Unternehmen wurden Aspekte des Unternehmenserfolgs sowie des Erfolgspotentials ermittelt. Angewandt wurden Verfahren der Korrelations- und Regressionsrechnung.

Vorgehen bei der Datenauswertung

Die Kennzahlen zum Erfolg beziehungsweise Erfolgspotential der untersuchten Unternehmen wurden abteilungsweise ermittelt und der Abteilungswert den einzelnen Befragten jeweils zugeordnet. Aus der Mitarbeiterbefragung lagen individuelle Informationen über die Einschätzung der Ausstattung des Unternehmens mit Sozialkapital vor. Die Analyse wurde für jeden der Betriebe unternehmensintern durchgeführt, da die verschiedenen Erfolgsdaten nicht unmittelbar vergleichbar sind. So wurden die Ausstattung mit Sozialkapital auf Abteilungsebene sowie der wirtschaftlichen Erfolg für jedes Unternehmen einzeln in Beziehung gesetzt. Dieses Vorgehen führte bei allen Unternehmen der Studie zu tendenziell ähnlichen Ergebnissen.

Den Prozessdaten wurden für die einzelnen Abteilungen die Werte für Aspekte des Erfolgs oder des Erfolgspotentials des Unternehmens entnommen. Sofern sich hier Variationen ergaben, wurde mit Hilfe statistischer Verfahren ermittelt, ob diese in einem Zusammenhang zu der berichteten Ausstattung mit Sozialkapital stehen. Dem Unternehmensmodell folgend wird die Ausstattung mit Sozialkapital als erklärende Variable verstanden, die Aspekte des Unternehmenserfolgs und dessen Indikatoren, wie Produktivität, Krankenstand oder Wachstumsraten, als abhängige Zielvariablen. Betrachtet werden vorwiegend Regressionskoeffizienten. Mit diesem Vorgehen kann der Einfluss der empfundenen Ausstattung mit Sozialkapital auf die betriebliche Produktion oder das betriebliche Produktionspotential ermittelt werden. Bei der Analyse ist zu beachten, dass manche Zielvariablen (zum Beispiel Produktivitätszuwachs) aus der betrieblichen Perspektive einen möglichst hohen, andere (zum Beispiel Krankenquote und das Aufwand-Ertrags-Verhältnis) einen niedrigen Wert annehmen sollen. Aufgrund des insgesamt begrenzten Umfangs des Datensatzes sowie teilweise eingeschränkter Varianz in den Daten der Abteilungen innerhalb der Unternehmen ließen sich für einen geringen Teil der Beziehungen (besonders im kleinen Unternehmen D) keine Zusammenhänge berechnen, in einem weiteren Teil ließen sich zwar Ergebnisse berechnen, die jedoch mit höherer Unsicherheit behaftet sind. Solche werden hier nicht berichtet. Im Folgenden werden nur solche Ergebnisse angeführt, die auf einem Signifikanzniveau von $\alpha<0{,}05$ liegen. Damit liegt die Wahrscheinlichkeit, dass das einzelne berichtete Ergebnis zufällig zustande kommt, hier jeweils unter 5 Prozent. Bevorzugt wird der Regressionskoeffizient (β) berichtet. Die restriktiven Anforderungen an die Signifikanz werden bei den berichteten Daten ebenfalls erfüllt.[21]

In diesem Zusammenhang können bereits Beziehungen in der Größenordnung ab einem β von etwa 0,3 als stark aufgefasst werden. Dies hat weniger statistische als inhaltliche Gründe: Selbstverständlich bestehen neben dem Sozialkapital etwa in einem Produktionsbetrieb viele weitere Einflussfaktoren, die sich ebenfalls auf die Ergebnisse auswirken. Die technische Ausstattung oder auch die Rohstoffpreise und das Lohnniveau sind entscheidende Faktoren. Diese sind jedoch bereits wohl untersucht und stehen bereits im Mittelpunkt der Unternehmensplanung. Ein Vergleich ist angesichts dieser externen Einflussfaktoren nur unter ähnlichen Umweltbedingungen sinnvoll. Es ist beispielsweise offensichtlich, dass etwa die freiwillige Mitarbeiterfluktuation maßgeblich von der Lage auf dem Arbeitsmarkt beeinflusst ist. Nur Einheiten, die im gleichen Umfeld agieren, können verglichen werden. Für die hier betrachteten Betriebsabteilungen ist diese Anforderung weitgehend erfüllt.

Im Folgenden werden die Auswirkungen der verschiedenen Dimensionen von Sozialkapital geordnet dargestellt. Da in den verschiedenen Betrieben zur Messung ähnlicher Sachverhalte teilweise unterschiedliche Zielgrößen anzutreffen sind, werden diese angelehnt an die Struktur einer generischen Balanced Scorecard geordnet. Es wird ersichtlich, dass die beobachteten Effekte in den verschiedenen Unternehmen sehr ähnlich sind. Unterschiede ergeben sich in erster Linie hinsichtlich der Qualität der Aussagen, die getroffen werden können. Diese ist neben der unterschiedlichen Datenqualität auf die sehr abweichenden Größen der Erhebungseinheiten zurückzuführen. Mit der Zunahme des Stichprobenumfangs verbessern

[21] Die berechneten multiplen Regressionsmodelle brachten kaum einen Erkenntnisgewinn. Durch das ökologische Studiendesign lagen innerhalb der Unternehmen nicht genügend unterschiedliche Beobachtungswerte vor.

sich naturgemäß die Möglichkeiten, bei der Datenanalyse zu aussagefähigen und belastbaren Ergebnissen zu kommen.

Immaterielle Arbeitsbedingungen

Immaterielle Arbeitsbedingungen sind tätigkeitsbezogene Aspekte und beziehen sich auf die individuelle Arbeitssituation, etwa den zugestandenen Handlungsspielraum, Anforderungen der ausgeübten Tätigkeit, die Zufriedenheit damit oder die empfundene Sinnhaftigkeit der Arbeitsaufgabe.

Prozessperspektive Bei der Sichtung der Datenlage fällt zunächst ein hoher Zusammenhang zwischen den tätigkeitsbezogenen Faktoren der Mitarbeiterbefragung und dem Unfallgeschehen auf. Im Unternehmen B, gemessen als Anzahl der meldepflichtigen Unfälle pro Arbeitsstunde, ergeben sich negative Auswirkungen – also eine geringere Zahl von Unfällen – aus einem höheren Handlungsspielraum (β=-0,21), einer höheren Partizipation (β=-0,25) sowie einer höheren Sinnhaftigkeit der Aufgabe (β=-0,14). Ähnlich stellt sich die Situation im Unternehmen A dar. Hier wird das Unfallgeschehen durch die Kennzahl Kosten aus der Unfallneulast für die Berufsgenossenschaft repräsentiert. Die Zusammenhänge sind hier noch deutlicher. Erhöhter Handlungsspielraum reduziert hier deutlich die Kosten (β=-0,33), ebenso wie erhöhte Partizipationsmöglichkeiten (β=-0,25). Die empfundenen Sinnhaftigkeit der Aufgabe zeigt einen geringen Zusammenhang (β=-0,16). Vergleichbare Werte – allerdings ohne hohe Signifikanz – ergeben sich für das Unternehmen C. Im Dienstleistungsunternehmen (E) haben sich im Betrachtungszeitraum keine Unfälle ereignet, für Unternehmen D lassen sich aufgrund der geringeren Datenbasis keine belastbaren Zusammenhänge ermitteln.

Finanzperspektive Aus der Prozessperspektive ergeben sich erste Hinweise auf finanzielle Gesichtspunkte, da sich die Unfallneulast als Kosten der Berufsgenossenschaft in der Berechnung des Beitrages zur berufsgenossenschaftlichen Unfallversicherung unmittelbar ökonomisch auswirkt. An direkten Finanzkennzahlen wird aus dem Dienstleistungsunternehmen E ein Zusammenhang zu dem Kosten-Erlös-Verhältnis ermittelt, der für die empfundene Sinnhaftigkeit der Aufgabe einen Wert von β=-0,11 annimmt. Auch für den Handlungsspielraum sowie die Partizipationsmöglichkeiten werden ähnliche Zusammenhänge festgestellt, die jedoch nicht signifikant sind.

Potenzialperspektive Der Krankenstand ist eine wesentliche Kennzahl zur Dokumentation der Sicherstellung der Produktionsfähigkeit. Ein besonders starker Zusammenhang besteht zu den Items Handlungsspielraum und Partizipation, der bei Betrachtung der Industriebetriebe (A–D) Werte von β=-0,25 oder -0,23 annimmt. Für das Dienstleistungsunternehmen (E) ist der Zusammenhang wesentlich schwächer ausgeprägt.

Erfüllung von Zielvorgaben In dem Industrieunternehmen B werden in Produktivabteilungen *Entscheidungskosten* zur Steuerung herangezogen. Dabei handelt es sich um die Abweichung der Istkosten von den Sollkosten. Als Bezugsgröße wurde hier die Mitarbeiterzahl gewählt. Hier lässt sich eine hohe Abhängigkeit von den tätigkeitsbezogenen Faktoren feststellen. Partizipation (β=0,24), individueller Handlungsspielraum (β=0,19) sowie hohe Sinnhaftigkeit der Aufgabe (β=0,12) führen im Vergleich zum Planansatz niedrigeren Istkosten. Wichtig erscheint der eindeutig positive Zusammenhang, denn es könnte eingewendet werden, dass Abweichungen in Abteilungen mit standardisierten Abläufen, die den Mitarbeitern nur geringe Gestaltungsspielräume bieten, weniger auftreten können. Es kann jedoch festgehalten werden: Wo Gestaltungsmöglichkeiten bestehen, wirken sie sich auf die Zielerreichung positiv aus.

Ähnliches lässt sich aus dem Kreditinstitut im Filialbereich berichten. Hier ergeben sich zu annähernd allen tätigkeitsbezogenen Faktoren der Mitarbeiterbefragung positive Zusammenhänge. Signifikant sind diese bei den Partizipationsmöglichkeiten, dem Handlungsspielraum sowie der Sinnhaftigkeit der Aufgabe. Besonders bei der Kennzahl „Anzahl der Abschlüsse pro Mitarbeiter" wird der Zusammenhang deutlich mit einem β=0,17 für die Partizipation, β=0,15 für Handlungsspielraum und β=0,12 für die Sinnhaftigkeit der Aufgabe. Auch in den detaillierteren Produktzielen lassen sich entsprechende Zusammenhänge feststellen. Den insgesamt bedeutendsten Einfluss auf produktbezogene Ziele hat der zugebilligte Handlungsspielraum, der sich auf die überwiegende Zahl dieser Produktziele auswirkt. Ähnlich ist die Lage bei dem abgefragten Item Handlungsspielraum. Weitere, nicht signifikante Zusammenhänge für Items mit Tätigkeitsbezug sowie für weitere Produktziele stützen diese Aussagen.
Fazit immaterielle Arbeitsbedingungen:

- Die immateriellen Arbeitsbedingungen wirken sich besonders deutlich auf die Ausfallzeiten aus.
- Besonders wichtig sind: Partizipation, Handlungsspielraum, Sinnhaftigkeit.

Führungskapital

Auf das Führungsverhalten bezogene Aspekte des Sozialkapitals beziehen sich unter anderem auf das Kommunikationsverhalten der direkten Vorgesetzten, ihre Mitarbeiterorientierung und Fairness, aber auch auf ihre

Machtorientierung. Weitere Aspekte sind das Vertrauen, das ihnen von Seiten der Mitarbeiter entgegengebracht wird, sowie ihre Akzeptanz.

Prozessperspektive In der Prozessperspektive ist hinsichtlich des Einflusses von Führungsverhalten auf die Unfalllast im Unternehmen A ein geringerer Zusammenhang zur Akzeptanz des direkten Vorgesetzten zu beobachten. Im Unternehmen B allerdings besteht zu annähernd allen Items aus dem Führungsbereich eine Beziehung mittlerer Stärke (β=0,19 bis 0,24). Dabei wirkt sich die Machtorientierung des Vorgesetzten belastend auf das Unfallgeschehen aus, seine Mitarbeiterorientierung und das ihm entgegengebrachte Vertrauen und Akzeptanz sowie seine Kommunikationsorientierung hingegen haben entlastende Wirkung. Bemerkenswerterweise wirkt sich eine erhöhte Kontrollneigung des Vorgesetzten nicht mindernd auf das Unfallgeschehen aus.

Finanzperspektive In den beiden durch eine gemeinsame Muttergesellschaft verbundenen Industrieunternehmen (C und D) ist ein bedeutender Zusammenhang zwischen dem Produktivitätszuwachs im Verhältnis zur Vorperiode festzustellen. Zwischen der empfundenen Fairness des Vorgesetzten und dem Produktivitätszuwachs besteht ein Zusammenhang in der beeindruckende Höhe von β=0,50, im Unternehmen C eine schwächere nicht signifikante Beziehung. Im Unternehmen D bestehen weitere Abhängigkeiten zwischen der Akzeptanz der direkten Vorgesetzten, der Güte der Kommunikation und der Mitarbeiterorientierung, die starke Zusammenhänge in der Größenordnung von β=0,31 liefern. Im Unternehmen C bestehen hinsichtlich des Führungsverhaltens auch (negative) Auswirkungen einer hohen Machtorientierung des Vorgesetzten auf den Produktivitätszuwachs sowie ebenfalls positive aus der Mitarbeiter- sowie Kommunikationsorientierung (β=0,20).

Potenzialperspektive Für zwei der drei Industrieunternehmen wurden Auswirkungen des Führungsverhaltens auf den Krankenstand festgestellt, die ein verhältnismäßig hohes bis mittleres Ausmaß annehmen. Im Unternehmen A wirkt sich etwa die Mitarbeiterorientierung des direkten Vorgesetzten mit dem Faktor β=-0,35 entlastend auf den Krankenstand aus, es folgen Fairness, Akzeptanz bei den Mitarbeitern sowie mit einigem Abstand (β=-0,22) das Vertrauen, das ihm die Mitarbeiter entgegenbringen. Ein ähnlich deutliches Bild ergibt sich für das Unternehmen B. An vorderster Stelle steht hier das Vertrauen in den direkten Vorgesetzten mit einem Zusammenhang von β=-0,28, gefolgt von seiner Akzeptanz, Mitarbeiterorientierung, Fairness und seinem Kommunikationsverhalten. In beiden Unternehmen wirkt die Machtorientierung des Vorgesetzten belastend, in Unternehmen A in der Stärke von β=0,34, in Unternehmen B immerhin noch mit β=0,25. Für das Dienstleistungsunternehmen (E) ergibt sich eine ähnliche Situation mit allerdings nur schwachen Zusammenhängen. In den beiden verbundenen Unternehmen (C und D) besteht zwischen den Abteilungen nur eine geringe Varianz hinsichtlich der Krankenquote, weshalb sich Zusammenhänge hier nicht nachweisen lassen. Bei der Betrachtung der Industriebetriebe insgesamt ergibt sich ein mittlerer Zusammenhang unter Beibehaltung der beobachteten Tendenzen, der besonderen Bedeutung der belastenden Auswirkung einer hohen Machtorientierung, und einer besonderen Entlastung durch die Mitarbeiterorientierung des Vorgesetzten sowie die Akzeptanz des Vorgesetzten durch die Mitarbeiter.

Es überrascht weniger, dass das Vorgesetztenverhalten auch einen mittleren Einfluss auf die nach Prämienhöhe gewichteten Verbesserungsvorschläge im betrieblichen Vorschlagswesen hat. Die Auswirkungen der Fairness, Mitarbeiterorientierung und Akzeptanz des Vorgesetzten sowie des ihm entgegenbrachten Vertrauens sind dabei signifikant.

Erfüllung von Zielvorgaben Unter „Entscheidungskosten“ wird hier eine Kennzahl aus Sollkosten abzüglich Istkosten verstanden. Die ungewohnte Bezeichnung ist leicht erklärt: Weichen die Istkosten von den Sollkosten ab, muss gegengesteuert werden, „Entscheidungen“ müssen getroffen werden. In Betrieb B reagieren diese „Entscheidungskosten“ stark auf das Vorgesetztenverhalten. Vertrauen in den Vorgesetzten sowie seine Akzeptanz haben mit $\beta=0{,}31$ beziehungsweise 0,30 den stärksten Einfluss, eine erhöhte Machtorientierung wirkt sich mit ähnlicher Stärke negativ aus ($\beta=-0{,}29$), wohingegen die Mitarbeiterorientierung des Vorgesetzten einen positiven Einfluss hat ($\beta=0{,}27$). Fairness und Kommunikationsorientierung haben mit $\beta=0{,}24$ beziehungsweise 0,20 einen mittleren Einfluss.

Der nachgewiesene Einfluss auf die detaillierteren Zielkennzahlen im Kreditinstitut ist etwas schwächer. Der stärkste Einfluss geht in diesem Fall von der Machtorientierung des Vorgesetzten aus, die sich negativ auf den Bestand an Geldanlagen in der Filiale auswirkt ($\beta=-0{,}21$). Ansonsten geht die Tendenz hier zu einem breiten Einfluss über viele Kennzahlen, der eher schwächer ausgeprägt ist. Bei dem Ziel „Anzahl der Abschlüsse pro Mitarbeiter“ wird dieser am deutlichsten. Fairness, Mitarbeiterorientierung, Vertrauen und Akzeptanz des Vorgesetzten wirken sich positiv aus, dessen Machtorientierung wiederum negativ.

Fazit Führungskapital:

- Die Führung ist besonders bei der Erreichung vorgegebener Ziele und Qualität bedeutsam.
- Sie beeinflusst aber auch den Produktivitätszuwachs.

Netzwerkkapital

Die Qualität der sozialen Beziehungen innerhalb des Arbeitsteams wurde in der Mitarbeiterbefragung über folgende Faktoren abgebildet: Zusammenhalt zwischen den Mitarbeitern (Gruppenkohäsion), soziale Unterstützung im Team, gegenseitiges Vertrauen, sozialer Fit der Gruppenmitglieder und Güte der Kommunikation.

Prozessperspektive Beeindruckend ist der Einfluss der sozialen Beziehungen auf das Arbeitsunfallgeschehen. In den beiden größten Industrieunternehmen (B und A) zeigen sich durchweg mittlere Zusammenhänge, gleichgültig ob (wie im Unternehmen B) als Maßstab die Unfallzahl je Arbeitsstunden oder (wie im Unternehmen A) die Unfallneulast herangezogen werden. Einzig das Qualitätsbewusstsein der Abteilungsmitarbeiter scheint keinen Einfluss zu haben. Die Stärke des Einflusses reicht – mit einem Ausreißer – von β=-0,20 bis -0,26. Für die weiteren Unternehmen lassen sich Zusammenhänge wegen der geringen Zahl an Unfallereignissen nicht signifikant nachweisen, die Ergebnisse zeigen allerdings für Unternehmen C eine ähnliche Tendenz.

Finanzperspektive Der bereits beobachtete Einfluss des Führungskapitals auf den Produktivitätszuwachs in den Unternehmen C und D zeigt sich auch hinsichtlich des Beziehungskapitals. Signifikante Beziehungen sind besonders bezüglich des „Sozialen Fits" zu bemerken (β=0,23 beziehungsweise 0,29). Im Betrieb C ist auch die Beziehung zum Faktor Kommunikation mittelgradig nachweisbar. Weitere, allerdings nicht signifikante Zusammenhänge, bestehen für die weiteren Faktoren des Bereichs soziale Beziehungen, nämlich Vertrauen, sozialer Fit und Gruppenkohäsion. Die Beziehung zum Qualitätsbewusstsein im Team dagegen ist nur gering ausgeprägt.

Potenzialperspektive Der Krankenstand als Indikator für das menschliche Produktionspotenzial zeigt teilweise deutliche Abhängigkeiten von den Verhältnissen im Arbeitsteam. Im Industrieunternehmen A, das mit einem recht umfangreichen Datensatz in die Untersuchung eingeht, werden sehr starke Abhängigkeiten in der Größenordnung von β>-0,40 erreicht. Den höchsten Wert nimmt dabei die Gruppenkohäsion ein (β=-0,44), gefolgt von der gegenseitigen sozialen Unterstützung im Team, dem sozialen Fit, dem gegenseitigem Vertrauen und mit einigem Abstand (β=-0,37) der Kommunikationskultur zwischen den Kollegen. Wie bei den anderen Unternehmen in diesem Bereich auch wird dabei ausnahmslos ein hohes Signifikanzniveau von $\alpha \leq 0,01$ erreicht. Ähnlich ist die Situation im Unternehmen B, wo die Zusammenhänge zwar etwas schwächer aber noch deutlich sind (β=-0,27 bis -0,20). Im Dienstleistungsunternehmen E ist der Zusammenhang ein mittlerer. In allen drei Unternehmen haben die Faktoren aus dem Bereich soziale Beziehungen innerhalb des Arbeitsteams den deutlichsten Einfluss auf die Krankenquote der Unternehmen. Dies zeigt sich ebenfalls bei der zusammengenommenen Betrachtung der Industriebetriebe. Die Kohäsion bleibt auch dann besonders bedeutend (β=-0,27). Im Dienstleistungsunternehmen E steht allerdings die Kommunikation innerhalb des Arbeitsteams an der Spitze der entlastenden Einflussfaktoren (β=-0,16). Für das Unternehmen D ist die Datenlage allerdings für Zusammenhangsanalysen zu gering, im Unternehmen C besteht nach langjährigen Bemühungen bei der Senkung des Krankenstandes zwischen den Abteilungen kaum Varianz – hier scheint der Sockelwert erreicht zu sein.

Der einzige widersprüchliche Befund im Datenmaterial betrifft die Fluktuation. Für die Unternehmen A und B wird ein deutlicher Zusammenhang zwischen der abteilungsbezogenen Ausprägung von Sozialkapital und der freiwilligen Fluktuation der Mitarbeiter festgestellt. Allerdings ist die Wirkung in einem Unternehmen eine positive, im anderen eine negative. Das Qualitätsbewusstsein der Mitarbeiter wirkt sich offenbar nicht aus, die restlichen Faktoren stehen im Unternehmen A in einem hochsignifikanten positiven Zusammenhang (β zwischen 0,36 und 0,30), im Unternehmen B in einem schwachen bis mittelgradig negativem (β zwischen -0,22 und -0,11).

Erfüllung von Zielvorgaben Die für Unternehmen B vorliegenden Daten zu den Entscheidungskosten zeigen hinsichtlich der abteilungsbezogenen Einflussfaktoren eine hohe Reagibilität. Nur das Qualitätsbewusstsein der Mitarbeiter zeigt auch hier keine signifikanten Zusammenhänge. Die Kohäsion der Gruppenmitglieder, der soziale Fit, die gegenseitige Unterstützung sowie das gegenseitige Vertrauen unterstützen mit einem Zusammenhang von β=0,28 bis 0,26 die Zielerreichung. Etwas schwächer ist mit β=0,21 der Zusammenhang zur Kommunikation innerhalb des Teams. Die Zielerreichungen im Kreditinstitut (Unternehmen E) zeigen messbare, aber schwächere Auswirkungen der abteilungsbezogenen Faktoren. Bemerkenswert ist der Einfluss dieser auf das Ziel Finanzierungsvolumen, das von den tätigkeitsbezogenen sowie den vorgesetztenbezogenen Faktoren kaum beeinflusst wird. Die abteilungsbezogenen Faktoren wirken sich hier ausnahmslos mit einer Stärke von immerhin β=0,16 bis 0,11 aus. Ähnlich ist die Lage hinsichtlich des Zieles „Anzahl Abschlüsse pro Mitarbeiter". Eine Auswirkung der Komponente Vertrauen wurde hier allerdings nicht nachgewiesen, wohl aber aller anderer Komponenten aus dem Bereich des abteilungsbezogenen Sozialkapitals.

Fazit Netzwerkkapital:

- Die Qualität der Sozialbeziehungen wirkt sich besonders auf unmittelbar personenbezogene Zielvariablen aus (Krankenstand, freiwillige Fluktuation und Unfallgeschehen).

Wertekapital

Das Wertekapital – betrachtet wird hier in erster Linie die Organisationskultur – wurde in der Mitarbeiterbefragung über die Faktoren gemeinsame Normen und Werte, gelebte Unternehmenskultur, Konfliktkultur, Gemeinschaftsgefühl im Unternehmen, Ausmaß der empfundenen Gerechtigkeit, Vertrauen in die Unternehmensleitung und individuelle Wertschätzung abgebildet.

Prozessperspektive In Unternehmen C liegen für die endproduktnahen Abteilungen der Fertigung Informationen über die zeitgerechte Abarbeitung von Aufträgen vor. Eine singuläre Stellung unter den Einflüssen auf diese Kennzahl hat insgesamt – nicht nur aus dem Bereich der Faktoren mit Bezug zur Organisationskultur – der Faktor Commitment. Hier wird für die endfertigungsnahen Gruppen ein Zusammenhang von β=-0,45 ermittelt, dessen Höhe bemerkenswert erscheint.

Hinsichtlich des Unfallgeschehens ist, hier unter Betrachtung aller Abteilungen, in diesem Unternehmen ebenfalls das Commitment der Faktor mit dem höchsten Einfluss (β=-0,15). Dennoch sind Variabilitäten in der Organisationskultur in diesem Unternehmen hinsichtlich des Unfallgeschehens nur von untergeordneter Bedeutung. Von mittlerer Bedeutung sind die Faktoren allerdings in den Unternehmen A und B, wo eine umfangreichere Datenbasis vorliegt. Hier kann eine Beziehung von einer gehobenen mittleren Stärke identifiziert werden. Im Unternehmen A lässt sich durch die Faktoren jeweils ein mittleres Maß der Varianz zwischen den Abteilungen erklären (β=-0,20 bis -0,27), wobei für die Konfliktkultur kein und für das Vorliegen gemeinsamer Werte und Normen ein nur geringer Zusammenhang erklärt wird. Wie angesichts des größeren Datenbestandes in Unternehmen B in dieser Untersuchung inzwischen zu vermuten, stellt sich die Situation dort noch deutlicher dar, der Zusammenhang bleibt jedoch ein mittlerer mit einem β im gleichen Wertebereich. Ausnahme ist hier das Vertrauen in die Geschäftsleitung mit einem nur geringen Zusammenhang.

Finanzperspektive Hinsichtlich der oben berichteten Kennzahl Produktivitätszuwachs besteht innerhalb der Unternehmen nur wenig Varianz, weshalb sich hier keine Aussage treffen lässt. Unter der Finanzperspektive ist es bemerkenswert, dass es ein Faktor aus dem Bereich der Organisationskultur ist, der als einziger einen, wenn auch eher geringen, Beitrag zur Erklärung der Unterschiede im Aufwands-Ertrags-Verhältnis bei dem Kreditinstitut liefert. Es handelt sich dabei um den Faktor Gemeinsame Normen und Werte.

Potenzialperspektive Im Unternehmen B findet sich eine annahmegemäße, geringe, negative Korrelation zu der Konfliktkultur und Kohäsion im Betrieb sowie dem Commitment, wodurch tendenziell das Vorliegen von Sozialkapital die Wechselneigung der Mitarbeiter in andere Unternehmen – sprich: Fluktuation – reduziert. Umgekehrt tritt jedoch im Unternehmen A für alle Faktoren eine hohe positive Korrelation auf, die auf eine erhöhte Wechselneigung bei guter Unternehmenskultur schließen lässt.

Den Erwartungen entsprechend sind dagegen die Auswirkungen des Vorliegens eines hohen Maßes an Organisationskultur auf den Krankenstand. Wo Varianz zwischen den Abteilungen gegeben ist, besteht ein negativer Zusammenhang, der mit steigender Varianz noch zunimmt. Im Kreditinstitut ist für die Faktoren Gemeinsame Werte und Normen, Gerechtigkeit sowie allgemein entgegengebrachte Wertschätzung ein leicht negativer Zusammenhang zu verzeichnen. Im Betrieb B ist über alle Faktoren außer dem Vertrauen in die Geschäftsleitung ein mittlerer negativer Zusammenhang feststellbar bei ausschließlich höchstem Signifikanzniveau. Ebenso ist im Unternehmen A für alle Faktoren ein hoher Zusammenhang zu verzeichnen, der für den Faktor Gelebte Unternehmenskultur einen Wert von β=-0,38 annimmt, wiederum gefolgt von der entgegengebrachten Wertschätzung und der Kohäsion. Auch für den Einfluss des Vertrauens in die Unternehmensleitung wird hier ein hoher Zusammenhang festgestellt. Bei einer zusammengenommenen Betrachtung der Industriebetriebe ist die Identifikation mit dem Betrieb (Commitment, β=-0,21) der einflussreichste Faktor, gefolgt von dem inhaltlich verwandten Faktor Kohäsion im Betrieb. Auch hier ist der Zusammenhang im Dienstleistungsbetrieb bei gleicher Tendenz schwächer ausgeprägt.

Erfüllung von Zielvorgaben Bei der Erreichung der Einzelziele im Dienstleistungsunternehmen ist hinsichtlich des Konstrukts Organisationskultur ein überwiegend mittlerer Zusammenhang festzustellen. Nur für das Item Vertrauen in die Geschäftsleitung wurde kein Einfluss ermittelt. Auch hier ist wiederum das Ziel Abschlüsse je Mitarbeiter am reagibelsten. Dieser Ergebnisfaktor wird von allen Sozialkapitalfaktoren beeinflusst. Für das Item Gelebte Unternehmenskultur nimmt dieser den höchsten Wert an (β=0,23). Für die Ziele Deckungsbeitrag im Wertpapiergeschäft sowie Bestand der Anlagen ist das Konstrukt dasjenige mit dem zusammengenommen höchsten Einfluss auf die Ergebnisse, wobei der regressive Zusammenhang der einzelnen Items insgesamt allerdings eher mittelgradig bis

schwach ist. Dies gilt auch für die Zielerreichungen hinsichtlich der Bausparsumme und dem Vertrieb von Sachversicherungen.
Fazit Wertekapital:

- Das Wertekapital wirkt sich auf die personennahen Prozesse aus.
- Es hat einen unmittelbaren Einfluss auf die Zielerreichungen.

Inhaltliche Folgerungen aus den Ergebnissen

Die gemeinsame Betrachtung der erfragten Ausstattung der Unternehmen mit Sozialkapital und der Abteilungserfolge führt zu der deutlichen Erkenntnis, dass sich die Ausstattung mit Sozialkapital im unternehmensinternen Vergleich auf den Abteilungserfolg auswirkt.

Insgesamt kann festgestellt werden, dass die tätigkeitsbezogenen Faktoren einen eher geringen Einfluss auf das Betriebsergebnis und -potenzial haben. Hier tragen vorwiegend die mit einander verwandten Faktoren Partizipationsmöglichkeiten und Handlungsspielraum (immaterielle Arbeitsbedingungen) zur Erklärung von Unterschieden zwischen den Gruppen bei. Bemerkenswert ist darüber hinaus, dass sich der Faktor soziale Kontrolle durch den direkten Vorgesetzten zumindest rechnerisch unter keiner Perspektive auswirkt. Es ist selbstverständlich denkbar, dass in den untersuchten Unternehmen bereits ein hohes Überwachungsniveau realisiert ist. Ein generalisierende Betrachtung bleibt notwendigerweise angreifbar und eine Frage der Interpretation. Die Faktoren innerhalb der Konstrukte sind mit Sicherheit in ihrer Bedeutung für den betrieblichen Erfolg und das betriebliche Erfolgspotenzial nicht gleich wichtig. Über ihre Gewichtung kann mit der verwendeten Methodik nur eine begrenzte Aussage getroffen werden, denn Informationen über das Ausgangsniveau bei der Ausprägung eines Faktors liegen nicht vor. Bei einem hohen Niveau wäre von einem geringen Grenznutzen weiteren Engagements in diesem Faktor auszugehen, weshalb sich in diesem Falle in der Befragung eine geringe Varianz ergäbe.

Es fällt auf, dass auf die unmittelbar personenbezogenen Zielvariablen wie Krankenstand und freiwillige Fluktuation besonders Faktoren des Netzwerkkapitals Einfluss zeigen, an zweiter Stelle folgen die Faktoren aus dem Bereich Führungskapital. Auf die unmittelbar auf die Produktion bezogenen Zielvariablen – besonders die Produktivitätssteigerung über Periodengrenzen – sind vor allem Aspekte des Führungskapitals einflussreich. Geht es um innovative Aspekte der Tätigkeit von Mitarbeitern wie der Beteiligung am betrieblichen Vorschlagwesen, kommen vor allem Faktoren aus dem Bereich des Netzwerkkapitals zum Tragen wie die

Gruppenkohäsion und der soziale Fit. Prozessbezogene Zielvariablen, wie diejenigen zum Unfallgeschehen, hängen besonders von Faktoren des Wertekapitals und in zweiter Linie von den Faktoren des Netzwerkkapitals ab.

Die Ergebnisse erschienen vor dem Hintergrund, dass es sich vorwiegend um Betriebe mit gewerblichen Tätigkeiten handelt, besonders eindrucksvoll, denn der Gestaltungsspielraum bei den ausgeübten Tätigkeiten ist für die Mitarbeiter naturgemäß verhältnismäßig gering. Die Ergebnisse der Studie in fünf Betrieben lassen erwarten, dass Untersuchungen in weiteren Unternehmen zu ähnlichen Ergebnissen führen würden. Um dies belastbar darzustellen, bedarf es weiterer Forschung, beispielsweise im Rahmen einer vertiefenden Studie einer repräsentativen Stichprobe eines Wirtschaftszweiges. Das Design der vorliegenden Studie wäre dabei übertragbar.

Anforderungen an die Erfolgsmessung

Aus der Anwendung von Prozessdaten für ein Controlling der Auswirkungen des Sozialkapitals eines Unternehmens auf den Betriebserfolg und das Erfolgspotenzial wurden Erfahrungen hinsichtlich der Anforderungen an aussagekräftige und effiziente Kennzahlen gesammelt. Dabei ergeben sich einerseits formale Aspekte, die sich auf die statistischen Auswertungsmöglichkeiten beziehen, andererseits inhaltliche Aspekte zur Weiterentwicklung bestehender betrieblicher Kennzahlensysteme.

Formale Anforderungen

Zum Erkennen von Zusammenhängen ist es notwendig, dass die untersuchten Daten eine gewisse Varianz aufweisen. Dies wiederum setzt voraus, dass die Daten zum einen tatsächlich variieren, zum anderen aber auch, dass eine ausreichende Anzahl verschiedener Ausprägungen vorliegt. Bei der hier durchgeführten ökologischen Studie etwa wurden die Zielvariablen für gesamte Abteilungen erhoben und der jeweilige Wert den Mitarbeitern der Abteilung zugewiesen. Bestehen in einem Unternehmen nur wenige Abteilungen, so gibt es auch nur wenige unterschiedliche Ausprägungen der Variablen. Von den Möglichkeiten der Datenanalyse ist es daher anzustreben, sich auf einer möglichst individuellen Ebene zu bewegen. Dagegen sprechen in der betrieblichen Realität allerdings Belange des Datenschutzes. Auch für die Bereitschaft der Mitarbeiter, an einer Mitarbeiterbefragung teilzunehmen, kann es erforderlich sein, eine für jedermann nachvollziehbar anonymisierte Datenauswertung zusichern zu können. Ein gangbarer Mittelweg scheint daher die Bildung von Erhebungsgruppen zu sein, die eher klein sein sollten.

Ein weiterer Aspekt ergibt sich hinsichtlich der Varianz des Datenmaterials aus der Art der Daten. Bei vielen Controllingdaten wird eine möglichst geringe Varianz angestrebt, Ziel ist die Erfüllung eines Sollzieles, nicht dessen Übererfüllung. Auch dann wird sich wenig Varianz zeigen. Ein Beispiel wären die erreichten Zeitgrade bei Mitarbeitern mit Leistungsentlohnung (sc. Akkord). Häufig ist eine Beeinflussbarkeit der Ausbringungsmenge individuell wegen der Einbindung in Taktzeiten gar nicht gegeben. Berichtet wird auch immer wieder von kollektiver Leistungszurückhaltung, um die Normanforderungen nicht in die Höhe zu treiben. Ein weiteres Beispiel ist der Krankenstand. Einer der untersuchten Betriebe bemüht sich seit Jahren um ein Gesundheitsmanagement und ist dabei durchaus erfolgreich. Der Krankenstand hat dort offensichtlich seinen Sockelwert erreicht, und Variationen zwischen den Abteilungen gibt es dabei kaum.

Inhaltliche Anforderungen

1. Um Vergleiche innerhalb eines Unternehmens durchführen zu können, ist es unter formalen Gesichtpunkten notwendig, möglichst viele Erhebungseinheiten zu bilden. Wenn es aber um Erfolgskennzahlen geht, wird man schnell feststellen, dass diese nur für diejenigen Abteilungen vorliegen, die im Herstellungsprozess an letzter Stelle stehen, also die höchste Produkt- oder auch Kundennähe haben. Kosten von Abteilungen mit einem nur mittelbaren Produktbezug werden vorwiegend auf Gemeinkostenbasis zugerechnet. Dies hat zur Folge, dass etwa für die Arbeitsleistung der weit überwiegenden Zahl an Mitarbeitern überhaupt keine Daten zu Produktivität vorliegen. Unter dem Gesichtspunkt der Gesamtrentabilität des Unternehmens würden sie auch nicht weiterhelfen, da nicht bekannt ist, für welche Produkte die Arbeitsleistung letztlich erbracht wird. Es fehlt sowohl an einer Leistungsverrechnung aus den unterstützenden Abteilungen als auch an einer Kostenermittlung für dieselben.

2. Betriebsübergreifende Vergleiche sind mit Routinekennzahlen zudem nur schwer möglich. Häufig werden unterschiedliche Rechnungssysteme angewendet, die zu unterschiedlichen Kennzahlen führen. Selbst wenn ein formal ähnlich aufgebautes Controllingsystem etabliert ist, führen Kennzahlen mit derselben Bezeichnung allenfalls zur Erfassung ähnlicher Zusammenhänge. Bereits die recht einfach zu ermittelnde Kennzahl des Krankenstandes wird auf verschiedene Art und Weise ermittelt, wodurch

ein Vergleich weiter erschwert wird. Zudem findet sich bei näherer Betrachtung der betrieblichen Praxis eine ganze Reihe von Kompromissen bei der Datenerfassung, deren Folgen nicht abschätzbar sind. Teilweise werden Bereiche aus Effizienzgründen nicht erfasst, was allerdings meist diskretionär erfolgt, das heißt, dass dann eine Dokumentation dieser Einschränkungen nicht geführt wird.

3. Das Sozialkapital hat nach den Ergebnissen dieser Studie einen messbaren Einfluss auf die Betriebsleistung. Investitionen in diesen innovativen Bereich versprechen, einen vergleichsweise hohen Grenznutzen zu generieren. Es wäre allerdings vermessen, das Sozialkapital in einem Betrieb des produzierenden Gewerbes als den hauptsächlichen Produktionsfaktor sehen zu wollen. Die technische Ausstattung, Rohstoffpreise und -bezugsquellen sowie etwa das Lohnniveau werden weiterhin bestimmende Faktoren bleiben. Die Auswirkungen von Sozialkapital auf die Leistung und Leistungsfähigkeit eines Unternehmens sind somit nur einer unter vielen anderen Einflüssen. Dies erschwert Mehrperiodenvergleiche oder macht sie sogar unmöglich, da eine große Menge stärkerer Einflussfaktoren rechnerisch abzugrenzen wäre. In der vorliegenden Untersuchung wurde von Mehrperiodenvergleichen weitgehend abgesehen.

Folgen

Hinsichtlich der Erfolgskennzahlen für Unternehmen sind prospektiv zwei Anforderungen zu erfüllen, um zu genaueren Aussagen kommen zu können:

- Die Datenerfassung sollte möglichst im Rahmen der Routineprozesse im Unternehmen erfolgen,
- Externe Einflüsse sind zu berücksichtigen.

Beide Anforderungen werden von den vorhandenen Rechnungssystemen im Unternehmen nicht unterstützt. Für die erstgenannte Anforderung ist die Einbindung in die üblichen ERP-Systeme notwendig, die jedoch kaum von den einzelnen Unternehmen erbracht werden kann. Ebenso ist das zweite Desiderat in Ansätzen rechnerisch im Rahmen solcher Systeme zu berücksichtigen, was die Aufarbeitung einer äußerst komplexen Informationslage erfordert. Als erster und praktikabler Schritt sollte jedoch die Hebung des impliziten Wissens der betrieblichen Akteure Vorrang haben. Dazu sind zunächst wesentliche Ergebnis- und Prozessziele in Kennzahlen zu operationalisieren. Wo diese nicht objektiv und vor allem im Rahmen der bestehenden Abläufe gemessen werden können, sollten ergänzend zu der Verwendung von Prozesskennzahlen weitere Kennzahlen durch Mitarbeiter des Unternehmens eingeschätzt werden. Durch geeignete Verfahren kann der Bewertungsprozess der Mitarbeiter offen gelegt werden und ist damit der innerbetrieblichen Diskussion zugänglich. Das Ergebnis ist insofern objektiv, als implizites Wissen verschiedener Akteure des Unternehmens zugänglich gemacht wird und die Qualität der Entscheidungen steigt. Im Ergebnis werden finanzwirtschaftliche Controllingdaten um operationalisierte und kommunizierbare Einschätzungen betrieblicher Akteure ergänzt.

Zusammenfassung, Diskussion und weiterer Forschungsbedarf

Unsere zentralen Annahmen über die Bedeutung des Sozialkapitals werden durch die Daten aus der Mitarbeiterbefragung sowie die ausgewerteten Routinedaten der fünf untersuchten Unternehmen sehr weitgehend bestätigt. Das mehrstufig angelegte Vorgehen mit uni-, bi- und multivariaten Analysen zeigt: Das Sozialkapital von Unternehmen variiert zum Teil erheblich. Je höher das Sozialkapital ist, umso besser sind die betriebswirtschaftlichen Ergebnisse, und umso besser sind auch Wohlbefinden und Gesundheit der befragten Mitarbeiterinnen und Mitarbeiter.

Signifikante Unterschiede bestehen nicht nur zwischen Unternehmen, sondern auch zwischen den verschiedenen Abteilungen beziehungsweise Arbeitsbereichen innerhalb eines Unternehmens. Aus der Sicht der Vorgesetzten werden die Verhältnisse vor Ort dabei sehr viel besser eingeschätzt als aus der Sicht der Mitarbeiter – betriebs- und abteilungsübergreifend gibt es also deutliche Unterschiede zwischen den beiden Statusgruppen.

Wie die Ergebnisse unserer Untersuchung außerdem belegen, sind die älteren Arbeitnehmer in den Unternehmen eine tragende Säule des Sozialkapitals. Ältere Arbeitnehmer sind diejenigen Mitarbeiter im Betrieb, die insgesamt betrachtet gute soziale Beziehungen zu ihren Vorgesetzten, wie auch zu ihren Kolleginnen und Kollegen besitzen. Auch bewerten sie die gemeinsamen Werte und Normen im Betrieb und deren Umsetzung in den betrieblichen Alltag besser als die jüngeren Kolleginnen und Kollegen. Unternehmen sollten daher vor allem auch in die älteren Mitarbeiterinnen und Mitarbeiter investieren und ihre Arbeits- und Beschäftigungsfähigkeit durch gezielte Qualifizierungsprogramme und Projekte der Gesundheitsförderung längerfristig erhalten und fördern.

Die zweite Hypothese, dass Unternehmen mit hohem Sozialkapital mitarbeiterorientiert sind und einen positiven Einfluss auf die Gesundheit ihrer Mitarbeiterinnen und Mitarbeiter haben, muss eingehender betrachtet werden. Die Ergebnisse zeigen hier, dass neben den immateriellen Arbeitsbedingungen auch das Sozialkapital in einem linearen Zusammenhang zum gesundheitlichen Befinden der Beschäftigten steht: Je besser die Arbeitsbedingungen und je stärker die sozialen Beziehungen innerhalb der Arbeitsteams sind, je besser die Qualität der Führung und je mitarbeiterorientierter die Unternehmenskultur ist, desto höher ist auch die physische und psychische Gesundheit der Mitarbeiter.

Durch die Untersuchung der Gesamtzusammenhänge der unterschiedlichen Konstrukte des Unternehmensmodells mit einem Strukturgleichungsmodell wurden diese Ergebnisse bestätigt. Die Resultate belegen zudem, dass das Sozialkapital und die immateriellen Arbeitsbedingungen Auswirkungen auf die Qualität der Arbeitsergebnisse haben. Die nachgewiesenen Wirkungen der immateriellen Arbeitsbedingungen und des Werte- sowie des Netzwerkkapitals sind direkter Natur, wobei das Netzwerkkapital einen besonders starken Einfluss auf die Qualität der Leistungen hat.

Das Wertekapital und die Arbeitsbedingungen haben starken Einfluss auf die Gesundheit der Beschäftigten. Der Einfluss des Führungskapitals auf das gesundheitliche Wohlbefinden der Mitarbeiter ist demgegenüber indirekter Natur. „Gute" Führungskräfte im Betrieb tragen zum einen in ganz erheblichem Maße dazu bei, die Rahmen- beziehungsweise Arbeitsbedingungen ihre Mitarbeiter adäquat zu gestalten. Zum anderen haben sie aber auch die wichtige Aufgabe, die Arbeitsteams sozial zu stabilisieren. Gut funktionierende Arbeitsgruppen tragen ihrerseits dazu bei, die Gesundheit der Beschäftigten zu fördern.

Nicht ganz zu erwarten war dabei die hohe Bedeutung des Wertekapitals in den untersuchten Unternehmen. Gesundheit und Wohlbefinden der befragten Beschäftigten hängen in ganz entscheidender Weise davon ab, wie mitarbeiterorientiert die Unternehmen handeln und wie viele gemeinsame Werte und Normen vorhanden sind, die im betrieblichen Alltag umgesetzt und gelebt werden. Der maßgebliche Prädiktor für eine gute Gesundheit und eine hohe Einschätzung der Qualität der Arbeitsergebnisse ist das Wertekapital. Eine Erklärung dafür ist möglicherweise, dass in einer postmodernen Gesellschaft universell gültige Wertvorstellungen weitgehend fehlen. Umso bedeutsamer werden Unternehmenswerte, um den Orientierungs- und Integrationsbedarf der Mitarbeiterinnen und Mitarbeiter zu befriedigen.

Wie die Resultate dieser Untersuchung darüber hinaus belegen, ist es nicht nur so, dass gesunde Mitarbeiter leistungsfähiger sind. Auch die Einschätzung der eigenen erbrachten Leistung geht bei den Mitarbeiterinnen und Mitarbeitern in den untersuchten Betrieben mit einem deutlich besseren gesundheitlichen Befinden einher. Die These „Gesundheit fördert Arbeit" muss auf der Basis der vorliegenden Ergebnisse erweitert werden.

Denn auch die Wahrnehmung beziehungsweise der Stolz auf die eigene Arbeitsleistung führt bei den hier befragten Mitarbeiterinnen und Mitarbeitern zu einer besseren Einschätzung ihres Gesundheitszustandes. Die Resultate dieser Untersuchung legen also auch die umgekehrte These nahe: „Arbeit fördert Gesundheit".

Bei der Clusteranalyse wurde zunächst versucht, die Variable Geschlecht als kategoriale Variable mit zu berücksichtigen. Es hat sich jedoch herausgestellt, dass es in diesem Sample kein reines Frauen- oder Männercluster gibt. Es gibt somit keinerlei Hinweise darauf, dass Frauen beispielsweise die Rahmenbedingungen, das Sozialkapital im Betrieb oder ihre eigene Gesundheit anders wahrnehmen und bewerten als die Männer in dieser Stichprobe. Die beiden Geschlechter beurteilen vielmehr die jeweiligen Gegebenheiten „vor Ort" in etwa gleich – eine typische Frauen- oder Männerperspektive gibt es nicht. Bei der hier vorgestellten Lösung befinden sich in jedem der neun Cluster sowohl eine gewisse Anzahl Frauen als auch Männer.

Die Verknüpfung der sozialwissenschaftlichen Befragungsdaten mit den betriebswirtschaftlichen Daten beziehungsweise Kennzahlen erbrachte zudem den Befund, dass sich die Investitionsrendite von Maßnahmen zur Erhöhung des Sozialkapitals im Unternehmen berechnen lässt. Die Stärke des Zusammenhanges zwischen der Ausstattung mit Sozialkapital und dem abteilungsbezogenen Betriebsergebnis konnte erfasst werden. Nach einer ergänzenden Untermauerung über unternehmensspezifische monetäre Basisdaten aus dem betrieblichen Rechungswesen sowie Grenzgewinnkalküle hinsichtlich von Produktivitätssteigerungen oder Kostenersparnissen durch Fehlzeitenreduzierung lässt sich ein optimales Investitionsvolumen in den Aufbau von Sozialkapital abschätzen. Die Ermittlung der Investitionskosten hat dabei selbstverständlich auch indirekte Aufwendungen – wie die aufgewandte Arbeitszeit der Mitarbeiter – zu berücksichtigen.

Schwächer ist die Datenlage für die Abschätzung der Effizienz von Interventionen in Sozialkapital, was auch nicht Gegenstand der Untersuchung war. Hier kann bisher nur auf allgemeine personalwirtschaftliche und psychologische Erkenntnisse zurückgegriffen werden. Hinsichtlich einer genaueren Bewertung der Effektivität und Effizienz verschiedener Interventionen zur Förderung des Sozialkapitals von Unternehmen besteht noch umfassender Forschungsbedarf. Nicht berücksichtigt wurden im Rahmen dieser Untersuchung gesamtwirtschaftliche Auswirkungen. Die vorliegende Datenlage belegt einen engen Zusammenhang zwischen der Höhe des Sozialkapitals mit der Vereinbarkeit von Arbeit und Privatleben. Gut abzuschätzen sind darüber hinaus die Effekte einer verringerten Morbidität der Mitarbeiter auf die Krankenkassen.

Die Gültigkeit der hier getroffenen Aussagen über den Zusammenhang zwischen Sozialkapital, Gesundheit und Betriebsergebnis bezieht sich zunächst einmal nur auf die fünf von uns untersuchten Unternehmen. Wie weit sich die Befunde generalisieren lassen – diese Frage muss offen bleiben. Zu ihrer Beantwortung bedarf es weiterer Forschung. Aus heutiger Sicht sollten insbesondere Längsschnitt- und Interventionsstudien durchgeführt, branchenspezifische Zusammenhänge untersucht sowie der Frage nachgegangen werden, wie sich die untersuchten Fragestellungen in Unternehmen darstellen, die einem noch stärkeren Globalisierungsdruck ausgesetzt sind. Geprüft werden sollte in diesem Kontext auch, wie es sich mit dem Sozialkapital von börsengehandelten Unternehmen im Vergleich zu familiengeführten Unternehmen verhält. Letztlich entscheidet nicht der Globalisierungs- und Wettbewerbsdruck über Befinden und Betriebsergebnisse, sondern die gewählten Unternehmensstrategien. Auch hier gilt: „coping makes the difference"!

Erheblichen Forschungsbedarf sehen wir darüber hinaus im öffentlichen Sektor unserer Volkswirtschaft und hier wiederum im Bereich der personenbezogenen Dienstleistungen, wie Schulen, Krankenhäuser, Pflegeeinrichtungen und Verwaltungen. Schulen, Fachhochschulen und Universitäten sind Hauptproduzenten von Sozialkapital. Ihr eigenes Sozialkapital bedarf deshalb besonderer Aufmerksamkeit und Pflege. Das Sozialkapital unterschiedlicher Religionsgruppen, Regionen und Professionen sollte eingehender untersucht werden.

Sieht man unsere Erkenntnisse im Zusammenhang weiterer aktueller Forschungsergebnisse aus der Paläoanthropologie, Evolutionsbiologie, Primatologie, Neuroforschung, Soziologie, Sozialepidemiologie und Betriebswirtschaft spricht alles dafür, dem Sozialkapital zukünftig eine weit größere Bedeutung bei unternehmerischen Entscheidungen einzuräumen und sowohl der Mitarbeiterorientierung als auch dem Thema Gesundheit und Wohlbefinden deutlich mehr Aufmerksamkeit zu schenken. Sozialkapital und Gesundheit sollten schließlich wegen ihrer prognostischen Relevanz für zukünftige Ergebnisse auch verstärkt bei der externen Unternehmensbewertung berücksichtigt werden: Unternehmen mit viel Sozialkapital sind erfolgreicher und damit kreditwürdiger.

6 Folgerungen

Menschengerechte Organisationsgestaltung[22]

Das Sozialkapital von Gruppen, Organisationen und Regionen ist von bisher unterschätzter Bedeutung für ihre Leistungsfähigkeit wie auch für das Wohlbefinden und die Gesundheit ihrer Mitglieder. In Wissenschaft und Gesellschaft zeichnen sich, wie im Eingangskapitel skizziert wurde, Trends ab, die es bei einer menschengerechten Gestaltung von Arbeit und Organisation zu beachten gilt: die Relativierung kognitiver Fähigkeiten und Prozesse zugunsten von Emotionen und Biologie; die Relativierung materieller zugunsten immaterieller Bedingungen und Anreize; die Aufwertung horizontaler gegenüber vertikaler Koordination und Kooperation. Der Sozialkapitalansatz gewinnt seine Attraktivität aus seiner multifunktionalen und interdisziplinären Anwendbarkeit in einer sich rapide verändernden Lebens- und Arbeitswelt.

Das Gesundheitsthema hat in Unternehmen mit Akzeptanzproblemen zu kämpfen. Mitarbeiterinnen und Mitarbeiter assoziieren damit oft positiv verbrämte Rationalisierung oder Kontrolle. Führungskräfte verbinden damit häufig gesundes Kantinenessen, einen Anti-Rauchertag oder eine Rückenschule, oder sie verweisen auf ihre Arbeitsschutzexperten, ohne sich wirklich für deren Arbeit zu interessieren. Gesundheitsexperten gelten als „Gutmenschen ohne Ergebnisorientierung". Die Delegation des Themas Gesundheit an Experten oder an die Mitarbeiter und die damit meist verbundene Individualisierung gesundheitlicher Probleme wird weder der betrieblichen Realität noch seiner volkswirtschaftlichen Bedeutung gerecht. Unsere Forschungsergebnisse lassen an dieser Botschaft immer weniger Zweifel aufkommen: Unternehmen, die nachhaltig und professionell in die Gesundheit ihrer Mitarbeiterinnen und Mitarbeiter investieren wollen, kommen an den Strukturen und Prozessen von Arbeit und Organisation nicht vorbei. Der Sozialkapitalansatz eignet sich zur Identifizierung

[22] Bernhard Badura

betrieblicher Ansatzpunkte zur Förderung von Gesundheit und Wettbewerbsfähigkeit und damit auch zur Wahrnehmung gesellschaftlicher Verantwortung der Unternehmen. Gesundheit ist eine Leitidee mitarbeiterorientierter Unternehmenspolitik, die bei alternden Belegschaften und steigenden Ansprüchen an ihre Leistungsfähigkeit neu erfunden werden muss.

Von Unternehmensführungen wird zumeist noch nicht erkannt, dass das Thema Gesundheit die Möglichkeit bietet, den Dialog mit den Mitarbeitern weiter zu entwickeln und mitarbeiterorientierte Maßnahmen auch Unternehmen und ihren Zielen dienen. Einzelmaßnahmen werden initiiert, um guten Willen zu demonstrieren – oft aus Hilflosigkeit bzw. Unkenntnis möglicher, strategisch sehr viel nutzbringenderer Alternativen.

Der hier verfolgte Ansatz bietet die Option, bisher unsichtbare Vermögenswerte sichtbar, bewertbar und gestaltbar zu machen, zum Wohle der Beschäftigten, zum Wohle des gesamten Unternehmens und auch zum Erhalt der Finanzierbarkeit der sozialen Sicherungssysteme. Was es dabei besonders zu beachten gilt, soll abschließend angesprochen werden.

Der mögliche Einwand, dass es sich bei den präsentierten Daten um Ergebnisse einer Querschnittsstudie handelt, die, streng methodisch betrachtet, keine kausalen Folgerungen und darauf fußende Empfehlungen erlauben, lässt sich mit Hinweis auf die aus zahlreichen unterschiedlichen Quellen vorliegende und auf den Gegenstand der Organisation übertragbare Evidenz zum Thema Sozialkapital entkräften. Gleichwohl besteht hoher Forschungsbedarf, insbesondere Bedarf an Interventionsstudien zur Prüfung der hier formulierten Empfehlungen. Aufgrund der vorliegenden Befunde gehen wir von einer Generalisierbarkeit der folgenden Thesen aus: Das Sozialkapital von Unternehmen ist entwicklungsfähig. Investitionen in das betriebliche Sozialkapital dienen, wenn sie bedarfsgerecht und professionell getätigt werden, dem Betriebsergebnis, der Gesundheit der Mitarbeiterinnen und Mitarbeiter und der Vermeidung hoher Lohnnebenkosten.

Überzeugungs- und Wertekapital

Arbeit sollte sinnhaft, verstehbar und beeinflussbar sein. Je weniger diese Erwartung der Mitarbeiter mit den realen Bedingungen eines Unternehmens übereinstimmt, umso größer sind die Risiken: für die Produktivität, aber auch für die Gesundheit der Beschäftigten. Nicht nur Investoren und Kunden machen sich ein Bild vom Wert einer Organisation mit Folgen für ihr Investitions- und Kaufverhalten. Auch die Mitarbeiterinnen und Mitarbeiter tun es, mit Folgen für ihre Leistungsbereitschaft und Gesundheit. Wie dieses Bild ausfällt, wie groß zum Beispiel die Kluft zwischen Management und Belegschaft und wie transparent und beeinflussbar das Betriebsgeschehen erlebt wird, ob sich die Mitarbeiterinnen und Mitarbeiter wertgeschätzt oder als bloße Kosten- oder Risikofaktoren fühlen, wie viel Vertrauen sie in ihren Vorgesetzten und zum Betriebs- oder Personalrat haben, wie fair und gerecht es im Unternehmen zugeht und wie offen in ihren Augen mit Konflikten umgegangen wird, hat objektive Ursachen und ist Ausdruck der Kultur einer Organisation, mit Folgen für die Qualität der Führung, die sozialen Beziehungen, für Gesundheit und Wettbewerbsfähigkeit.

Wie unsere Forschungsergebnisse zeigen, gibt es ein Bedürfnis der Mitarbeiter nach gemeinsamen Überzeugungen, Werten und Regeln. Sie erleichtern es, das Geschehen in einer Organisation als sinnhaft, verstehbar und berechenbar zu erleben. Und sie erzeugen das Gefühl einer inneren Verbundenheit unter den Mitgliedern. Anders als in der gängigen Debatte zum Thema Unternehmenskultur, die sich insbesondere mit den Problemen ihrer Veränderbarkeit beschäftigt, verweisen die Daten auf das noch grundsätzlichere Problem des Nichtvorhandenseins oder Mangels „gefühlter“ Gemeinsamkeiten und auf den damit zusammenhängenden Mangel an Orientierung, Bindung und intrinsischer Motivation. Nicht der spezifische Inhalt der Kultur eines Unternehmens steht dabei zunächst im Vordergrund, sondern die Tatsache, dass es überhaupt so etwas wie Gemeinsamkeiten im Denken, Fühlen und Handeln unter den Organisationsmitgliedern gibt, die eine kollektive Verbundenheit ermöglichen. Daraus folgt die Empfehlung, Entscheidungsgrundsätze und Ziele einer Organisation unmissverständlich zu kommunizieren, kontinuierliche Überzeugungsarbeit dafür zu leisten sowie die Wichtigkeit von Grundsätzen und Zielen im alltäglichen Verhalten der Führungskräfte zu demonstrieren. Gelebte Gemeinsamkeiten schaffen Vertrauen, sie wirken Identität stiftend und verhaltensorientierend. Sie erlauben, Entscheidungen nachzuvollziehen. Transparenz zum Beispiel bei der Entwicklung und Umsetzung einer Unternehmensstrategie sind dafür wichtige Voraussetzungen.

Von hoher Bedeutung sind weiterhin die erfahrene Gerechtigkeit und Fairness im Umgang mit den Organisationsmitgliedern. Als ungerecht und unfair könnte es zum Beispiel angesehen werden, wenn den Beschäftigten im Zuge des steigenden Wettbewerbsdrucks Einschränkungen in Form längere Arbeitszeiten und Lohneinbußen zugemutet werden, und das Topmanagement gleichzeitig großzügige Boni erhält. Dadurch genährte Spannungen in den Beziehungen zwischen Management und Mitarbeitern können innere Kündigung fördern, Fehlzeiten nach oben treiben sowie die Glaubwürdigkeit der Führung und die Legitimität des geltenden Ordnungssystems untergraben.

Mitarbeiterinnen und Mitarbeiter haben das berechtigte Bedürfnis, dass ihre Leistungen von der Geschäftsführung anerkannt und gewürdigt werden. Das Streben nach persönlicher Wertschätzung und Stolz auf das Geleistete sind menschliche Grundmotive beziehungsweise hoch erwünschte Emotionen, deren dauerhafte Missachtung die Leistungsbereitschaft beeinträchtigt sowie die Entstehung negativer Gefühle, wie Abneigung, Wut oder Hilflosigkeit gegenüber „denen da oben" fördert. Gemeinsam erreichte Erfolge sollten auch gemeinsam gefeiert werden. Wo Derartiges allerdings als leeres Ritual, als „Zwangsbeglückung" oder als Ersatz für Mitarbeiterbeteiligung erlebt wird, verfehlt es den beabsichtigten Zweck und trägt zum Entstehen einer Kluft im Unternehmen bei.

Praktisch jede wichtige Unternehmensentscheidung bewirkt, dass der Vorrat an gemeinsamen Überzeugungen, Werten und Regeln ab- oder zunimmt. Je größer ein Unternehmen ist, umso intransparenter ist in der Regel das tagtägliche Entscheidungsverhalten der obersten Führungsebene für die Mitarbeiterinnen und Mitarbeiter und umso wichtiger wird beides, die authentische Information seitens der Führung und die permanente Pflege des Vorrats an Gemeinsamkeiten auf allen Ebenen. Kommen neue Themen auf, wie zum Beispiel das Thema Gesundheit, sollte ein erstes Ziel die Erarbeitung eines gemeinsamen Verständnisses von Gesundheit und seiner möglichen Ursachen und Folgen im Unternehmen sein sowie die Vereinbarung von Grundsätzen, wie zukünftig mit diesem Thema umgegangen werden soll.

An dieser Stelle gilt es schließlich besonders zu betonen: Internalisierte Überzeugungen, Werte und Regeln können mit den in einem Netzwerk oder einer Organisation erwarteten Überzeugungen, Werten und Regeln in Widerspruch geraten. Funktionale und moralische Bewertung von Sozialkapital ist daher stets klar voneinander zu unterscheiden.

Führungskapital

Führung ist Ausdruck der Kultur eines Unternehmens, zugleich aber auch maßgeblich verantwortlich für sie. Gestaltung und Pflege gemeinsamer Überzeugungen, Werte und Regeln sind eine zentrale Aufgabe der obersten Führung, was unter den turbulenten Bedingungen fortschreitender Globalisierung eine besondere Herausforderung darstellt: Wie lassen sich von den Mitarbeiterinnen und Mitarbeitern geschätzte Grundsätze auch unter Bedingungen hohen Anpassungsbedarfes durchhalten? Häufiger Wechsel in der Spitze lässt dies immer weniger erwarten und beeinträchtigt die Unternehmensbindung. Permanente Veränderung der Organisationsstrukturen fördert Ängste, Hilflosigkeitsgefühle, Wut und innere

Kündigung. Unsere Ergebnisse zeigen eine hohe Varianz im Vorrat an gemeinsamen Überzeugungen, Werten und Regeln auf Abteilungsebene, was bedeutet, dass neben der obersten Führung auch der direkte Vorgesetzte eine große Rolle dabei spielt, ob Gemeinsamkeiten vermittelt und „gefühlt" werden.

Der direkte Vorgesetzte ist die vielleicht wichtigste Person in einer Organisation, wenn es um die Gesundheit der ihm anvertrauten Mitarbeiterinnen und Mitarbeiter geht. Er oder sie ist mitverantwortlich für das soziale Klima in einer Abteilung, die Arbeitsbedingungen, den Arbeitseinsatz, die faire Beurteilung der Untergebenen und die Anerkennung ihrer Leistungen. Vorgesetzte, die versuchen, sich stets mit ihrer Meinung durchzusetzen, die einen verletzenden Umgangston akzeptieren oder sogar vorleben, die ihre Mitarbeiter öffentlich kritisieren und bei Fehlern stets die Schuld bei anderen suchen, gelten als Gesundheitsrisiko. Vorgesetzte, denen an der beruflichen Weiterentwicklung ihrer Mitarbeiter gelegen ist, die zu dem stehen, was sie sagen, und die neben ihrer fachlichen Qualifikation auch über ausreichende soziale Kompetenz verfügen, handeln demgegenüber gesundheits- und damit auch unternehmensförderlich.

Das Thema Gesundheit stellt hohe Anforderungen an die Führungskräfte. Zum Beispiel sollten sie frühzeitig erkennen, ob sich in ihrer Abteilung Hinweise für Mobbing oder innere Kündigung finden oder ob einzelne Mitarbeiterinnen und Mitarbeiter Anzeichen für Burnout erkennen lassen oder sich chronisch über- oder unterfordert fühlen, etwa Probleme damit haben, Anforderungen aus dem Berufs- und dem Privatleben miteinander zu vereinbaren. Sie sollten auch wissen, dass ihre eigene Stimmung „ansteckend" wirken kann. Auf der anderen Seite sind durch die Strategie des Downsizing an vielen Orten auch Führungskräfte eingespart worden, was oft das Belastungsniveau der Verbliebenen erhöht und die Zeit für mitarbeiterorientierte Kommunikation drastisch reduziert.

Mitarbeiter können in der Regel gut einschätzen, was ihr direkter Vorgesetzter, was die oberste Führung oder die Shareholder zu verantworten haben. Zumindest machen sie sich ein Bild davon, welches ihr Verhalten und ihr Befinden beeinflusst. Je größer die Kluft in einem Unternehmen ist, umso wichtiger wird der direkte Vorgesetzte. Die entscheidende Frage ist dann: Identifiziert er sich mit „seiner Abteilung" und „seinen Leuten" und handelt tagtäglich erfahrbar „mitarbeiterorientiert". Oder versteht er sich und seine Rolle als verlängerten Arm der Unternehmensspitze und handelt in erster Linie „karriereorientiert". Je zwiespältiger oder konflikthafter die Führungskräfte selbst diese Situation erleben, umso mehr wird dies auf Dauer auch ihrer eigenen Gesundheit schaden.

Maßnahmen und Projekte des Gesundheitsmanagements sollten entlastend wirken. Sie sollten dazu beitragen, das Wohlbefinden zu stärken und nicht zusätzlich Sorgen oder Ängste schüren oder als Reglementierung oder Überforderung erlebt werden. Möglicher Widerstand gegen das Thema Gesundheit hat häufig hier seine Wurzel. Deshalb empfiehlt es sich, spezielle Gesundheitsprogramme gerade auch für Führungskräfte anzubieten. Zum einen, weil dies einen gesundheitsförderlichen Einfluss auf ihre Umwelt zur Folge haben kann und zum anderen als „Türöffner" für das Thema Gesundheit in einer Organisation. Werden Experten in Führungspositionen befördert, sollten sie auch über Qualifikationen in der Menschenführung verfügen. Mit zunehmender Personalverantwortung sollte eine entsprechende Weiterbildung verpflichtend werden. Zu empfehlen ist ein „Führerschein" für Führungskräfte.

Netzwerkkapital

Menschen sind in aller Regel kooperationsbereit, weil sie kooperationsbedürftig sind. Sie gehen häufig eine enge Bindung mit „ihrem" Betrieb ein – sofern entsprechende Voraussetzungen menschengerechter Kommunikation und Kooperation gegeben sind. Kollegen und Geschäftspartner sind zumeist weder Freunde noch Fremde. Insbesondere dort, wo Menschen für die Erledigung ihrer Aufgaben permanent auf die Zusammenarbeit mit anderen angewiesen sind, wirken konfliktarme Beziehungen salutogen, wirken häufige Spannungen und Konflikte pathogen. In diesem Zusammenhang ist nicht nur die zwischenmenschliche „Chemie" von Bedeutung, sondern auch das Maß an fachlicher Übereinstimmung und das gegenseitige Vertrauen. Wie unsere Ergebnisse zeigen, ist für das Mikroklima in einer Gruppe oder Abteilung das Verhalten der direkten Vorgesetzten maßgeblich mitverantwortlich. Hier sollte daher auch angesetzt werden, wenn es darum geht, die horizontale Kooperation nachhaltig zu verbessern.

Selbstorganisation ist störanfällig. Und sie setzt gemeinsam akzeptierte und/oder internalisierte Überzeugungen, Werte und Ziele voraus, sowie Vertrauen in ihre Einhaltung und ein hohes Maß an sozialer Kompetenz. Mit zunehmender Unsicherheit oder Ungewissheit über die Gültigkeit gemeinsamer Überzeugungen, Werte und Ziele und mit zunehmenden Rivalitäten und wachsendem Misstrauen dahingehend, ob die eingesetzten persönlichen Energien und Arbeitsleistungen mit erwarteten Gegenleistungen in der Zukunft „entgolten" werden, wächst der Bedarf an formalisierten Regeln und Koordination.

Zu den Bedingungen Werte erzeugender Netzwerke gehört, dass ihre Mitglieder von der Sinnhaftigkeit einer Aufgabe und von den Zielen und Wegen zu ihrer Bewältigung überzeugt sind. Zu den Bedingungen gehört ferner die Einsicht, auf Kooperation zwingend angewiesen zu sein, um die angestrebten Ziele zu erreichen. Arbeit auf Anweisung erscheint einfacher zu organisieren, immer häufiger aber auch weniger effizient und weniger innovativ. Zusammenarbeit unter Gleichen fällt sehr viel leichter bei gemeinsamen Interessen und klarer Rollenverteilung. Bei unklaren Zielen und Abwesenheit von Vorgaben aus der Hierarchie erhalten die persönlichen Voraussetzungen der Netzwerkmitglieder entscheidende Bedeutung: zum Beispiel die Bereitschaft zum Interessenausgleich, die Rücksichtnahme auf Gefühle anderer, die Einhaltung von Reziprozitätserwartungen, die Suspendierung der Statusfrage, das Vorhandensein von „Wir-Gefühlen", der respektvolle Umgang miteinander sowie die Einhaltung von Normen „ziviler" Konfliktlösung und Gefühlsregulierung.

Nicht jedes Netzwerk dient Gesundheit, Fortkommen und Unternehmenserfolg. Soziale Netzwerke können Menschen ausbeuten, krank machen und Unternehmen Schaden zufügen. Nicht jede gemeinsame Überzeugung und Zielsetzung ist moralisch vertretbar. Mit Sozialkapital kann ebenso Missbrauch getrieben werden wie mit physischen Objekten. Korruption im Kollektiv, Terrornetzwerke und mafiöse Verbindungen liefern dafür anschauliche Beispiele. Hoher Nutzen für Personen und Netzwerke ist durchaus vereinbar mit negativen Auswirkungen für die Organisation oder die umgebende Gesellschaft. Besondere Beachtung verdient deshalb in diesem Zusammenhang die Frage der Kohärenz von Netzwerkaktivitäten, Organisationshandeln und gesellschaftlichen Moral- und Gerechtigkeitsvorstellungen.

Soziale Kompetenz in der Zivilgesellschaft

Sozial- und Humankapital können sich gegenseitig stärken, aber auch schwächen. Wenn bei Organisationsmitgliedern gemeinsame Überzeugungen und Ziele vorhanden sind, ihre soziale Kompetenz aber unterentwickelt ist, dürfte es schwer fallen beziehungsweise einen hohen Ressourceneinsatz erfordern, um gemeinsame Ziele auch tatsächlich zu erreichen. Umgekehrt erschwert die Abwesenheit gemeinsamer Gedanken, Gefühle und Ziele die Mobilisierung vorhandener sozialer, kognitiver und motivationaler Ressourcen. Beide Situationen beeinträchtigen in erheblichem Maße Qualität und Quantität horizontaler Kooperation. Sie beeinträchtigen dadurch die Fähigkeit einer Organisation zur effizienten Zielverfolgung und tragen zu ihrem Scheitern bei. Die Arbeitswelt ist hier auf entsprechende gesellschaftliche Voraussetzungen und Zuarbeit Anderer angewiesen. Der Sozialisation in Familien und der Erziehung und Bildung in Kindergärten, Schulen und Universitäten kommt dabei herausragende Bedeutung zu. Die Ich-AG ist kein Leitbild für kooperationsförderliche Sozialisations- und Bildungsprozesse. Hochentwickelte kognitive Fähigkeiten sind kein Ersatz für mangelhafte soziale Kompetenz.

Geschulte Selbstwahrnehmung, Empathie sowie Fähigkeiten zur Netzwerkpflege und -gestaltung sind die eine Seite sozialer Kompetenz. Ob und wie gut das Bedürfnis nach Kooperation und sozialer Integration befriedigt wird, hängt, neben dem vorhandenen Sozialkapital, ganz wesentlich von diesen erlernbaren Fähigkeiten ab, ist Bestandteil persönlicher Voraussetzungen zwischenmenschlicher Prozesse. Die zweite Seite sozialer Kompetenz ist ihr kulturelles Fundament: mit Mitmenschen geteilte Überzeugungen, Werte und Regeln, als Grundlage der Zivilgesellschaft, gelingender Kooperation in Wirtschaft und Gesellschaft, von Gesundheit und Wettbewerbsfähigkeit. Die dritte Seite ist das biologisch begründete Bedürfnis nach Identifikation mit bestimmten Menschen, Werten und sozialen Kollektiven, z.B. mit einer bestimmten Weltanschauung, einer bestimmten Religion, einem bestimmten Unternehmen oder Team, was allerdings der Kooperationsbereitschaft und -fähigkeit auch Grenzen setzt. Fukuyama hat dafür das Konzept des „Vertrauensradius" eingeführt (Fukuyama 1996).

Die Alltagssprache unterscheidet u. a. zwischen engen Vertrauten, Verwandten, Freunden, Kollegen, Vorgesetzten/Untergebenen, Fremden und Feinden, die Sozialkapitalliteratur zwischen „bonding-", „bridging-" und „linking"-Beziehungen. Je komplexer eine Gesellschaft ist, umso differenzierter und flexibler müssen die sozialen Kompetenzen ihrer Mitglieder sein. In hoch arbeitsteiligen und kulturell immer diversifizierteren Gesellschaften werden Fähigkeiten zur kulturelle Grenzen überschreitenden Kooperation und Koordination und zur Entwicklung und Pflege gemeinsamer Überzeugungen, Werte und Regeln immer wichtiger.

Vertrauen

Die zur Bewältigung der Globalisierung ergriffenen Strategien haben vielfach das Misstrauen zwischen Unternehmensleitungen und Belegschaft verstärkt. Rückgewinnung von Vertrauen und Glaubwürdigkeit wird deshalb zu einem zentralen Ziel einer mitarbeiterorientierten Unternehmenspolitik. Die Entwicklung gemeinsamer Überzeugungen, Werte und Regeln, wie mit dem Thema Gesundheit zukünftig umzugehen ist, könnte ein erster vertrauensbildender Schritt sein. Beteiligung der Betroffenen und Transparenz von Unternehmensentscheidungen bilden wichtige Zusatzbedingungen. Für eine mitarbeiterorientierte Gesundheitspolitik von grundlegender Bedeutung ist zudem die klare Trennung gesundheitsbezogener Investitionen in das Sozial- und Humankapital, in Unternehmensstrukturen und -prozesse von Personalmaßnahmen zur Kontrolle und Rationalisierung. Die Beteiligung der Arbeitnehmervertretung bei allen gesundheitsbezogenen Entscheidungen ist eine selbstverständliche Notwendigkeit, ebenso wie die Einhaltung des Datenschutzes.

Vertrauen in Organisationen ist eine besonders kostbare, aber auch leicht verderbliche Ware. Sie hat mehrere Facetten: das Vertrauen unter den Arbeitskollegen als zentrale Grundlage produktiver und qualitätsbewusster Zusammenarbeit; das Vertrauen in den direkten Vorgesetzten und schließlich das Vertrauen in die oberste Führung. Für die Arbeitsmotivation und das Qualitätsbewusstsein sind alle drei von großer Bedeutung. Je unsicherer die Situation eines Unternehmens, umso wichtiger wird allerdings die Qualität der Beziehungen zu den Arbeitskollegen und zum direkten Vorgesetzten – für Zuversicht und Selbstvertrauen der Mitarbeiterinnen und Mitarbeiter.

Sozialkapital und Vertrauen hängen sehr eng zusammen. Wo das Handeln von Mitmenschen in der unmittelbaren Umwelt als berechenbar, uneigennützig und problemgerecht erlebt wird, steigt das Vertrauen. Vertrauen in komplexe soziale Systeme unserer entfernteren sozialen Umwelt hängt davon ab, ob Entscheidungen, Strukturen und Prozesse als vorhersehbar, transparent und beeinflussbar erlebt werden. Vertrauen wird verspielt, wenn Vorgesetzte und Kollegen sich nicht an gemeinsam getroffene Vereinbarungen halten.

Damit die Ziele und Grundsätze einer Organisation tatsächlich das Handeln ihrer Mitglieder beeinflussen, müssen sie zunächst einmal bekannt sein. Wird eine Neuausrichtung von Zielen und Wegen zur Zielerreichung notwendig, was unter Bedingungen eines hohen Wettbewerbsdrucks häufig der Fall sein kann, sollte darüber frühzeitig unterrichtet, sollten nach Möglichkeit die Mitarbeiter an der Ausarbeitung neuer Ziele und Wege beteiligt werden. Intransparenz fördert Unsicherheit, Angst und Hilflosigkeit. Mangelhafte Beteiligung fördert Demotivation und negative Gefühle gegenüber dem Arbeitgeber. Beide zusammen fördern Organisationspathologien wie Mobbing, Burnout und innere Kündigung sowie die Ausbeutung von Organisationen durch ihre Mitglieder. Mitarbeiter haben ein kontinuierliches Bedürfnis nach Informationen, die helfen, Ereignisse und Entscheidungen in einer Organisation zu verstehen, die helfen, ihre Aufgaben und Beiträge als sinnhaft zu erleben und die schließlich helfen, Bedingungen und Prozesse, die ihnen wichtig sind, beeinflussen zu können.

Immaterielle Arbeitsbedingungen

Mit dem Strukturwandel der Wirtschaft in Richtung Dienstleistungsarbeit verlieren die Risiken an der Mensch-Maschine-Schnittstelle ihre im Arbeits- und Gesundheitsschutz lange überragende Bedeutung. Immer wichtiger werden Risiken und Synergien an der Mensch-Mensch-Schnittstelle, die wachsende Komplexität der Arbeit, zunehmende Verantwortung und ein hoher Zeitdruck. Alle reden von „Stress". Dies birgt die Gefahr, die auch und gerade zur Stressbewältigung notwendige Förderung der Gesundheitspotenziale zu vernachlässigen. Zentrale „Antistressoren" beziehungsweise Gesundheitspotenziale sind zum Beispiel die Sinnhaftigkeit der Arbeit, ausreichende Handlungsspielräume, Anerkennung des Geleisteten und unterstützende soziale Netzwerke. Gesundheitsförderliche Arbeitsgestaltung bleibt – wie die Ergebnisse zeigen – eine zentrale Herausforderung. Der Gestaltungsschwerpunkt verlagert sich in einer Dienstleistungswirtschaft von den materiellen zu den immateriellen Bedingungen. Chancen und Risiken aus der Gesamtorganisation eines Unternehmens verdienen dabei eine deutlich verstärkte Aufmerksamkeit. Gesundheitsförderliche Organisationsgestaltung ist eine Führungsaufgabe, die keinesfalls an Experten oder an Mitarbeiter delegiert, sondern gemeinsam mit ihnen bewältigt werden sollte. Krankmachender Dauerstress entsteht vor allem an der Mensch-Mensch-Schnittstelle. Anhaltende Überforderung macht krank, insbesondere, wenn die Ausstattung mit Sozial- und Humankapital zu gering ist. Gesundheitsförderliche Gestaltung sozialer Systeme ist ein zentraler Ansatzpunkt mitarbeiterorientierter Unternehmenspolitik. Betroffene zu Beteiligten machen gehört dazu als Vertrauen bildende und Informationen gewinnende Maßnahme. Von zentraler Bedeutung sind zum zweiten die angemessene fachliche Qualifikation sowie der Erwerb sozialer Kompetenz. Eine immer größere Bedeutung gewinnen auch die mitarbeiterorientierte Gestaltung der Arbeitszeit sowie Leistungen des Unternehmens, die es den Mitarbeitern ermöglichen, Anforderungen aus dem Berufsleben mit Anforderungen aus dem Privatleben zu vereinbaren. Eine sinn- und beziehungsstiftende Kultur ist eine wichtige Voraussetzung gesundheitsförderlicher Arbeitsbedingungen.

Partizipation

Mitarbeiterinnen und Mitarbeiter können wesentlich dazu beitragen, dass Bedingungen und Prozesse einer Organisation kontinuierlich verbessert werden. Wo es unterlassen wird, mit ihrer Hilfe vermeidbare Belastungen zu identifizieren und zu beseitigen bzw. eine menschengerechte Organisationsgestaltung zu fördern, kommen Lernprozesse zum Erliegen und es droht die Beeinträchtigung von Motivation und Gesundheit. Insbesondere in großen, hierarchisch aufgebauten Organisationen sind oft weder Bereitschaft noch Möglichkeiten dazu ausreichend vorhanden. Das gilt für Verwaltungen vermutlich noch häufiger als für Wirtschaftsunternehmen. Lernen in Organisationen ist stets auch ein kollektiver Prozess, den es permanent in Gang zu halten gilt. Ein kontinuierlicher Survey-Feedback ist hier äußerst sinnvoll. Auch Workshops, Gesundheitszirkel, das betriebliche Vorschlagswesen oder regelmäßige Mitarbeitergespräche können diese Funktion erfüllen. Ein Betriebliches Gesundheitsmanagement trägt dazu bei mit Hilfe so gewonnener Daten gesundheitliche Problemzonen im Betrieb zu identifizieren und gesundheits- wie organisationsförderliche Potenziale zu mobilisieren. Mitarbeiterorientierung ist letztendlich nur durch Mitarbeiterbeteiligung zu erreichen. Verweigern Mitarbeiter ihre Mitarbeit z. B. bei einer Betriebsbefragung, besteht offenbar eine Misstrauenskultur und demzufolge ein hoher Bedarf an vertrauensbildenden Maßnahmen, z. B. in Richtung einer stärkeren Transparenz von Entscheidungen, einer verbesserten Partizipation und einer stärkeren Authentizität des Managements.

Berichtswesen

Grundlegende Voraussetzung für eine mitarbeiterorientierte Unternehmenspolitik ist, dass der obersten Führung ausreichende und verlässliche Informationen über die Erwartungen, Bedürfnisse, Wertungen und Überzeugungen ihrer Mitarbeiterinnen und Mitarbeiter vorliegen. Unternehmen werden mit Hilfe von Zahlen geführt. Nur was in den regelmäßigen Vorstandsinformationen an Zahlen enthalten ist, wird in irgendeiner Weise entscheidungsrelevant. Die Empfehlung lautet hier, das Berichtswesen des eigenen Unternehmens zu prüfen und entsprechend zu verbessern. Vorstände werden regelmäßig über Personalkapazitäten und Personalkosten informiert, mehr nicht. Allenfalls Fehlzeiten erscheinen im entscheidungsrelevanten Kennzahlenset, aber nichts über deren Ursachen. Durch regelmäßige Mitarbeiterbefragungen sollten Unternehmensführungen auch über den Stand des Sozial- und Humanvermögens sowie über wichtige Gesundheitskennziffern zum psychischen und physischen Befinden unterrichtet werden, und nicht nur über die vergleichsweise wenig aussagekräftigen Fehlzeiten. Berichtswesen und Bilanzen sollten sich auf die Bedingungen wissensintensiver und mitarbeiterorientierter Werteerzeugung einstellen und eine Bewertung des betrieblichen Sozial- und Humanvermögens ermöglichen. Im folgenden Teilkapitel wird darauf noch einmal genauer eingegangen.

Wissensmanagement

Vermehren, Weitergeben und Bewahren von Wissen sind immer wichtiger werdende Fähigkeiten moderner Organisationen. Vertrauensvolle Kooperation – über Team- und Abteilungsgrenzen hinweg und zwischen unterschiedlichen Bereichen und Generationen – ist die dafür wahrscheinlich wichtigste Voraussetzung, Kooperationsmängel unter Unternehmenseinheiten und einzelnen Mitarbeiterinnen und Mitarbeitern das wahrscheinlich wichtigste Hindernis. Wie lässt sich Vermehrung von Wissen, seine ungehinderte Weitergabe und auch sein Verbleib im Unternehmen sichern? Funktionsfähige Netzwerke sind eine zentrale Voraussetzung für den zwanglosen Wissensaustausch. Nur wo Menschen einander schätzen und gemeinsame Überzeugungen und Ziele teilen, steigt die Wahrscheinlichkeit ungehinderter Wissensweitergabe. Die Vernetzung von Organisationsmitgliedern ist dafür erforderlich, aber auch ausreichende Informationen darüber, wo, von wem, an welchem Problem gerade gearbeitet wird. Darüber hinaus sollten Unternehmensmitglieder dazu ermutigt werden, ihre strategischen Netzwerke weiter zu entwickeln. Strategische Netzwerke sind Beziehungen zu vorgesetzten, gleichgestellten oder auch untergebenen Wissensträgern weit hinein in eine Organisation, also jenseits des eigenen operativen Netzwerks im unmittelbaren Arbeitsumfeld. Auch persönliche soziale Netzwerke außerhalb der Organisation können für den Wissenserwerb von Bedeutung sein und damit auch für die tägliche Arbeit zum Beispiel die Mitarbeit in Parteien, Verbänden und freiwilligen Vereinigungen sonstiger Art. Ermutigt werden sollte ferner die Mitarbeit in Fachgesellschaften, um Anschluss zu halten an wissenschaftliche Diskurse.

Eine besondere Herausforderung stellt die disziplinen- und berufsgruppenübergreifende Zusammenarbeit dar. Je wichtiger Spezialisten unterschiedlichster Herkunft für den Unternehmenserfolg sind, umso wichtiger werden ihre sozialen Kompetenzen. Gemeinsame Überzeugungen und Werte gewinnen zukünftig auch deshalb immer mehr an Gewicht für den Organisationserfolg, weil sie die Grundlage bilden für zwanglose Kooperation, für einen zwanglosen Wissensaustausch und für die Entwicklung energiegeladener, innovativer Netzwerke. Führungskräfte müssen lernen, die dafür notwendigen Voraussetzungen zu schaffen: durch geeignete Personalauswahl und Qualifizierung, durch Pflege von Gemeinsamkeiten, durch faire Konfliktbewältigung, durch Beseitigung vermeidbarer Arbeitsbelastungen und durch gerechte Belohnung. Sozialkapital ist ein Konzept, das die Brückenbildung zwischen Disziplinen erleichtern wird.

Qualifizierung der Personal- und Gesundheitsexperten

Die im Hauptteil des Buches vorgestellten Befunde der Grundlagenforschung zum Thema Sozialkapital, Gesundheit und Betriebsergebnis legen nahe, Ziele und Aufgaben betrieblicher Gesundheitspolitik neu zu überdenken. Gesundheitsexperten sind dafür ausgebildet, Risiken an der Mensch-Maschine-Schnittstelle zu verhüten sowie personenbezogene Leistungen bei der Einstellung von Mitarbeiterinnen und Mitarbeitern oder zur Kontrolle ihrer körperlichen Gesundheit zu erbringen. Dafür erforderlich sind vor allem arbeitswissenschaftliche und medizinische Kompetenzen. Die mit diesen Kompetenzen zu bewältigenden Problemstellungen unterliegen mit dem Strukturwandel der Wirtschaft und der heute zentralen Aufgabe der Verhütung und Rehabilitation chronischer Krankheiten einem Wandel. Leistungen zur Förderung des betrieblichen Sozialkapitals und zur Wiedereingliederung chronisch Kranker werden immer wichtiger. Auch in diesem Zusammenhang ist arbeitswissenschaftliches und medizinisches Fachwissen erforderlich, darüber hinaus bedarf es aber auch sozial- und gesundheitswissenschaftlicher Kompetenzen.

Betriebliche Gesundheitsexperten müssen ein Stück weit auch zu Organisationsexperten werden und intensiv mit der Arbeitsgestaltung und der Organisations- und Personalentwicklung zusammenarbeiten. Sie sollten in der Lage sein, ein modernes Gesundheitsmanagement aufzubauen und dauerhaft voranzutreiben. Die dafür erforderlichen Managementqualifikationen und Kompetenzen in den Bereichen Diagnostik, Planung, Intervention und Evaluation sind gegenwärtig in den Unternehmen zumeist noch nicht vorhanden. Qualifizierungsbedarf besteht bei den Gesundheitsexperten, aber auch bei Führungskräften und bei Betriebs- und Personalräten. Die vorliegenden Daten der Gesetzlichen Krankenversicherung und der Rentenversicherung belegen ein zunehmendes Präventionsdefizit insbesondere bei psychischen und bei psychisch mitbedingten Krankheiten. Psychische Störungen beeinträchtigen die Lebensqualität, die Leistungsfähigkeit und die Leistungsbereitschaft der Betroffenen.

Betriebliches Gesundheitsmanagement

Die Entwicklung eines wissenschaftlich fundierten und nachhaltig betriebenen Betrieblichen Gesundheitsmanagements ist der unseres Erachtens naheliegendste Schritt zur systematischen Förderung betrieblichen Sozialkapitals und damit sowohl zur Förderung der Gesundheit der Beschäftigten als auch von Kooperation, Informationsfluss und Wissensaustausch. Mit Blick auf die zurückliegenden Jahre hat dieses Aktivitätsfeld erheblich an Breitenwirkung und Dynamik gewonnen. Sein wirklicher Durchbruch und seine volle Akzeptanz als zentrales Instrument zur Verbesserung von Mitarbeiterorientierung, Gesundheit und Wettbewerbsfähigkeit stehen allerdings noch aus. Ohne staatliche Förderung, ohne Unterstützung der Tarifparteien, der Sozialversicherungsträger und insbesondere ohne innerbetriebliche Unterstützung durch Betriebs- und Personalräte dürften dabei kaum größere Fortschritte zu erzielen sein. Gegenwärtig bestehende Aktivitäten von Unternehmen, Verwaltungen und Dienstleistungseinrichtungen auf dem Gebiet der betrieblichen Gesundheitsarbeit sind zumeist wenig koordiniert, wenig ausgerichtet auf zentrale Ziele einer Organisation und werden mit zu wenig Systematik und Nachhaltigkeit betrieben. Lernprozesse im Betrieblichen Gesundheitsmanagement sind noch allzu selten, weil regelmäßige Evaluation nicht zur Routine gehört oder nicht konsequent genug durchgeführt wird (Walter 2007). Die drei Funktionen: Arbeits- und Gesundheitsschutz, betriebliche Gesundheitsförderung und Wiedereingliederung chronisch Kranker werden zumeist isoliert voneinander betrieben, Personalverantwortliche und betriebliche Gesundheitsexperten arbeiten noch viel zu selten gut zusammen. Es fehlt mit anderen Worten an einer strategischen Ausrichtung. Und es fehlt an einer Koordination, Systematik und Kontinuität gewährleistenden Führung. Grundlegend für ein modernes Betriebliches Gesundheitsmanagement sind datenorientierte Bedarfseinschätzung und Prioritätensetzung sowie an wissenschaftlich begründeten Standards orientierte Planung, Durchführung und Evaluation einzelner Projekte oder Maßnahmen.

Betriebsvereinbarung

Investitionen in das Sozialkapital von Unternehmen und die Gesundheit der Belegschaften liegen jenseits des hierzulande rechtlich geregelten Arbeits- und Gesundheitsschutzes. Deshalb ist eine schriftliche Vereinbarung dazu zwischen Management und Betriebs- oder Personalrat zu empfehlen. Darin niedergelegt werden sollte, von welchem Gesundheitsverständnis ausgegangen wird, was an zentralen Einflüssen auf die Gesundheit der Mitarbeiterinnen und Mitarbeiter grundsätzlich zu berücksichtigen und wie mit dem Thema Gesundheit und den dazu generierten Daten umzugehen ist, welche Ressourcen und Zuständigkeiten dafür vorgesehen sind, wer in dem zentralen Gremium („Lenkungsausschuss") vertreten sein und wie dieser Ausschuss seine Arbeit organisieren soll. Schriftliche Regelungen schaffen Verbindlichkeit und Transparenz, erleichtern die Konfliktregelung und sind eine Voraussetzung für Kontinuität und Nachhaltigkeit im Vorgehen. Erst wenn in den Unternehmen strukturelle Voraussetzungen für die Kernprozesse des Betrieblichen Gesundheitsmanagements durch eine Betriebsvereinbarung festgeschrieben sind, können sie kontinuierlich und mit nachhaltiger Wirkung durchlaufen werden.

Investive Sozialpolitik

Quersubvention von Unternehmen, die auf Kosten der Solidargemeinschaft hohe Aufwendungen für Behandlung und Frühverrentung erzeugen, sollte ein Ende haben. Unternehmen, die auf dem Gebiet der betrieblichen Gesundheitspolitik Vorbildliches leisten, sollten belohnt und regelmäßig ausgezeichnet werden. Auch für die Bewältigung sozialer Kosten sollte das Verursacherprinzip gelten. Haften sollte der, der sie durch Mängel in der Mitarbeiterorientierung und durch unterlassenes Betriebliches Gesundheitsmanagement erzeugt.

Die Sozialversicherungsträger müssen zukünftig bei der Vermeidung ihrer Versicherungsfälle besser zusammenarbeiten. Diese Zusammenarbeit sollte sich vor allem auf einen Abgleich und eine kontinuierliche Verbesserung ihrer Dateninfrastruktur, auf die Entwicklung von Standards, die Setzung von Anreizen und die anwendungsnahe Forschung und Entwicklung beziehen. Sozialversicherungsträger sollten sich mit Hilfe ihrer Routinedaten genaue Kenntnis darüber verschaffen, welche Unternehmen sehr häufige Sozialversicherungsleistungen erzeugen. Sie sollten entsprechende Vergleichsdaten an die betreffenden Unternehmen zurückmelden, Hilfeangebote machen und – als ultima ratio – von ihnen höhere Sozialabgaben einfordern dürfen. Besonderes Augenmerk sollte der Gestaltung der Schnittstellen zwischen ihren jeweiligen Zuständigkeiten gelten: Schnittstellen sollten zu Nahtstellen werden.

Es wird die Entwicklung einer investiven, das heißt, auf die Vermeidung von Sozialversicherungsfällen, auf die Vermeidung von Fehlzeiten, auf die Vermeidung von Gesundheitsschäden und auf die Entwicklung von Gesundheitspotenzialen ausgerichteten Sozialpolitik empfohlen. Wenn Investitionen zum Schutz, zur Förderung und Befähigung der Versicherten und Beschäftigten unterbleiben, weil sie möglicherweise einem anderen Träger oder einer anderen Krankenkasse zugute kommen, wird der Versichertengemeinschaft, wird dem Wirtschaftsstandort insgesamt geschadet.

Investitionen in das Berichtswesen

Für die Unternehmenspraxis empfehlen wir das Erreichen eines gesundheitsfördernden Kreislaufs unter Berücksichtigung der Bedeutung von Sozialkapital. Dieses Ziel kann von Unternehmen mit unterschiedlicher Intensität verfolgt werden, je nach den Ergebnissen der Organisationsdiagnostik und den Präferenzen der Unternehmensleitung.

Organisationsdiagnostik[23]

Zur Einführung des Sozialkapitalkonzepts in die betriebliche Praxis ist die Durchführung einer Mitarbeiterbefragung dringend geboten. Nur durch die systematische Erhebung von Einstellungen und Meinungen der Mitarbeiterinnen und Mitarbeiter lässt sich das „Innenleben" einer Organisation differenziert abbilden. Der in unserer Untersuchung eingesetzte Fragebogen hat sich als geeignetes Instrument erwiesen, um die Ausstattung eines Unternehmens mit Sozialkapital, die Qualität der immateriellen Arbeitsbedingungen, das gesundheitliche Wohlbefinden der Beschäftigten und die wahrgenommene Produktivität valide zu erfassen. Durch umfangreiche statistische Analysen konnte belegt werden, dass das immaterielle Vermögen eines Unternehmens zwischen Betrieben, Abteilungen und Altersgruppen variiert, und dass insbesondere ein starkes Werte- und Überzeugungskapital von hoher Bedeutung ist für das Wohlbefinden der Mitarbeiter und die Qualität der von ihnen geleisteten Arbeit.

Um einen möglichst umfassenden und aussagekräftigen Eindruck der Situation „vor Ort" zu gewinnen, sollten bei einer Befragung idealer Weise alle Aspekte des Fragebogens berücksichtigt werden. Gleichwohl zeigen die Erfahrungen, dass ein relativ umfangreiches Befragungsinstrument von den Akteuren in der betrieblichen Praxis zuweilen als wenig praktikabel erachtet wird. Dass solche Bedenken zumeist unbegründet sind, zeigen unter anderem die überdurchschnittlich hohen Rücklaufquoten von teilweise weit über 70 Prozent bei den in dieser Studie untersuchten Unternehmen. Sofern aber dennoch nicht alle Aspekte des Unternehmensmodells im Rahmen einer Mitarbeiterbefragung erfasst werden sollen, bietet es sich aufgrund der hier dargestellten Ergebnisse an, zumindest das Wertekapital eines Unternehmens (als unabhängigen Faktor beziehungsweise Treiber) und das gesundheitliche Wohlbefinden der Beschäftigten (als abhängigen Faktor beziehungsweise Ergebnis) zu erheben. Beide haben sich in den fünf untersuchten Unternehmen als ausschlaggebende

[23] Petra Rixgens, Martina Behr und Bernhard Badura

Aspekte zur Beschreibung und Erklärung von Sozialkapital und Gesundheit im Betrieb herausgestellt. Die insgesamt 23 Items des Wertekapitals und die vier Items, die das gesundheitliche Wohlbefinden der Mitarbeiter abbilden sowie die entsprechenden Faktoranalysen sind im Kennzahlenhandbuch (s. Anhang) abgedruckt.

Einführung des Sozialkapitalkonzepts in die Unternehmenspraxis[24]

Nach der Diagnose der betriebsspezifischen Situation ist über die Art der Implementierung des Sozialkapitalgedankens in die Unternehmenspraxis zu entscheiden. Hier werden einige mögliche Verfahrensweisen mit aufsteigender Intensität dargestellt, beginnend von der eher allgemeinen Berücksichtigung der Erkenntnisse über den Einfluss von Sozialkapital auf das Betriebsergebnis bis hin zum Aufbau eines eigenen Controllingsystems zur Erfolgsmessung von Maßnahmen zur Stärkung des Sozialkapitals durch eine erweiterte Wirtschaftlichkeitsanalyse.

Die kleine Lösung: Bewusstmachen der Rolle von Sozialkapital

Mit nur geringem Aufwand verbunden ist die Berücksichtigung der Auswirkungen von Sozialkapital, die unsystematisch bei der Unternehmensführung und Lösung einzelner Aufgaben erfolgt, wie etwa bei Maßnahmen zur Steigerung der Produktivität. Ziel ist das Erreichen eines gesundheitsförderlichen Zyklus unter der Berücksichtigung von Sozialkapital, von dem sowohl die Mitarbeiter als auch das Unternehmen profitieren. Dabei fließen die Erkenntnisse über die Auswirkungen einer guten Ausstattung mit Sozialkapital eher implizit in die Entscheidungsfindung im Unternehmen ein. Die Entscheider können sich den folgenden Wirkungszusammenhang vor Augen halten: Die positiven Auswirkungen einer Ausstattung mit Sozialkapital auf die Gesundheit von Mitarbeitern ist in vielen Zusammenhängen und Lebenswelten belegt. Anhand von Daten aus dem Sozioökonomischen Panel weisen etwa Kroll und Lampert (2007) jüngst einen Zusammenhang zwischen dem Netzwerkkapital von Menschen und ihrer Gesundheit nach.[25] Für die berufliche Lebenswelt liegen noch wenige Untersuchungen vor, es ist jedoch anzunehmen, dass die Erkenntnisse aus anderen Lebenswelten übertragbar sind. Gesamtwirtschaftliche Analysen legen dies zumindest nahe (Hjerppe 1998; Netta 2006). Aus dem verbesserten Gesundheitsniveau der Mitarbeiter ergibt sich regelmäßig ein wirtschaftli-

[24] Max Ueberle und Wolfgang Greiner

[25] Für eine Literaturübersicht s. z. B. Hawe u. Shiell 2000.

cher Nutzen für das Unternehmen. Dieser resultiert etwa aus verringerten Fehlzeiten der Mitarbeiter, deren Auswirkungen verhältnismäßig leicht in monetären Größen ausgedrückt werden können. Daneben bestehen weitere Zusammenhänge zwischen dem Sozialkapital und dem Betriebserfolg, die nicht über den Mediator Mitarbeitergesundheit wirken. Denkbar ist beispielsweise eine Verringerung von Transaktionskosten durch die verbesserte Kommunikation infolge einer guten Ausstattung mit Sozialkapital und einer reibungsloseren Zusammenarbeit, wenn Übereinstimmung bei der Betrachtung der zu verfolgenden Ziele besteht. Außerdem wird die Auswirkung von Sozialkapital als zusätzlicher Produktionsfaktor diskutiert, mit dessen Ausbau ein Engpassfaktor beseitigt und somit das Faktorsubstitutionsverhältnis verbessert wird. Im Ergebnis erhält das Unternehmen einen Anreiz zur Ausweitung des Sozialkapitals durch Investitionen in diesem Bereich, von denen die Mitarbeiter durch eine Verbesserung ihres Gesundheitspotenzials profitieren. Somit entsteht ein gesundheitsförderlicher Zyklus unter Berücksichtigung der Sozialkapitalausstattung (Abb. 15).

Der naheliegende Weg: Ergebnisverbesserung im Detail

Die Umsetzung der Erkenntnisse aus dem Sozialkapitalkonzept kann allerdings mit Vorteil auch systematisch erfolgen. Häufig ist in Unternehmen durchaus bekannt, welche Ergebnisse der Unternehmenstätigkeit unbefriedigend sind, und dies schlägt sich auch in den Unternehmenskennzahlen nieder. Da aus der vorliegenden Studie bekannt ist, welche Faktoren des Sozialkapitals sich besonders auf verschiedene Perspektiven einer angenommenen Balanced Scorecard auswirken, können daraus Anhaltspunkte für erfolgversprechende Interventionen gewonnen werden. Wird etwa im Unternehmen oder in einzelnen Abteilungen ein Defizit bei der Erreichung vorgegebener Ziele festgestellt, erscheinen Maßnahmen zur Verbesserung des Führungskapitals geeignet; um einer erhöhten Fluktuation entgegenzuwirken, sind Maßnahmen zur Verbesserung des Netzwerkkapitals besonders erfolgversprechend.

Exploratives Benchmarking: Abteilungsvergleich

Das Design der vorliegenden Studie ermittelt letztlich die Unterschiede in der Sozialkapitalausstattung zwischen Abteilungen sowie (durch Regressionsrechnung) die Auswirkungen der Ausstattung mit Sozialkapital auf den Betriebserfolg auf Abteilungsebene. Als Kennzahlen dafür wurden – da abteilungsbezogene Ergebniskennzahlen nur eingeschränkt verfügbar sind – teilweise Surrogatindikatoren herangezogen, das sind etwa Kennzahlen auf der Potenzial- und Prozessebene, deren Ausprägungen sich erst zukünftig auf das Abteilungsergebnis auswirken werden. Somit lassen sich unternehmensspezifisch die Auswirkungen einer unterschiedlichen Sozialkapitalausstattung auf verschiedene Kennzahlen ermitteln. Im Ergebnis handelt es sich um ein Frühwarnsystem zum Erkennen der Auswirkungen defizitärer Sozialkapitalausstattung, aber auch um eine Planungshilfe zur Abschätzung von Investitionsrentabilitäten.

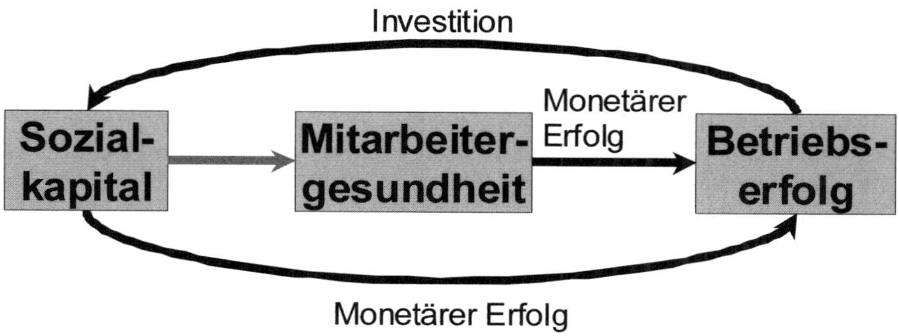

Abb. 15: Gesundheitsfördernder Zyklus mit Sozialkapital
Die Ausstattung eines Unternehmens mit Sozialkapital wirkt sich zum einen über den Mediator Mitarbeitergesundheit auf den Betriebserfolg aus, zum anderen auch auf direktem Weg. Aus diesen Beziehungen entsteht für den Betrieb der Anreiz zur Ausweitung des Sozialkapitals durch Investitionen, von denen die Mitarbeiter durch gesundheitsfördernde Effekte des Sozialkapitals unmittelbar profitieren.

Monetäre Bewertung

In einem weiteren Schritt können die finanziellen Kosten monetär bewertet werden. Für Qualitätsunterschiede sind zu der Berechnung beispielsweise die Nachbesserungskosten heranzuziehen, bei dem Potenzialfaktor „Freiwillige Fluktuation“ die Kosten aus der Neubesetzung der Stelle und den Einarbeitungskosten. Dabei wird man sich stets im unteren Rahmen der entstandenen Kosten bewegen, da nicht alle Einflüsse berücksichtigt werden können. Somit erhält man Informationen über die monetäre Größenordnung des entgangenen Nutzens des Unternehmens aus der Ausstattung mit Sozialkapital. Die Unternehmensleitung kann dadurch die Dringlichkeit von Maßnahmen zur Verbesserung der Sozialkapitalausstattung abschätzen. Darüber hinaus kann in späteren Schritten die Rendite von Investitionen in Sozialkapital näherungsweise berechnet werden. Dazu sind zum einen die Investitionskosten, zum anderen die ökonomischen Auswirkungen von Unterschieden in der Höhe der nichtmonetären Kennzahlen zu erfassen. Für die monetäre Bewertung können verschiedene Verfahren zur Anwendung kommen. Die Auswirkungen einer Verbesserung der Mitarbeitergesundheit, die sich unter anderem in einer Verringerung der Fehlzeiten zeigt, können mit den herkömmlichen Verfahren zur wirtschaftlichen Bewertung von Maßnahmen der betrieblichen Gesundheitsförderung bewertet werden.[26]

Ein praktikables Vorgehen bei eingeschränkter Kennzahlenausstattung: Durchführung einer erweiterten Wirtschaftlichkeitsanalyse

Oben wurde dargestellt, inwiefern sich aus den Auswirkungen von Sozialkapital Ansatzpunkte für Interventionen ergeben. Für das Unternehmen ist letztlich eine Kosten-Nutzen-Analyse durchzuführen. Zahlreiche Effekte von Investitionen in das Sozialkapital werden sich allerdings nicht unmittelbar monetär auswirken, oder die Höhe der Auswirkungen kann mit dem vorliegenden Datenmaterial nicht eindeutig abgeschätzt werden. Dennoch sollten solche Aspekte in die Bewertung des Nutzens der Ausstattung mit Sozialkapital eingehen. Nur bei unmittelbar wirksamen monetären Faktoren kann diese exakt berechnet werden. Diese bewertbaren Faktoren wurden im vorliegenden Projekt unter der Finanzperspektive einer generischen Balanced Scorecard zusammengefasst.

Eine Beschränkung der Kosten-Nutzen-Analyse auf die unmittelbar monetär bewertbaren Größen führt allerdings zu einer Unterschätzung der Effekte. Es kann damit nur eine Untergrenze markiert werden. Um dennoch die Auswirkungen von nichtmonetären Effekten fassbar zu machen, sind Verfahren der erweiterten Wirtschaftlichkeitsanalyse entwickelt worden (Ueberle u. Greiner 2007, Zangemeister 2000). Dabei werden für jede Perspektive die besten bekannten Informationen herangezogen, in erster Linie monetäre Kennzahlen, die ergänzt werden um Kennzahlen zu Potenzialfaktoren, deren wirtschaftliche Auswirkungen entweder berechnet oder geschätzt werden können. Darüber hinaus können auch nichtmonetäre Nutzen berücksichtigt werden, deren Effekte dann zu schätzen sind. Eine solche Schätzung sollte nachvollziehbar erfolgen und die besten vorhandenen Informationen heranziehen. Dazu sind häufig eine Vielzahl von Mitarbeitern aus verschiedenen Bereichen des Unternehmens einzubeziehen. Hilfreich sind dabei Entscheidungsverfahren wie die Schätzklausur, mit denen verborgenes Wissen im Unternehmen gehoben werden kann.

---

[26] Für eine Übersicht zu den Möglichkeiten der Effektmessung in monetärer Größe s. Kreis u. Bödecker 2003, Helmenstein et al. 2004.

Hinweise zur Generierung von prozessproduzierten Daten im Unternehmen

Für ein Erfolgscontrolling ist es notwendig, die anzustrebenden Ziele eindeutig festzulegen. In der vorliegenden Studie wurden Ziele mit prozessgenerierten Kennzahlen operationalisiert, die in den Unternehmen in irgendeiner Form bereits vorlagen. Im Folgenden werden einige Erfahrungen bei der Kennzahlengenerierung berichtet. Bei den zu ermittelnden Daten handelt es sich vorwiegend um Informationen aus dem internen und externen Rechnungswesen, dem Controlling sowie der Prozess-Steuerung. Daneben sind Informationen jenseits der etablierten Dokumentationsroutinen zu explorieren, besonders also Daten, die nicht im ERP-System geführt werden. Da die Ermittlung der Datenlage im Unternehmen notwendigerweise abteilungsübergreifend geschieht, ist die Unterstützung seitens der vorgesetzten Instanz unbedingt notwendig. Die Zusammenarbeit auf der Abteilungsleiter- und Fachebene ist in der täglichen Arbeit und bei der Datenexploration hilfreich, stellt erfahrungsgemäß jedoch nicht den Zugang zu den benötigten Informationen sicher. Die Abteilungsleiter verfügen häufig nicht über die Entscheidungskompetenz zur Weitergabe von Informationen und Daten. Sind diese Mitarbeiter dann selbst nicht uneingeschränkt von dem Vorhaben überzeugt und unterstützen sie es nicht aktiv, wird die Einholung dieser Genehmigungen möglicherweise schwerfällig verlaufen. Zudem verfügen die Mitarbeiter über einen weiten diskretionären Handlungsspielraum bei der Unterstützung der Datenexploration. Wenn Mitarbeiter ständig bei ihren Vorgesetzten nachfragen müssen, ob vorhandene Informationen für Projektzwecke zur Verfügung gestellt werden sollen, ist das ein Kreativitätshindernis. Neue Ideen werden so für die Mitarbeiter unbequem. An dieser Stelle setzt die Schere im Kopf bereits an, neue Vorschläge werden so unterbunden. Daneben gilt es, frühzeitig der unbefriedigenden Situation entgegenzuwirken, dass Daten zwar vorhanden sind, aus Geheimhaltungsgründen der Auswertung jedoch nicht zur Verfügung gestellt werden. Ohne Zugang zu Daten kann es keine belastbaren Ergebnisse geben, diese Einsicht ist deutlich zu kommunizieren. Folglich sollte die Einführung eines Sozialkapitalcontrollings nur mit der vollständigen Unterstützung der Unternehmensleitung in Angriff genommen werden.

Als hilfreich bei der Datenexploration hat sich ein strukturiertes Vorgehen in Anlehnung an die Gliederung einer generischen Balanced Scorecard erwiesen. Die Gliederung in die vier Bereiche Finanz-, Prozess-, Potenzial- und Kundenperspektive ist hilfreich, wenn es darum geht, aus dem vorhandenen Datenfundus eine Auswahl zu treffen. Bei dieser Auswahl sollten alle Perspektiven vertreten sein. Im vorliegenden Forschungsvorhaben konnte übrigens die Kundenperspektive nicht operationalisiert werden. In keinem der fünf Unternehmen lagen entsprechende Informationen vor.

Das Auffinden von Kennzahlen zur Erfolgsmessung auf Abteilungsebene ist innerhalb der Unternehmen häufig nicht ganz einfach, zumal die Organisation der Datenhaltung in den verschiedenen Unternehmen sehr variiert. Vor allem bei den Indikatorkennzahlen, die nur mittelbar Erfolge anzeigen, sowie den Kennzahlen zum Potenzial der Abteilungen müssen die Mitarbeiter häufig erst über die Relevanz solcher Informationen für die Erfolgsabschätzung aufgeklärt werden, bevor ein kreativer Suchprozess einsetzen kann. Für diesen Prozess ist die Zusammenarbeit mit Mitarbeitern aus verschiedenen Abteilungen und verschiedenen Aufgabenbereichen im Betrieb notwendig. Anhaltspunkte und Anregungen für die ersten Schritte bei der Identifizierung geeigneter Kennzahlen im Betrieb gibt die Aufstellung in Tabelle 13. Sie spiegelt die Erfahrungen bei der Suche nach prozessgenerierten Kennzahlen in Unternehmen wider und kann als Hilfsmittel bei der kreativen Suche nach Ansprechpartnern im Unternehmen zum einen und konkreten Kennzahlen zum anderen dienen. Die Aufstellung ist keinesfalls abschließend, und in spezifischen Unternehmenskontexten werden sich möglicherweise auch völlig andere Informationen vorfinden. Die hier aufgeführten Kennzahlen können teilweise für die einzelnen Mitarbeiter vorliegen, teilweise aggregiert für Abteilungen, den Betrieb oder das gesamte Unternehmen. Detailliertere Angaben zur Berechnung sind im Anhang abgedruckt.

Ziele können durch Kennzahlen messbar, nachvollziehbar und kontrollierbar gemacht werden. Dies kann rationell durch die Verwendung von prozessgenerierten Daten geschehen. Für Inhalte, für die keine umfassenden Kennzahlen vorliegen oder ermittelt werden können, ist die Verwendung von Indikatorkennzahlen ein denkbarer Weg, mit dem immerhin Teilaspekte des Zieles abgebildet werden können. Die monetäre Bewertung von Veränderungen der durch die Kennzahlen gemessenen Ergebnisse erfolgt zweckmäßigerweise in den Stufen einer erweiterten Wirtschaftlichkeitsanalyse, bei der die jeweils besten verfügbaren Informationen zur monetären Bewertung herangezogen werden. Da sich die Ausstattung mit Sozialkapital erst mit zeitlichem Verzug auf das Betriebs- und Abteilungsergebnis auswirkt, erscheint es zweckmäßig, bei den Zielvorgaben für Mitarbeiter und Abteilungen neben den monetär quantifizierten Ergebniszielen die Ausstattung mit Sozialkapital als eines der Prozessziele vorzugeben. Im Rahmen einer Balanced Scorecard lassen sich diese gut abbilden.

Tabelle 13: Erwartbare Kennzahlen nach Abteilungen

Abteilung	**Erwartbare Kennzahlen**
Produktionscontrolling	• Mitarbeiterproduktivität • Planeinhaltung bei Materialeinsatz • Ausschuss in der Produktion • Termintreue der Fertigung • Produktivzeit der Mitarbeiter • Prozessfehler
Finanzcontrolling	• Umsatz • Deckungsbeitrag • Planerreichung bei Plankostenrechnung • Nachbesserungskosten bei Produkten • Gewinn • Betriebsergebnis
Personalwesen	• Zielerreichungsgrad bei Zielvereinbarungen • Krankenstand (unterschieden in Kurzzeit- und Langzeiterkrankungen) • Teilnahme an finanziellen Mitarbeiterbeteiligungs-programmen • Fluktuation der Mitarbeiter (unterschieden in freiwillige und unfreiwillige Abgänge sowie Zu-gänge) • Altersstruktur der Mitarbeiter • Investitionen in das Humankapital, z. B. Schulung, Fort- und Weiterbildung
Vertrieb	• Termintreue bei der Lieferzeit • Kundenzufriedenheit • Kundenreklamationen als Qualitätsindikator
Sicherheitsfachkraft	• Gefährdungsbeurteilungen • Gesundheitsberichte der Krankenkassen • Unfallgeschehen: Meldepflichtige Unfälle

Tabelle 13: (Fortsetzung)

Abteilung	**Erwartbare Kennzahlen**
	• Unfallneulast
	• Unfallursachenstatistik
Betriebsmediziner	• Beteiligung an Maßnahmen der betrieblichen Gesundheitsförderung in der Vergangenheit
Qualitätsmanagement	• Qualitätsberichte, Zertifizierungsberichte usw.
	• Beteiligung am betrieblichen Vorschlagswesen
Public Relations	• Außensicht auf das Unternehmen

Die Tabelle ist ein Hilfsmittel für die Ermittlung von Kennzahlen im Betrieb bei Gesprächen mit Mitarbeitern aus den verschiedenen Abteilungen.

Literatur

Adenauer S (2005) Personalpolitik mit „demografischer Brille“. Angewandte Arbeitswissenschaft 184: 22–40

Adler PS, Kwon SW (2002) Social capital: prospects for a new concept. Academy of Management Review 1: 17–40

Alberternst C, Moser K (2007) Vertrauen zum Vorgesetzten, organisationales Commitment und die Einstellung zum Mitarbeitergespräch. Zeitschrift für Arbeits- und Organisationspsychologie 3: 116–127

Antoni CH (1999) Konzepte der Mitarbeiterbeteiligung: Delegation und Partizipation. In: Hoyos C, Frey D (Hrsg) Arbeits- und Organisationspsychologie. Beltz, Weinheim, S 569–583

Antonovsky A (1987) Unraveling the Mystery of Health: How People Manage Stress and Stay Well. Jossey-Bass, San Francisco

Arrow K (2000) Observation on Social Capital. In: Dasgupta P, Serageldin I (Hrsg) Social Capital. The World Bank, Washington DC, S 3–5

Axelrod RM (2005) Die Evolution der Kooperation. 6. Aufl. Oldenbourg, München

Baase, CM (2006) Auswirkungen chronischer Krankheiten auf Arbeitsproduktivität und Absentismus und daraus resultierende Kosten für die Betriebe. In: Badura B, Schellschmidt H, Vetter C (Hrsg) Fehlzeitenreport 2006. Springer, Berlin, S 45–62

Badura B (2008) Grundlagen präventiver Gesundheitspolitik: Das Sozialkapital von Organisationen. In: Kirch W, Badura B, Pfaff H (Hrsg) Prävention und Versorgungsforschung. Springer, Berlin, S 3–34

Badura B, Hehlmann T (2003) Betriebliche Gesundheitspolitik: Der Weg zur gesunden Organisation. Springer, Berlin

Badura B, Kickbusch I (1991) Health Promotion Research: Towards a New Social Epidemiology, WHO Regional Publications, European Series, No. 37. WHO Regional Office for Europe, Copenhagen

Badura B, Schellschmidt H, Vetter C (Hrsg) (2004) Fehlzeitenreport 2003. Wettbewerbsfaktor Work-Life-Balance. Springer, Berlin

Badura B, Schellschmidt H, Vetter C (Hrsg) (2006) Fehlzeiten-Report 2005: Arbeitsplatzunsicherheit und Gesundheit. Springer, Berlin

Badura B, Schröder H, Vetter C (Hrsg.) (2008) Fehlzeiten-Report 2008: Betriebliches Gesundheitsmanagement, Kosten und Nutzen. Springer, Berlin (Im Erscheinen)

Bakker M, Leenders TAJ, Gabbay SM, Kratzer J, Van Engelen JML (2006) Is trust really social capital?: Knowledge sharing. The learning organization, 13: 594–596

Banzhaf J, Kuhnle H (2006) Bedeutung von Vertrauen am Kapitalmarkt. In: Götz K (Hrsg) Vertrauen in Organisationen. Hampp, München, S 85–98

Bartscher T (2005) Gelebte und erlebte Wertschätzung. Personal 5: 40–42

Bauer J (2006) Prinzip Menschlichkeit. Hoffmann und Campe, Hamburg

Bertelsmann AG (2005) Bertelsmann Essentials. Bertelsmann Unternehmensbericht o. Z.: 12 f.

Bertelsmann Stiftung, Hans-Böckler-Stiftung (Hrsg) (2004) Zukunftsfähige betriebliche Gesundheitspolitik. Bertelsmann, Gütersloh

Beyer JM, Hannah DR, Milton LP (2000) Ties that bind: culture and attachments in organizations. In: Ashkenasy NM, Wilderom CPM, Peterson MF (Hrsg) The Handbook of Organizational Culture and Climate. Sage, Thousand Oaks, CA, S 323–338

Bourdieu P (1992) Ökonomisches Kapital, Kulturelles Kapital, Soziales Kapital. In: Bourdieu P: Die verborgenen Mechanismen der Macht. VSA, Hamburg, S 49–80

Brücker H, Bock-Rosenthal E, Rixgens P (2004) Fragebogen zu interprofessionellen Arbeitsstrukturen im Krankenhaus: 10 Instrumente für die schriftliche Befragung von Führungskräften und Mitarbeitern in 5 verschiedenen Berufsgruppen. Forschungsprojekt „Interprofessionelle Arbeitstrukturen im Krankenhaus“, Fachbereich Pflege, Fachhochschule Münster, Münster

Bundesagentur für Arbeit (Hrsg.) (2006) Arbeitsmarkt 2005: Amtliche Nachrichten der Bundesagentur für Arbeit, 54, Sondernummer. Bundesagentur für Arbeit, Nürnberg

Bundesanstalt für Arbeitsschutz und Arbeitsmedizin (2007). Mit Sicherheit mehr Gewinn. 3. Aufl. Bundesanstalt für Arbeitsschutz und Arbeitsmedizin, Dortmund

Bundesministerium für Familie, Senioren, Frauen und Jugend (Hrsg) (2005) Work-Life-Balance: Motor für wirtschaftliches Wachstum und gesellschaftliche Stabilität. Vogt, Berlin

Cohen D, Prusak L (2001) In Good Company: How Social Capital Makes Organizations Work. Harvard Business School Press, Boston, Mass.

Coleman JS (1988) Social capital in the creation of human capital. American Journal of Sociology 94: 95–120

Cummings JN, Cross R (2003) Structural properties of work groups and their consequences for performance. Social Networks 3: 197–210

Dahrendorf R (1995) Economic Opportunity, Civil Society, and Political Liberty. United Nations Research Institute for Social Development, Geneva

Dasgupta P, Serageldin I (2000) Social Capital. The World Bank, Washington, DC

Deutsche Gesetzliche Unfallversicherung (2006) Statistik Arbeits- und Wegeunfälle. URL: http://www.dguv.de/inhalt/zahlen/au_wu/index.html (080211)

Ditzen B, Heinrichs M (2007) Psychobiologische Mechanismen sozialer Unterstützung: Ein Überblick. Zeitschrift für Gesundheitspsychologie 4: 143–150

Durlauf SN, Fafchamps M (2004) Social Capital. URL: http://www.ssc.wisc.edu/econ/archive/wp2004-12.pdf (080211)
Dürndorfer M (2004) Humankapital-Management. In: Dürndorfer M, Friedrichs P (Hrsg) Human Capital Leadership. Murrmann, Hamburg, S 117–138
Dürndorfer M, Friedrichs P (Hrsg) (2004) Human Capital Leadership. Murrmann, Hamburg
Eberle G, Kraemer R, Lück P (2005) Wirtschaftlicher Nutzen Betrieblicher Gesundheitsförderung aus Sicht der Unternehmen. AOK-Bundesverband, Bonn
Entgeltfortzahlungsgesetz. Gesetz über die Zahlung des Arbeitsentgelts an Feiertagen und im Krankheitsfall (Entgeltfortzahlungsgesetz) v. 26. 5. 94, zul. geänd. 23. 12. 03
Erdal D, Whiten A (1996) Egalitarianism and Machiavellian Intelligence in Human Evolution. In: Mellars P, Gibson K (Hrsg) (1996) Modelling the early human mind. McDonald Institute Monographs, Cambridge, S 139–150
Erickson BH (2001) Good Networks and Good Jobs: The Value of Social Capital to Employers and Employees. In: Lin N, Cook K, Burt RS (Hrsg) Social Capital. De Gruyter, New York, S 127–158
EU-Kommission (Hrsg) (2003) Empfehlung der Kommission vom 6. Mai 2003 betreffend die Definition von Kleinstunternehmen sowie der kleinen und mittleren Unternehmen: Aktenzeichen K (2003) 1422. Amtsblatt der Europäischen Union vom 20. 05. 2003
Evans M, Syrett S (2007) Generating Social Capital?: The Social Economy and Local Economic Development. European Urban and Regional Studies 1: 55–74
Faller M (1993) Innere Kündigung: Ursachen und Folgen. 2. Aufl. Hampp, München Mering
Fittkau-Garthe H, Fittkau B (1971) Fragebogen zur Vorgesetzten-Verhaltens-Beschreibung (FVVB): Handanweisung. Hogrefe, Göttingen
Fröhner K, Boothby S, Schulze T (2002) Bilanzierung von Verfahren der erweiterten Wirtschaftlichkeit für die Praxis. Wirtschaftsverlag NW, Dortmund Berlin
Fukuyama F (1996) Trust. Free Press Paperbacks, New York
Fukuyama F (1999) The Great Disruption: Human Nature and the Reconstitution of Social Order. Free Press, New York
Giesel KD (2007) Leitbilder in den Sozialwissenschaften: Begriffe, Theorien und Forschungskonzepte. Verl. für Sozialwissenschaften, Wiesbaden
Glaser J, Severin H, Labes M (2006) Indikatoren für die Humanressourcenförderung. Lehrstuhl für Psychologie, Technische Universität München, München
Goleman D, Boyatzis R, McKee A (2005) Emotionale Führung. 3. Aufl. Ullstein, Berlin
Grande G (2003) Zwei Seiten sozialer Beziehungen: Mobbing und soziale Unterstützung. In: Badura B, Hehlmann T (Hrsg.) Betriebliche Gesundheitspolitik: Der Weg zur gesunden Organisation. Springer, Berlin, Heidelberg, New York, S 129–139

Granovetter M (2001) A Theoretical Agenda for Economic Sociology. In: Guillén M et al. (Hrsg) The new economic sociology. Russel Sage Foundation, New York, 2002

Greiner W (2006) Methoden der gesundheitsökonomischen Evaluation. In: Hurralmann K, Laaser U, Razum O (Hrsg) Handbuch Gesundheitswissenschaften. 4. Aufl. Juventa-Verl., Weinheim München, S 347–374

Greve A, Benassi M, Sti AD (2006) Exploring the contributions of human and social capital to productivity. A revised version of a paper presented at sunbelt XXVI, Vancouver, BC, April 25–30, 2006

Halpern D (2005) Social Capital. Polity Press, Cambridge

Hawe P, Shiell A (2000) Social capital and health promotion. Social Science and Medicine 51: 871–885

Heineke C (2005) Kennzahlen als Instrument der Führung. Kovac, Hamburg

Helliwell JF, Putnam R (1995) Economic growth and social capital in Italy. Eastern Economic Journal 21: 295–307

Helmenstein C, Hofmarcher M, Kleissner A, Riedel M, Röhling G (2004) Ökonomischer Nutzen Betrieblicher Gesundheitsförderung. Institut für Höhere Studien, Wien

Hjerppe R (1998) Social capital and economic growth. Government Institute for Economic Research, Helsinki

Horváth P, Möller K (Hrsg.) (2004) Intangibles in der Unternehmenssteuerung. Vahlen, München

House JS, Landis K, Umberson, D (1988) Social relationships and health. Science 241: 540–545

House JS, Umberson D, Landis K (1988) Structures and Processes of Social Support. Annual Review of Sociology 14: 293–318

Ilmarinen J, Tempel J (2003) Erhaltung, Förderung und Entwicklung der Arbeitsfähigkeit: Konzepte und Forschungsergebnisse aus Finnland. In: Badura B, Astor M (Hrsg.) Fehlzeitenreport 2002: Demographischer Wandel. Springer, Berlin Heidelberg New York, S 85–100

Insel TR (2003) Is social attachment an addictive disorder? Physiology and Behavior, 79: 351–357

International Journal of Epidemiology (2004) [Themenheft Social Capital] vol. 33 issue 4: 627–709

Iverson RD (1999) An event history analysis of employee turnover: the case of hospital employees in Australia. Human Ressource Management 9 (4): 397–418

Kaasa A (2007) Effects of different dimensions of social capital on innovation Paper provided by Faculty of Economics and Business Administration, University of Tartu (Estonia) in its series University of Tartu – Faculty of Economics and Business Administration Working Paper Series with number 51

Karasek R, Theorell T (1999) Healthy Work: Stress, Productivity, and the Reconstruction of Working Life. Nachdruck. Basic Books, New York

Kawachi J, Berkman L (2000) Social Epidemiology. Oxford University Press, Oxford

Klug SJ, Bender R, Blettner M, Lange S (2007) Wichtige epidemiologische Studientypen. Deutsche Medizinische Wochenschrift 132: e45–e47

Kollerer H (1978) Die betriebswirtschaftliche Problematik von Betriebsunterbrechungen. Schmidt, Berlin

Kraatz MS (1998) Learning by association?: Interorganizational networks and adaptation to environmental change. Academy of Management Journal 6: 621–643

Kreis J, Bödeker W (2003) Gesundheitlicher und ökonomischer Nutzen betrieblicher Gesundheitsförderung und Prävention. BKK Bundesverband und Hauptverband der gewerblichen Berufsgenossenschaften, Essen, Dresden

Kroll LE, Lampert T (2007) Sozialkapital und Gesundheit in Deutschland. Das Gesundheitswesen 69: 120–127

Krystek U, Becherer D, Deichelmann K (1995) Innere Kündigung: Ursachen, Wirkungen und Lösungsansätze auf der Basis einer empirischen Untersuchung. Hampp, München Mering

Lawler E, O'Toole J, (eds) (2006) America at work. Palgrave Macmillan, New York

Leana CR, Van Buren III HJ (1999) Organizational social capital and employment practices. Academy of Management Review 3: 538–555

Leenders RTAJ, Gabbay SM (2002) CSC: An Agenda for the Future. In: Leenders RTAJ, Gabbay SM (Hrsg.) Corporate social capital and liability. Second printing. Kluwer Academic Publishers, Boston, S 483–494

Lenhardt U, Priester K (2005) Flexibilisierung, Intensivierung, Entgrenzung: Wandel der Arbeitsbedingungen und Gesundheit. WSI-Mitteilungen 9: 491–497

Leymann H (2002) Mobbing: Psychoterror am Arbeitsplatz und wie man sich dagegen wehren kann. Rowohlt, Reinbek bei Hamburg

Locke EA, Latham GP (1990) Work Motivation and Satisfaction. Psychological Science 1: 240–246

Lühring H, Seibel HD (1981) Beanspruchung durch die Arbeit und psychische Gesundheit: Auswirkungen von Diskrepanzen zwischen Arbeitserfahrungen und Arbeitserwartungen bei Industriearbeitern. Zeitschrift für Soziologie 4: 395–412

Marx J (2005) Sozialkapital und seine handlungstheoretischen Grundlagen. Tectum Verl., Marburg

Mather FJ, White LUE, Langlois EC, Shorter CF, Swalm CM, Shaffer JG, Hartley WR (2004) Statistical methods for linking health, exposure, and hazards. Environmental Health Perspectives 112: 1440–1445

Merbach M, Singer S, Brähler E (2002) Psychische Störungen bei Männern und Frauen. In: Hurrelmann K, Kolip P (Hrsg) Geschlecht, Gesundheit und Krankheit. Männer und Frauen im Vergleich. Huber, Bern

Meyer C (2006) Betriebswirtschaftliche Kennzahlen und Kennzahlen-Systeme. 3. Aufl. Verl. Wissenschaft und Praxis, Sternenfels

Moldaschl M (2006) Sozialkapital als strategische Ressource? In: Matzler K et al. (Hrsg) Immaterielle Vermögenswerte. Schmidt, Berlin, S 591–615

Münch E, Walter U, Badura B (2003) Führungsaufgabe Gesundheitsmanagement: Ein Modellprojekt im öffentlichen Sektor. Edition Sigma, Berlin

Nahapiet J, Ghoshal S (1998) Social capital, intellectual capital and the organizational advantage. Academy of Management Review 2: 242–266

Netta F (2006) Gesundheitsmanagement durch partnerschaftliche Führung: Tagungsunterlagen 3. Euroforum-Konferenz Betriebliches Gesundheitsmanagement, 22. u. 23. Mai 2006 Frankfurt/Oberursel

Nübling M, Stößel U, Hasselhorn HM et al. (2005) Copenhagen Psychosocial Questionnaire. Wirtschaftsverl. NW, Bremerhaven

O'Toole J, Lawler E (2006) The New American Workplace. Palgrave Macmillan, New York

Oelgart N (2006) Sozialkapital, Kultur und ihr Einfluss auf die wirtschaftliche Entwicklung. Kovac, Hamburg

Paldam M, Svendsen GT (2000) An essay on social capital. European Journal of Political Economy 16: 339–366

Pfaff H, Püllhofer F, Brinkmann A et al (2004) Der Mitarbeiterkennzahlenbogen (MIKE): Kompendium valider Kennzahlen. Klinikum der Universität zu Köln, Abteilung Medizinische Soziologie, Köln

Pfeffer J (2006) Working alone: Whatever happened to the idea of organizations as communities? In: Lawler III EE, O'Toole J (Hrsg) America at work: Crises and Challenges. Palgrave Macmillan, New York, S 3–21

Preußner I (2003) Betriebliche Gesundheitsförderung durch Partizipation. Eine qualitative Studie zu den individuellen Voraussetzungen für eine Beteiligung an Gesundheitszirkeln. Diss. Univ. Hamburg

Price RM (2006) The transformation of work in America. In: Lawler III EE, O'Toole J (Hrsg) The New American Workplace. Palgrave Macmillan, New York, S 23–35

Priemuth K (2004) Fehlzeiten erfolgreich senken: Ein Beitrag zur Steigerung des Humankapitals. In: Dürndorfer M, Friederichs P (Hrsg). Human Capital Leadership: Strategien und Instrumente zur Wertsteigerung der wichtigsten Ressource von Unternehmen. Murrmann, Hamburg, S 546–559

Putnam R (2000) Bowling Alone: The Collapse and Revival of American Community. Simon and Schuster, New York

Putnam RD, Leonardi R, Nanetti RY (1993) Making Democracy Work: Civic traditions in modern Italy. Princeton University Press, Princeton

Reichmann T (1993) Controlling mit Kennzahlen und Managementberichten. Vahlen, München

Reinecke J (2005) Strukturgleichungsmodelle in den Sozialwissenschaften. Oldenbourg, München

Richenhagen G, Lehmann E (2003) Wandel gestalten – gesünder arbeiten. Ein Konzept für einen zukunftsorientierten Arbeitsschutz am Beispiel NRW. In: Badura B, Hehlmann T (Hrsg) Betriebliche Gesundheitspolitik: Der Weg zur gesunden Organisation. Springer, Berlin, S. 295–302

Riemann M, Udris I (1997) Subjektive Arbeitsanalyse: Der Fragebogen SALSA In: Strohm O, Ulich E (Hrsg) Unternehmen arbeitspsychologisch bewerten: Ein Mehr-Ebenen-Ansatz unter besonderer Berücksichtigung von Mensch, Technik und Organisation. Vdf, Zürich, S 281–298

Rixgens P, Badura B, Behr M (2008) Sozialkapital und gesundheitliches Wohlbefinden aus der Sicht von Frauen und Männern – erste Ergebnisse einer Mitarbeiterbefragung in Produktionsbetrieben. In: Badura B, Schröder H, Vetter C (Hrsg) Fehlzeiten-Report 2007: Arbeit, Geschlecht und Gesundheit. Springer, Berlin, S. 159–174

Sabatini F (2006) Does social capital improve labour productivity in small and medium enterprises? Dipartimento di economica publica Universita' degli studi di Roma "La Sapienza", Rom

Sachverständigenrat zur Begutachtung der Entwicklung im Gesundheitswesen (2005) Koordination und Qualität im Gesundheitswesen. Band 1: Kooperative Koordination und Wettbeweb, Sozioökonomischer Status und Gesundheits, Strategien der Primärprävention. Kohlhammer, Stuttgart

Schein EH (1997) Wenn das Lernen im Unternehmen wirklich gelingen soll. Harvard Businessmanager 19: 61–72

Scherrer K, Wieland R (2001) Trust: Vertrauen in Organisationen; Betriebliche Beispiele aus arbeitspsychologischer Sicht. In: Nadin M (Hrsg) Trust, das Prinzip Vertrauen. Synchron, Heidelberg, S 313–321

Schmalenbach Gesellschaft für Betriebswirtschaft e. V., Arbeitskreis „Immaterielle Werte im Rechnungswesen" (2004) Erfassung immaterieller Werte in der Unternehmensberichterstattung vor dem Hintergrund handelsrechtlicher Rechnungslegungsvorschriften. In: Horváth P, Möller K (Hrsg) Intangibles in der Unternehmenssteuerung. Vahlen, München, S 221–250

Schmidt B (2002) Gesundheit und Krankheit im Erwachsenenalter. In: Hurrelmann K, Kolip P (Hrsg) Geschlecht, Gesundheit und Krankheit. Männer und Frauen im Vergleich. Huber, Bern

Schott T (1996) Rehabilitation und die Wiederaufnahme der Arbeit: Eine sozialepidemiologische Untersuchung über den Erfolg medizinischer Rehabilitation nach Herzerkrankung bei der Wiederherstellung der Erwerbsfähigkeit. Juventa, Weinheim

Schüller A (1992) Theorie der Property Rights. In: Schüller A, Krüsselberg HG (Hrsg) Grundbegriffe zur Ordnungstheorie und Politischen Ökonomik. 3. Aufl. Forschungsstelle zum Vergleich wirtschaftlicher Lenkungssysteme der Philipps-Universität Marburg, Marburg, S 100–103

Schütt H, Niebergall P (2001) Kostensteuerung. Sparkasse 11: 500–504

Schütte M (2004a) Wie kann das Humankapital in Managementprozessen seiner Bedeutung entsprechend verankert werden? In: Dürndorfer M, Friedrichs P (Hrsg) Human Capital Leadership. Murrmann, Hamburg, S 99–116

Schütte M (2004b) Humankapital: Kein Thema für externe Berichterstattung und Corporate Governance? Der Betrieb (2004) S 1793–1795

Schulenburg JM, Greiner W (2000) Gesundheitsökonomik. Mohr Siebeck, Tübingen

Semmer NK, Mohr G (2001) Arbeit und Gesundheit: Konzepte und Ergebnisse der arbeitspsychologischen Streßforschung. Psychologische Rundschau 3: 150–158

Siegrist J (1996) Soziale Krisen und Gesundheit: eine Theorie der Gesundheitsförderung am Beispiel von Herz-Kreislauf-Risiken im Erwerbsleben. Hogrefe, Göttingen

Siegrist J, Rödel A, Hessel A et al. (2006) Psychosoziale Arbeitsbelastungen, Arbeitsunfähigkeit und gesundheitsbezogenes Wohlbefinden: Eine empirische Studie aus der Perspektive der Geschlechterforschung. Gesundheitswesen 68: 526–534

Smith A (1990) Der Wohlstand der Nationen [1789]. Deutscher Taschenbuch Verl., München

Stadler P, Strobel G, Hoyos C (2000) Psychische Belastungen von Mitarbeitern: Die Rolle des Führungsverhaltens. Ergomed 2000: 24–136

Stephan E (1983) Versuch einer theoretischen und normativ fundierten Definition Psychischer Gesundheit. In: Bundesvereinigung für seelische Gesundheit (Hrsg) Seelische Gesundheit möglich machen: Berichte über Tagungen der Bundesvereinigung für seelische Gesundheit in den Jahren 1980/81. M plus R Druckladen, Hamburg

Stock C, Sachser N (2003) Humanbiologische Grundlagen der Gesundheitswissenschaften. In: Hurrelmann K, Laaser U (Hrsg) Handbuch Gesundheitswissenschaften. Juventa Verl., Weinheim, S 175–195

Stoi R (2004) Management und Controlling von Intangibles auf Basis der immateriellen Werttreiber des Unternehmens. In: Horváth P, Möller K (Hrsg) Intangibles in der Unternehmenssteuerung. Vahlen, München, S 187–201

Sveiby KE (2002) Die Messung immaterieller Vermögenswerte. In: Bellmann M, Krcmar H, Sommerlatte T (Hrsg) Praxishandbuch Wissensmanagement. Symposion, Düsseldorf, S 779–808

Syme L, Berkmann L (1979) Social Networks, Host Resistance, and Mortality: a Nine-Year Follow-Up Study of Alameda County Residents. American Journal of Epidemiology 2: 186–204

Tett RP, Meyer JP (1993) Job-satisfaction, organizational commitment, turnover intention and turnover – path analyses based on metaanalytic findings. Personnel Psychology 46 (2): 259–293

Tönnies S, Plöhn S, Krippendorf U (1996) Skalen zur psychischen Gesundheit (SPG): Testmanual. Asanger, Heidelberg

Tsai W, Ghoshal S (1998) Social capital and value creation. Academy of Management Journal 41: 464–474

Udris I, Riemann M (1999) SAA und SALSA: Zwei Fragebogen zur subjektiven Arbeitsanalyse. In: Dunckel H (Hrsg.) Handbuch psychologischer Arbeitsanalyseverfahren. Vdf Hochschulverl., Zürich, S 397–419

Ueberle M, Greiner W (2007) Abschätzung von wirtschaftlichen Kosten und Nutzen des Betrieblichen Gesundheitsmanagements im Krankenhaus. In: Hellmann W (Hrsg) Gesunde Mitarbeiter als Erfolgsfaktor. Economica-Verl., Heidelberg, S 117–140

Ulich E (2001) Arbeitspsychologie. 5. Aufl. Schäffer-Poeschel, Stuttgart

Waal FBM de (2005) Der Affe in uns. Hanser, München
Walter U (2007) Qualitätsentwicklung durch Standardisierung – am Beispiel des Betrieblichen Gesundheitsmanagements. Dissertation an der Fakultät für Gesundheitswissenschaften der Universität Bielefeld
Weller I (2003) Commitment. In: Martin A (ed) Organizational Behaviour: Verhalten in Organisationen. Kohlhammer, Stuttgart, S 77–94
Westlund H, Nilsson E (2003) Measuring enterprises' investments in social capital: Paper prepeared for presentation at the 43rd Congress of the European Regional Science Association, Jyväskylä, Finland, 27–30 August 2003
Wilkinson RG (2005) The impact of Inequality. The New Press, New York
Wood G, Fleming J, Wink M (2004) Die wirtschaftliche Bedeutung von emotional gebundenen Mitarbeitern für das Unternehmen In: Dürndorfer M, Friederichs P (Hrsg) Human Capital Leadership. Murrmann, Hamburg, S 354–372
World Economic Forum (2007) Working Towards Wellness: Accelerating the prevention of chronic disease. World Economic Forum, Geneva
World Health Organization (Hrsg) (1984) The WHO-Constitution. World Health Organization, Geneva
Zangemeister C (2000) Erweiterte Wirtschaftlichkeitsanalyse (EWA). Wirtschaftsverl. NE, Dortmund Berlin
Zerssen Dv (1976) Klinische Selbstbeurteilungs-Skalen (KSb-S) aus dem Münchner Psychiatrischen Informationssystem (PSYCHIS München). Die Beschwerdenliste. Beltz, Weinheim

Anhang 1: Tabellen

Herkunft von Items und Skalen

Tabelle 14: Herkunft von Items und Skalen

Item bzw. Skala	Anzahl Items	Quelle
A: Arbeitsbedingungen		
1. Partizipation	3	SALSA[27]
3. Qualitative Anforderungen	3	ProSoB[28]
2. Quantitative Anforderungen	3	COPSOQ[29]
4. Klarheit der Aufgabe/Rollenklarheit	4	COPSOQ
5. Handlungsspielraum	2	MIKE[30]
6. Sinnhaftigkeit der Aufgabe	3	ProSoB
7. Zufriedenheit mit org. Rahmenbedingungen	6	InterproQ[31]
B: Soziale Beziehungen		
1. Gruppenkohäsion	5	MIKE
2. Kommunikation	2	ProSoB/InterproQ
3. Sozialer „Fit"	3	InterproQ
4. Social Support	2	ProSoB
5. Vertrauen	2	SALSA
C: Führung		
1. Mitarbeiterorientierung	4	InterproQ/ProSoB
2. Soziale Kontrolle	2	ProSoB/InterproQ
3. Kommunikation	3	ProSoB/InterproQ
4. Akzeptanz des Vorgesetzten	3	InterproQ
5. Vertrauen in den Vorgesetzten	3	ProSoB

[27] Der Fragebogen SALSA (Riemann u. Udris 1997)

[28] ProSoB-Fragebogen zur Erhebung der Zusammenhänge zwischen Organisationsbedingungen, Gesundheit und Wohlbefinden der Mitarbeiter

[29] Copenhagen Psychosocial Questionnaire (Nübling et al. 2005)

[30] Der Mitarbeiterkennzahlenbogen (MIKE) (Pfaff et al. 2004)

[31] Fragebogen zu interprofessionellen Arbeitsstrukturen im Krankenhaus – Inter-pro-Q (Brücker et al. 2004)

Tabelle 14: (Fortsetzung)

Item bzw. Skala	Anzahl Items	Quelle
6. Fairness und Gerechtigkeit	2	InterproQ
7. Machtorientierung	3	ProSoB/FVVB[32]
D: Unternehmenskultur		
1. Gemeinsame Normen und Werte	5	ProSoB
2. Gelebte Unternehmenskultur	3	ProSoB
3. Konfliktkultur	4	InterproQ
4. Kohäsion im Betrieb	4	InterproQ
5. Gerechtigkeit und Fairness	3	InterproQ/ProSoB
6. Wertschätzung	2	ProSoB
7. Vertrauen in Geschäftsführung / Betriebsrat	2	ProSoB
E: Gesundheit		
1. Psychosomatische Beschwerden	7	v. Zerssen[33]
2. Physische Gesundheit	1	ProSoB
3. Depressive Verstimmungen	5	ProSoB
4. Allgemeines Wohlbefinden	4	SALSA
5. Selbstwertgefühl	5	Rosenberg[34]
6. Gesundheitsverhalten	2	ProSoB
7. Work-Life-Balance	5	COPSOQ
8. Absentismus	1	ProSoB
F: Organisationspathologien		
1. Mobbing	3	InterproQ
2. Innere Kündigung	3	ProSoB
G: Wahrgenommene Produktivität		
1. Qualität der Arbeitsleistung	3	InterproQ
2. Qualitätsbewusstsein	4	MIKE
3. Arbeitsfähigkeit	3	ProSoB
4. Commitment	3	InterproQ

[32] Fragebogen zur Vorgesetzten-Verhaltens-Beschreibung (Fittkau-Garthe u. Fittkau 1971)

[33] Kurzform des Freiburger-Beschwerden-Inventars (v. Zerssen 1976)

[34] Übersetzte Selbstwert-Skala von Rosenberg (Schott 1996)

Teststatistische Daten

Tabelle 15: Teststatistische Daten zu den Untersuchungsfaktoren

Faktoren	Skala	Items	n	Mittel-wert	Std.-Abw.	Schiefe	Kur-tosis
A: Arbeitsbedingungen							
1. Partizipationsmöglichkeiten	3–15	3	2197	9,32	2,396	-0,147	-0,193
2. Qualitative Anforderungen	3–15	3	2226	5,91	1,814	0,452	0,200
3. Quantitative Anforderungen	3–15	3	2234	9,13	2,626	0,066	-0,426
4. Klarheit der Aufgabe/Rollenklarheit	4–20	4	2225	16,40	2,524	-0,790	1,254
5. Handlungsspielraum	2–10	2	2252	7,21	1,912	-0,551	-0,175
6. Sinnhaftigkeit der Aufgabe	3–15	3	2222	11,16	2,205	-0,356	-0,110
7. Zufriedenheit mit org. Rahmenbedingungen	6–30	6	1157	19,62	3,855	-0,273	0,054
B: Soziale Beziehungen							
1. Gruppenkohäsion	5–25	5	2209	18,96	3,987	-0,741	0,286
2. Kommunikation	2–10	2	2246	7,65	1,446	-0,446	0,258
3. Sozialer „Fit“	3–15	3	2245	11,29	2,259	-0,560	0,237
4. Social Support	2–10	2	2255	7,41	1,706	-0,471	-0,080
5. Vertrauen	2–10	2	2257	7,07	1,657	-0,351	0,026
C: Führung							
1. Mitarbeiterorientierung	4–20	4	2180	14,99	3,241	-0,667	0,311
2. Soziale Kontrolle	2–10	2	2189	6,21	1,504	0,101	-0,066
3. Kommunikation	3–15	3	2206	11,91	2,288	-0,754	0,255
4. Akzeptanz des Vorgesetzten	3–15	3	2186	10,87	2,583	-0,550	-0,040
5. Vertrauen in den Vorgesetzten	3–15	3	2186	11,13	2,771	-0,673	0,085
6. Fairness und Gerechtigkeit	2–10	2	2201	7,27	1,973	-0,631	-0,059
7. Machtorientierung	3–15	3	2174	7,03	2,473	0,647	0,197
D: Unternehmenskultur							
1. Gemeinsame Normen und Werte	5–25	5	2060	16,65	2,682	0,015	0,575
2. Gelebte Unternehmenskultur	3–15	3	2103	9,04	2,227	-0,068	-0,077
3. Konfliktkultur	4–20	4	2140	12,21	2,720	-0,139	0,211

Tabelle 15: (Fortsetzung)

Faktoren	Skala	Items	n	Mittel-wert	Std.-Abw.	Schiefe	Kur-tosis
4. Kohäsion im Betrieb	4–20	4	2077	12,45	2,792	0,033	0,117
5. Gerechtigkeit und Fairness	3–15	3	2125	9,36	2,304	-0,178	0,007
6. Wertschätzung	2–10	2	2125	6,40	1,442	-0,139	0,223
7. Vertrauen in die Geschäftsführung/Betriebsrat	2–10	2	1181	6,64	1,552	-0,216	0,273
E: Gesundheit							
1. Psychosomatische Beschwerden	7–35	7	2197	13,30	4,659	0,932	0,717
2. Physische Gesundheit	1–6	1	2268	4,06	0,830	-0,024	0,792
3. Depressive Verstimmungen	5–25	5	2138	10,33	4,013	0,647	-0,152
4. Allgemeines Wohlbefinden	4–20	4	2114	15,29	2,911	-0,578	-0,039
5. Selbstwertgefühl	5–25	5	2152	20,62	2,684	-0,464	0,300
6. Gesundheitsverhalten	2–9	2	2227	4,50	1,657	0,333	-0,526
7. Work-Life-Balance	5–25	5	2229	19,37	4,191	-0,695	0,264
8. Absentismus	0–...	1	2188	6,53	14,864	7,209	70,713
F: Organisationspathologien							
1. Mobbing	3–15	3	2218	4,69	1,926	1,680	3,787
2. Innere Kündigung	3–15	3	2220	5,57	2,288	1,017	1,050
G: Wahrg. Produktivität							
1. Qualität der Arbeitsleistung	3–15	3	2242	12,02	1,224	-0,202	2,916
2. Qualitätsbewusstsein	4–20	4	2202	15,19	2,496	-0,406	0,372
3. Arbeitsfähigkeit	3–15	3	2147	12,16	2,130	-0,761	0,310
4. Commitment	3–15	3	2159	11,50	1,986	-0,639	0,666

Korrelationen im Strukturgleichungsmodell

Tabelle 16: Korrelationsmatrix des linearen Strukturgleichungsmodells

	A22	A25	A26	A27	B11	B12	B13	B14	B15	C11	C13	C14	C15	C16	D11	D12	D13	D14	D15	D16	Y31	B21	Y22	Y11	Y24
A22: Partizipation	1																								
A25: Klarheit der Aufgabe	,266**	1																							
A26: Handlungsspielraum	,574**	,310**	1																						
A27: Sinnhaftigkeit	,512**	,444**	,505**	1																					
B11: Kohäsion	,479**	,289**	,327**	,393**	1																				
B12: Kommunikation	,357**	,242**	,285**	,307**	,671**	1																			
B13: Sozialer "Fit"	,430**	,279**	,292**	,373**	,842**	,678**	1																		
B14: Social Support	,413**	,260**	,277**	,366**	,780**	,679**	,759**	1																	
B15: Gegs. Vertrauen	,410**	,285**	,315**	,343**	,761**	,648**	,721**	,762**	1																
C11: Mitarbeiterorientierung	,491**	,308**	,333**	,353**	,531**	,464**	,498**	,502**	,502**	1															
C13: Kommunikation	,400**	,309**	,243**	,281**	,488**	,409**	,465**	,448**	,432**	,787**	1														
C14: Akzeptanz des Vorgs.	,426**	,296**	,265**	,323**	,498**	,425**	,476**	,456**	,450**	,818**	,730**	1													
C15: Vertrauen	,458**	,322**	,279**	,304**	,485**	,388**	,452**	,449**	,451**	,821**	,703**	,811**	1												
C16: Fairness / Gerechtigkeit	,435**	,229**	,271**	,288**	,507**	,426**	,480**	,470**	,453**	,801**	,707**	,769**	,770**	1											
D11: Gelebte U-kultur	,394**	,227**	,194**	,353**	,375**	,279**	,383**	,372**	,339**	,415**	,396**	,398**	,400**	,396**	1										
D12: Gemeinsame Werte	,380**	,298**	,270**	,461**	,464**	,367**	,449**	,469**	,457**	,474**	,429**	,455**	,451**	,424**	,616**	1									
D13: Konfliktkultur	,433**	,217**	,223**	,348**	,464**	,340**	,462**	,444**	,392**	,465**	,415**	,443**	,455**	,458**	,692**	,632**	1								
D14: Gemeinschaftsgefühl	,410**	,238**	,251**	,443**	,494**	,390**	,488**	,504**	,475**	,431**	,385**	,431**	,417**	,422**	,642**	,750**	,680**	1							
D15: Gerechtigkeit im Betrieb	,441**	,249**	,260**	,384**	,454**	,352**	,454**	,434**	,400**	,497**	,451**	,491**	,510**	,550**	,663**	,635**	,727**	,695**	1						
D16: Wertschätzung für MA	,427**	,278**	,269**	,427**	,464**	,384**	,471**	,474**	,448**	,477**	,413**	,450**	,449**	,452**	,644**	,692**	,655**	,733**	,719**	1					
Y31: Qualität der A-leistung	,250**	,233**	,181**	,305**	,300**	,256**	,291**	,289**	,245**	,239**	,234**	,252**	,236**	,234**	,307**	,352**	,324**	,336**	,333**	,333**	1				
B21: Qualitätsbew. im Team	,355**	,447**	,241**	,474**	,537**	,401**	,509**	,537**	,513**	,443**	,401**	,427**	,427**	,382**	,371**	,474**	,367**	,455**	,379**	,411**	,348**	1			
Y22: Wohlbefinden	,342**	,313**	,272**	,413**	,376**	,302**	,357**	,312**	,309**	,290**	,241**	,254**	,287**	,277**	,357**	,364**	,386**	,377**	,413**	,397**	,295**	,342**	1		
Y11: Körperl. GH-zustand	,220**	,127**	,156**	,221**	,223**	,251**	,244**	,217**	,170**	,217**	,184**	,193**	,194**	,207**	,229**	,261**	,275**	,269**	,288**	,278**	,232**	,172**	,510**	1	
Y24: Selbstwertgefühl	,220**	,352**	,256**	,423**	,271**	,256**	,258**	,241**	,253**	,248**	,213**	,238**	,234**	,196**	,168**	,286**	,184**	,209**	,195**	,257**	,277**	,332**	,454**	,274**	1

**. Die Korrelation ist auf dem Niveau von 0,01 ** signifikant.

Anhang 2: Kennzahlenhandbuch

In diesem Anhang werden zum einen prozessgenerierte Kennzahlen erläutert, die in den untersuchten Unternehmen vorgefunden wurden. Zum anderen werden einige Itembatterien zur Messung der Ausstattung mit Sozialkapital mit Hilfe von Befragungen vorgestellt.

Prozessgenerierte Kennzahlen[35]

Das gemeinsame Ziel prozessproduzierter Kennzahlen ist die Messung von Aspekten des wirtschaftlichen Erfolgs und des Leistungspotenzials von unternehmen und deren Abteilungen, um damit allfällige Auswirkungen der Ausstattung mit Sozialkapital zu beschreiben.

Mit der in den betrachteten Unternehmen vorgefundenen Kennzahlenausstattung kann eine Annäherung an dieses Ziel erreicht werden. Die erste Wahl sind dabei monetäre Kennzahlen, die Veränderungen unmittelbar in Geldgrößen darstellen. Diese sind allerdings rar und auf Abteilungsebene selten verfügbar. Etwas besser ist die Verfügbarkeit bei monetarisierbaren Kennzahlen, die keine Veränderungen in Geldgrößen darstellen, für den konkreten Fall und das konkrete Unternehmen mit einem überschaubaren Aufwand in Geldgrößen umgerechnet werden können. Notwendig ist dazu die Kenntnis der monetären Auswirkungen von grenzwertigen Größenänderungen dieser Kennzahlen auf den Betriebserfolg. Ergänzend kann auf Potenzialkennzahlen zurückgegriffen werden, die Veränderungen im Leistungspotenzial eines Unternehmens darstellen. Charakteristisch ist, dass sich diese erst in der Zukunft auf den Betriebserfolg auswirken werden. Zur Sicherung der Leistungsfähigkeit eines Betriebes können sie dennoch bedeutsam sein. Diese Kennzahlen entziehen sich allerdings häufig einer monetären Bewertung. Es handelt sich dann um Indikatorkennzahlen.

Die Erfahrung zeigt, je detaillierter die Kennzahlen nach der Aufbauorganisation gegliedert werden sollen, desto häufiger muss auf Indikatorkennzahlen zurückgegriffen werden, da monetäre oder monetarisierbare Kennzahlen nicht vorliegen. Ein Vergleich wird zudem erschwert, da die Art der erhobenen Kennzahlen zwischen Unternehmen aber auch innerhalb eines Betriebes je nach Abteilung sehr unterschiedlich sein kann.

Eine weitere Gruppe von Kennzahlen sind Zielerreichungsgrade. Dabei handelt es sich teilweise um monetäre oder monetarisierbare Kennzahlen mit der Besonderheit, dass das Ausmaß der Zielerfüllung vorgegebener

---

[35] Max Ueberle und Wolfgang Greiner

Ziele betrachtet wird. Damit können auch unterschiedliche Aufgaben verglichen werden, freilich unter der Voraussetzung, dass die gesetzten Ziele gleich ambitioniert sind und exogene Einflussvariablen bei der Zielsetzung richtig und angemessen berücksichtigt wurden.

Aus diesen unterschiedlichen Kennzahlen lässt sich ein Kennzahlensystem zusammenstellen mit dem Ziel der Abbildung von möglichst vielen Aspekten, auf die sich Sozialkapital auswirkt. Dabei wird auf Kennzahlen unterschiedlich genauer Aussage zurückgegriffen. Weisen die unterschiedlichen Kennzahlen jedoch eine ähnliche Tendenz auf, kann ein Zusammenhang mit einiger Sicherheit identifiziert werden.

Auf eine thematische Anordnung der Kennzahlen wurde im Folgenden verzichtet, da hier vielfache Aspekte zugleich zu beachten wären. Ziel der Zusammenstellung ist es, einen Eindruck über verfügbare Messinstrumente zu vermitteln und Anregungen für unternehmensangepasste Weiterentwicklungen zu bieten.

Krankheitsquote

Anwendung
Beurteilung des Gesundheitszustandes der Mitarbeiter, wodurch auch Auswirkungen arbeitsbedingter Belastungen erfasst werden.

Charakter
Bekannte und weit verbreitete relationale und monetarisierbare Kennzahl mit dichotomem Charakter, teilweise aus Fremddaten herzuleiten.

Formel

$$\frac{\text{Durch Krankheit bedingte Fehltage}}{\text{Soll - Arbeitstage}} \qquad (1)$$

Inhalt der Formel
Dividend: Tage der Abwesenheit. Divisor: Anzahl der Sollarbeitstage

Bemerkungen
In der oben angeführten Formel wurden nur Arbeitstage berücksichtigt. Die Vergleichbarkeit der Datenlage wird bei dieser Kennzahl durch teilweise unterschiedliche Erhebungsmodi erschwert. So findet sich in der Unternehmenspraxis auch die Berechnungsformel

$$\frac{\text{Durch Krankheit bedingte Fehltage}}{230}, \qquad (2)$$

wobei mit „230“ die Anzahl der Arbeitstage in einem Normalarbeitsjahr angenommen wird. Je nach Verteilung von Feiertagen auf die Wochentage, tariflicher Normalarbeitszeit usw. weicht die tatsächliche Sollarbeitszeit dann jedoch ab. Für einen Vergleich zwischen Perioden ist dieser Berechnungsmodus somit nicht geeignet.

In den Aufzeichnungen der Krankenkassen, die zur Überprüfung von Ansprüchen auf Krankengeld entsprechende Aufzeichnungen führen, wird häufig die folgende Formel verwandt:

$$\frac{\text{Krankschreibungstage}}{\text{Versicherungstage}} \qquad (3)$$

Hier werden auch Krankheitszeiten außerhalb der Arbeitszeit, also an arbeitsfreien Tagen, mitberücksichtigt. Unregelmäßigkeiten ergeben sich dadurch, dass Mitarbeiter eine ärztliche Krankschreibung häufig erst nach Wochenenden und Feiertagen einholen, da von den Mitarbeitern für arbeitsfreie Zeiten keine Notwendigkeit zum Einholen einer ärztlichen Arbeitsunfähigkeitsbescheinigung gesehen wird, etwa bei vorhersehbar kurzfristigen Erkrankungsdauern, für die Anspruch auf Lohnfortzahlung besteht. Voraussetzung für die Richtigkeit der Krankenkassenstatistik sind das Vorliegen eines Versicherungsverhältnisses, die Forderung nach einer Arbeitsunfähigkeitsbescheinigung seitens des Arbeitsgebers sowie die Meldung einer eingetretenen Arbeitsunfähigkeit an die Krankenkasse. Diese Voraussetzungen werden häufig nur teilweise erfüllt. Die Vorlage von Arbeitsunfähigkeitsbescheinigungen zum Beispiel wird häufig erst ab dem dritten Fehltag verlangt. Bei Teilzeitbeschäftigten kann sich zumal bei freier Arbeitszeitgestaltung eine Abweichung durch willentliches Verschieben krankheitsbedingter Fehlzeiten aus oder in die Arbeitszeit ergeben.

Die Krankheitsquote ist in Unternehmen meist gut dokumentiert. Vorteilhaft ist die eindeutige Bewertung durch externe, nämlich die Feststellung der Arbeitsunfähigkeit durch einen Arzt. Die Dichotomie (gesund vs. krank) bildet die Realität allerdings nur teilweise ab. Nicht berücksichtigt werden Phänomene wie Präsentismus, das heißt Anwesenheit am Arbeitsplatz trotz eingeschränkter Leistungsfähigkeit infolge von Krankheit sowie unterschiedliche „Krankschreibungspraktiken“.

Es kann weiter nach den jeweiligen Krankheitsdauern in eine Krankheitsquote von Langzeitkranken sowie Kurzzeitkranken unterschieden werden. Es wird teilweise angenommen, dass der motivationale Faktor für die Häufigkeit und Dauer von Kurzzeiterkrankungen besonders maßgeblich sei.

Die Abgrenzung nach der Krankheitsdauer wird meist (sachfremd) aus dem Zeitraum für Lohnfortzahlung im Krankheitsfall gemäß Entgeltfortzahlungsgesetz abgeleitet, die Grenze liegt nach dem 42. Krankheitstag. Der Berechnungszeitraum ergibt sich gemäß Entgeltfortzahlungsgesetz bei mehrfacher Erkrankung: „Wird der Arbeitnehmer infolge derselben Krankheit erneut arbeitsunfähig, so verliert er wegen der erneuten Arbeitsunfähigkeit den Anspruch [...] für einen weiteren Zeitraum von höchstens sechs Wochen nicht, wenn (1) er vor der erneuten Arbeitsunfähigkeit mindestens sechs Monate nicht infolge derselben Krankheit arbeitsunfähig war oder (2) seit Beginn der ersten Arbeitsunfähigkeit infolge derselben Krankheit eine Frist von zwölf Monaten abgelaufen ist.“ Bei betrieblich oder tariflich abweichenden Lohnfortzahlungsdauern sind eventuell diese anzusetzen. In der Betriebspraxis werden dann teilweise alle Erkrankungsfälle, die über 42 Tage per anno hinausgehen, mit der vollen Fehlzeit angesetzt. Entsprechend kann die Krankheitsquote für Langzeiterkrankungen erhoben werden als

$$\frac{(\text{Fehltage} > 42)}{\text{Sollarbeitstage}} \tag{4}$$

Hier werden die Fehlzeiten, die über 42 Tage dauern, mit ihrer gesamten Dauer in Tagen durch die Anzahl der Sollarbeitstage dividiert.

Die Krankheitsquote für die der kurzzeiterkrankten Mitarbeiter ergibt sich entsprechend als

$$\frac{(\text{Fehltage} \leq 42)}{\text{Sollarbeitstage}}, \tag{5}$$

wobei die Fehlzeiten unter einer Dauer von 42 Tagen durch die Anzahl der Sollarbeitstage dividiert werden. Die Dauer der einzelnen Fehlzeiten kann selbstverständlich erst im Rückblick ermittelt werden.

Gelegentlich wird auch die Gesundheitsquote betrachtet, die sich berechnet als das Komplement der Krankheitsquote, also als

$$1 - \text{Krankheitsquote} \tag{6}$$

Diese kann ebenfalls nach Fristigkeiten unterschieden werden. Dem Begriff Gesundheitsquote wird von manchen Akteuren eine positive Konnotation unterstellt und daher der Vorzug gegeben. Bei ökonomisch orientierten Akteuren kommt die Kompatibilität mit Maximierungsroutinen hinzu, denn die Gesundheitsquote kann als eine zu maximierende Ressource betrachtet werden, wohingegen die Krankenquote entsprechend minimiert werden sollte.

Teilnahme an einer Mitarbeiter-Kapitalbeteiligung

Anwendung
Gibt den Anteil der Mitarbeiter an, die sich an ihrem Beschäftigungsunternehmen im Rahmen einer Mitarbeiter-Beteiligungsgesellschaft finanziell beteiligt haben (Zeichnungsquote).

Charakter
Relationale Kennzahl für das Commitment. Die Kennzahl ist in dieser Eigenschaft ein Indikator.

Formel

$$\frac{\text{Neuzeichner}}{\text{Gesamtmitarbeiterzahl}} \tag{7}$$

Inhalt der Formel
Dividend: Zahl der Mitarbeiter, die in der laufenden Periode neu Kapitalanteile gezeichnet haben. Divisor: Zahl der Belegschaftsmitglieder.

Es wird nur nach Zeichnern und Nichtzeichnern unterschieden, die Zeichnungshöhe sowie der Beschäftigungsumfang werden nicht erfasst.

Bemerkungen
Die Kennzahl wurde vorstehend als ein Indikator für das Commitment verstanden. In einer Nebenverwendung denkbar ist auch eine Interpretation als finanzielle Auswirkung eines Aspektes der Ausstattung von Sozialkapital, nämlich des Commitments, auf die Fremdkapitalkosten. Unter dieser Betrachtung ist die Kennzahl mit den Opportunitätskosten für Fremdkapital monetarisierbar. Voraussetzung für die Berechnung ist das Angebot einer Mitarbeiter-Kapitalbeteiligung, die in mittleren Unternehmen noch selten ist. Alternativ kann der Quotient statt mit Neuzeichnern auch mit allen Zeichnern unabhängig vom Zeichnungstag ermittelt werden als

$$\frac{\text{Zeichner}}{\text{Gesamtmitarbeiterzahl}} \tag{8}$$

Dies führt zu einem periodisch geglätteten Ergebnis. Die Mitarbeiterzahl kann auch nach Vollzeitäquivalenten gewichtet werden. Erfahrungsgemäß ist die Zeichnungsquote stark von der erwarteten und aktuellen Ertragslage und der somit erwarteten Rendite abhängig, außerdem von alternativen

Kapitalanlagemöglichkeiten der Belegschaft sowie der Entgeltstruktur und -entwicklung. Eine Gewichtung nach Zeichnungshöhe in der Form

$$\frac{\text{Gezeichnetes Kapital}}{\text{Gesamtmitarbeiterzahl}} \quad (9)$$

erscheint daher nicht unbedingt aussagekräftiger als die Erfassung nur des Anzahl der Zeichner.

Teilnahme an gemeinsamen Aktivitäten

Anwendung
Gibt den Anteil der Mitarbeiter an, die sich an betrieblichen, geselligen Aktivitäten beteiligen.

Charakter
Relationale Kennzahl als ein Indikator für das Beziehungskapital.

Formel

$$\frac{\text{Teilnehmer}}{\text{Gesamtmitarbeiterzahl}} \quad (10)$$

Inhalt der Formel
Dividend: Anzahl der Belegschaftsmitglieder, die an betrieblichen geselligen Aktivitäten teilnehmen. Divisor: Zahl der Belegschaftsmitglieder.

Bemerkungen
Die Beteiligungsquote an Veranstaltungen wie Weihnachtsfeiern, Betriebsausflügen usw. liefert einen Hinweis auf das Ausmaß des vorliegenden Beziehungskapitals und Commitments, insbesondere im Abteilungsvergleich. Es ist zu unterscheiden zwischen der Teilnahme an Veranstaltungen während der Arbeitszeit und außerhalb der Arbeitszeit, was erwartungsgemäß zu unterschiedlichen Teilnahmequoten führt.

Diagnosenhäufigkeit

Anwendung
Gibt Aufschluss über den diagnosenbezogenen Gesundheitszustand der Belegschaft.

Charakter
Auf Fremddaten basierende relationale Kennzahlen als spezifische Indikatoren für arbeitsplatzbedingte Belastungen. Die Kennzahl ist wie die Krankenquote monetarisierbar.

Formel

$$\frac{\text{Diagnosenstellung}}{\text{Mitarbeiterzahl}} \tag{11}$$

Inhalt der Formel
Dividend: Anzahl der Mitarbeiter, die sich gemäß den Unterlagen der erstellenden Krankenkasse in ärztlicher Behandlung befanden und für die eine bestimmte Hauptdiagnose gestellt wurde. Divisor: Anzahl der bei der erhebenden Krankenkasse versicherten Belegschaftsmitglieder.

Bemerkungen
Bei Krankenkassen kann eine Aufstellung über die den gemeldeten Arbeitsunfähigkeitszeiten zugrunde liegenden Krankheitsdiagnosen veranlasst werden. Die Daten werden anonymisiert und nach Hauptdiagnosen zusammengefasst zur Verfügung gestellt. Daraus wird ein Rückschluss auf tätigkeits- und arbeitsplatzbezogene Belastungen erhofft. Bei der Erstellung greift die Krankenkasse aufgrund der gemeldeten Versichertennummern auf ihre Abrechnungsunterlagen zurück. Voraussetzung ist in der Regel ein hoher Beschäftigtenanteil, der bei der erstellenden Krankenkasse versichert ist. Gründe dafür sind die Notwendigkeit einer Mindeststichprobengröße, um Aussagen treffen zu können, die Anonymisierung und auch Marketingüberlegungen seitens der Krankenkassen. Kassenübergreifende Gesundheitsberichte sind grundsätzlich vorgesehen, in der Praxis jedoch kaum anzutreffen und erfahrungsgemäß kaum durchführbar. Eine systematische Verzerrung ergibt sich aus soziodemographischen Einflussfaktoren bei der Krankenkassenwahl durch die Belegschaftsmitglieder.

Beteiligung an Maßnahmen der betrieblichen Gesundheitsförderung

Anwendung
Gibt Aufschluss über verhaltenspräventive Aktivitäten der Mitarbeiter im betrieblichen Umfeld.

Charakter
Relationale Kennzahl als Indikator für das verhaltenspräventive Verhalten der Mitarbeiter und für das Commitment und Beziehungskapital. Teilweise monetarisierbar.

Formel

$$\frac{\text{Teilnehmer}}{\text{Mitarbeiterzahl}} \tag{12}$$

Inhalt der Formel
Dividend: Anzahl der Belegschaftsmitglieder, die sich an vom Unternehmen angebotenen oder organisierten Maßnahmen aus dem Feld der betrieblichen Gesundheitsförderung beteiligt haben. Divisor: Zahl der Belegschaftsmitglieder insgesamt.

Bemerkungen
Es handelt sich um einen Indikator sowohl für das Gesundheitsbewusstsein der Mitarbeiter als auch für das Sozialkapital und Commitment. Voraussetzung ist das Angebot von verhaltenspräventiven Maßnahmen der betrieblichen Gesundheitsförderung. Die Effektivität solcher Maßnahmen wird teilweise sehr spezifisch diskutiert. Bei manchen Maßnahmen bestehen detaillierte Vorstellungen über erzielbare Reduzierungen der krankheitsbedingten Fehlzeitenquoten, in diesen Fällen ist die Kennzahl monetarisierbar.

Freiwillige Fluktuation

Anwendung
Ermittelt den Anteil freiwillig aus dem Unternehmen ausscheidender Mitarbeiter.

Charakter
Relationale Kennzahl als Indikator für die Mitarbeiterzufriedenheit, Commitment und Beziehungskapital. Teilweise monetarisierbar.

Formel

$$\frac{\text{Ausscheider}}{\text{Mitarbeiterzahl}} \tag{13}$$

Inhalt der Formel
Dividend: Anzahl der Belegschaftsmitglieder, die in einer Periode freiwillig aus dem Unternehmen ausgeschieden sind. Divisor: Zahl der Belegschaftsmitglieder zum Stichtag.

Bemerkungen
Häufig ermittelt wird auch die Fluktuation berechnet als

$$\frac{\text{Ausscheider}}{\text{Einstellungen}} \qquad (14)$$

das heißt Anzahl der aufgelösten Arbeitsverhältnisse dividiert durch die Anzahl der Einstellungen.
Diese Kennzahl erscheint als Indikator für die Mitarbeiterzufriedenheit jedoch weniger aussagekräftig. Hier ergeben sich Abweichungen durch die Anzahl der Neueinstellungen sowie unfreiwillige Fluktuationen durch Freisetzung seitens des Arbeitgebers oder Erreichen der Altersgrenze, die keinen Rückschluss auf die Mitarbeiterzufriedenheit zulassen.
Die freiwillige Fluktuation wird stark durch den Arbeitsmarkt beeinflusst. Bei Wiederbesetzung freigewordener Stellen ist ein Teil der Fluktuationskosten monetarisierbar, etwa durch Abschätzung für Kosten für die Personalbeschaffung und -einarbeitung.

Weiterbildungsaufwand

Anwendung
Ermittelt Investitionen in das Humankapital.

Charakter
Relationale Kennzahl als Indikator der Investitionstätigkeit in das Humankapital und für den Humankapitalbestand.

Formel

$$\frac{\text{Humankapitalinvestition}}{\text{Mitarbeiterzahl}} \qquad (15)$$

Inhalt der Formel
Dividend: Aufwendungen für die Weiterbildung von Mitarbeitern. Kann auch den Zeitaufwand zum Stundensatz einschließen. Divisor: Anzahl der Belegschaftsmitglieder.

Bemerkungen
Gibt einen Hinweis auf die Investitionen in Humankapital und außerdem auf die Kosten aus Fluktuation.

Wenn die Kosten der Investition nicht bekannt sind, kann hilfsweise der Zeitaufwand für Weiterbildung angesetzt werden als

$$\frac{\text{Weiterbildungszeit}}{\text{Mitarbeiterzahl}} \qquad (16)$$

Verbesserungsvorschlagsrate

Anwendung
Stellt die Intensität der Einreichung von Verbesserungsvorschlägen pro Mitarbeiter dar.

Charakter
Relationale Kennzahl als Indikator für das Commitment.

Formel

$$\frac{\text{Verbesserungsvorschläge}}{\text{Mitarbeiterzahl}} \tag{17}$$

Inhalt der Formel
Dividend: Anzahl der eingereichten Verbesserungsvorschläge. Divisor: Anzahl der Mitarbeiter.

Bemerkungen
Voraussetzung ist ein betriebliches Vorschlagswesen. Qualitative Unterschiede bei den eingereichten Vorschlägen werden bei dieser Kennzahl nicht berücksichtigt, das Erkenntnisinteresse liegt in der Maßzahl für das selbständige Aktivwerden der Mitarbeiter. Eine Variation ist die Kennzahl Verbesserungsvorschlagsrate, bei der die Anzahl der Mitarbeiter, die mindestens einen Verbesserungsvorschlag eingereicht haben, zur Mitarbeiterzahl in Beziehung gesetzt wird. Damit wird der Einfluss von allfällig wenigen sehr aktiven Mitarbeitern bei der Darstellung der Kennzahl zugunsten einer Sicht auf die breite Aktivität der Masse der Beschäftigten zurückgedrängt.

Gewichtete Verbesserungsvorschlagsrate

Anwendung
Stellt die punktegewichtete Vorschlagsquote pro Mitarbeiter dar.

Charakter
Relationale Kennzahl zur Darstellung der qualtitativ gewichteten Innovationstätigkeit pro Mitarbeiter. Indikator für Commitment und Netzwerkkapital.

Formel

$$\frac{\sum_{i=1}^{n}(\text{Verbesserungsvorschlag}_{\text{i}} \times \text{Punktegewicht})}{\text{Mitarbeiter}} \qquad (18)$$

Inhalt der Formel
Dividend: Die Summe aller Verbesserungsvorschläge, die je nach ihrer Bedeutung gewichtet wurden. Divisor: Anzahl der Mitarbeiter.

Bemerkungen
Die Kennzahl ermöglicht es, die eingereichten Vorschläge nach ihrer Bedeutung für die Innovationsleistung des Unternehmens zu gewichten. Anders als bei der Kennzahl Verbesserungsvorschlags-Prämienquote kann jedoch nicht auf prozessgenerierte Daten zurückgegriffen werden. Die Festlegung der Punktegewichte ist aufwendig.

Verbesserungsvorschlags-Prämienquote

Anwendung
Stellt die qualitativ gewichteten Verbesserungsvorschläge pro Mitarbeiter dar.

Charakter
Relationale und monetär gewichtete Kennzahl als Indikator für das Commitment und Beziehungskapital. Nutzt vorhandene qualitative Bewertungen aus dem betrieblichen Vorschlagswesen.

Formel

$$\frac{\text{Prämienzahlungen}}{\text{Mitarbeiterzahl}} \qquad (19)$$

Inhalt der Formel
Dividend: Im Rahmen des betrieblichen Vorschlagswesens gezahlte Prämiensumme. Divisor: Anzahl der Mitarbeiter.

Bemerkungen
Im Rahmen des betrieblichen Vorschlagswesens gezahlte Prämien liefern einen eindeutigen Anhaltspunkt für die Einschätzung der Unternehmensleitung der eingereichten Vorschläge hinsichtlich ihrer Qualität und der erzielbaren Effizienzgewinne. Es ist zu beachten, dass die Prämienzahlungen sich in den meisten Fällen degressiv zu den erzielten Effizienzgewinnen verhalten und ab einer gewissen Höhe gekappt werden. Die Bewertung des

Effizienzsteigerungspotenzials der eingereichten Vorschläge erfolgte im Beispielunternehmen durch die Betriebsleitung im Einvernehmen mit dem Betriebsrat. Es handelt sich somit nicht um eine exakte Messung.

Zielerreichung im Vorschlagswesen

Anwendung
Stellt den qualitativ gewichteten Erfüllungsgrad von Zielvorgaben hinsichtlich der Abgabe von Verbesserungsvorschlägen dar.

Charakter
Relationale Kennzahl zur Darstellung von Zielerreichungsgraden hinsichtlich der qualitativ gewichteten Innovationstätigkeit. Indikator für Commitment und Beziehungskapital.

Formel

$$\frac{\sum_{i=1}^{n} (\text{Verbesserungsvorschlag}_i \times \text{Punktegewicht})}{\text{Zielpunkte}} \tag{20}$$

Inhalt der Formel
Dividend: Die Summe aller Verbesserungsvorschläge, die je nach ihrer Bedeutung gewichtet wurden. Divisor: Die vereinbarte Zielvorgabe über die zu erzielenden Punkte aus gewichteten Verbesserungsvorschlägen.

Bemerkungen
Die Kennzahl findet vor allem dort Anwendung, wo die Innovationstätigkeit der Mitarbeiter als eine ihrer regelmäßigen Arbeitsaufgaben betrachtet wird und daher nicht besonders honoriert werden soll. Durch die Punktegewichtung kann die Arbeitsintensität zur Erstellung sowie die Qualität der Verbesserungsvorschläge berücksichtigt werden. Die Entscheidung über die zuzuerkennende Höhe des Punktegewichts, das einem Verbesserungsvorschlag zukommt, kann nicht eindeutig getroffen werden.

Mitgliedschaft Betriebssportgruppe

Anwendung
Ermittlung von Netzwerkkapital und Commitment.

Charakter
Relationale Kennzahl zur Ermittlung der Teilnahmequote an der Betriebssportgruppe. Indikator für Commitment und Beziehungskapital.

Formel

$$\frac{\text{Teilnehmer am Betriebssport}}{\text{Mitarbeiter}} \tag{21}$$

Inhalt der Formel
Dividend: Teilnehmer an der Betriebssportgruppe. Divisor: Anzahl Mitarbeiter.

Bemerkungen
–

Mitarbeiterumsatz

Anwendung
Ermittlung von Betriebserfolg.

Charakter
Monetarisierbare relationale Kennzahl als Indikator für den Betriebserfolg.

Formel

$$\frac{\text{Umsatz}}{\text{Mitarbeiter}} \tag{22}$$

Inhalt der Formel
Dividend: Umsatz gemäß Daten aus dem betrieblichen Rechnungswesen. Divisor: Anzahl der Mitarbeiter.

Bemerkungen
Eine weniger aussagekräftige Kennzahl, da der Umsatz an sich wenig Rückschluss auf den Betriebserfolg ermöglicht. Der Nutzen liegt vornehmlich in der hohen Datenverfügbarkeit sowie bei einer Nutzung im Periodenvergleich. Sofern die Umsatzrendite bekannt ist, kann eine monetäre Bewertung natürlich durchgeführt werden.

Arbeitsmengen-Produktivität

Anwendung
Ermittlung von Betriebserfolg.

Charakter
Relationale Kennzahl zur Produktivitätsmessung der Mitarbeiter, oft monetarisierbar. Gibt die Anzahl bearbeiteter Produkte pro Mitarbeiter an.

Formel

$$\frac{\text{Erzeugnisse}}{\text{Mitarbeiter}} \qquad (23)$$

Inhalt der Formel
Dividend: Anzahl bearbeiteter Erzeugnisse. Divisor: Anzahl der Mitarbeiter.

Bemerkungen
Veränderungen im Periodenverlauf liefern einen Anhaltspunkt für veränderte Leistungsfähigkeit der Mitarbeiter. Die Daten können als Prozessdaten der Produktionssteuerung entnommen werden. Bei Vorliegen des Deckungsbeitrags pro Produkt kann eine monetäre Bewertung durchgeführt werden.

Deckungsbeitrag

Anwendung
Erfolgsmessung von Unternehmen und Abteilungen.

Charakter
Monetäre Kennzahl, die Informationen über den Beitrag eines Produkts zum Betriebserfolg liefert. Der Deckungsbeitrag I liefert Informationen über den Bruttogewinn einer Produktgruppe nach Abzug der als variabel, das heißt proportional zur Ausbringungsmenge veränderlich angesehenen Kosten.

Formel
Deckungsbeitrag I:

$$\text{Nettoumsatz} - \text{Variable Kosten} \qquad (24)$$

Deckungsbeitrag II:

$$\text{Deckungsbeitrag I} - \text{Erzeugnisfixkosten} \qquad (25)$$

Deckungsbeitrag III:

$$\text{Deckungsbeitrag II} - \text{Erzeugnisgruppenfixkosten} \qquad (26)$$

Deckungsbeitrag IV:

$$\text{Deckungsbeitrag III} - \text{Bereichsfixkosten} \qquad (27)$$

Deckungsbeitrag V (Betriebsergebnis):

$$\text{Deckungsbeitrag IV - Unternehmensfixkosten} \tag{28}$$

Inhalt der Formel
Deckungsbeitrag I:
Minuend: Umsatz nach Abzug von Steuern und anderen Umsatzschmälerungen. Subtrahend: Teil der Kosten, der sich mit der Ausbringungsmenge verändert.
Deckungsbeitrag II:
Minuend: Deckungsbeitrag I. Subtrahend: Kosten, die dem Produkt unmittelbar zugerechnet werden können.
Deckungsbeitrag III ff.:
analog.

Bemerkungen
Der Deckungsbeitrag liefert einen Hinweis auf den Erfolg, wobei jedoch externe, zum Beispiel marktliche Einflüsse voll durchschlagen. Die Kennzahl liegt häufig im Rahmen der Betriebskalkulation vor. Da die Aufbauorganisation und Abteilungsstruktur häufig nach Produkten oder Produktgruppen gegliedert sind, kann in solchen Fällen ein Rückschluss auf den Abteilungserfolg gezogen werden. Da bei der Trennung in variable und fixe Kosten ein gewisser Gestaltungsspielraum besteht, der sich aus den Produktionsabläufen, Stellenbildung oder anderen Gesichtspunkten ergibt, kann die Heranziehung von Deckungsbeiträgen höheren Grades angebracht sein, um die betrachtete Arbeitseinheit mit dem kongruenten Deckungsbeitrag zu verbinden.

Produktivität

Anwendung
Indikator für den Betriebserfolg.

Charakter
Monetarisierbare relationale Kennzahl, besonders für produktnahe Fertigungsbereiche. Gemessen wird die Effizienz der Produktion.

Formel

$$\frac{\text{Ausbringungsmenge}}{\text{Einsatzmenge}} \tag{29}$$

Inhalt der Formel
Dividend: Menge der erzeugten Produkte. Divisor: Menge der aufgewendeten Produktionsmittel.

Bemerkungen
Bei der Einsatzmenge können etwa Arbeitsstunden, Maschinenstunden oder der Materialeinsatz betrachtet werden. Ermöglicht einen Vergleich zwischen Abteilungen mit gleichen Aufgaben oder einen Vergleich über mehrere Perioden (Produktivitätssteigerung).

Aufwand-Ertrags-Verhältnis (Cost Income Ratio)

Anwendung
Erfolgskennzahl für eine Organisationseinheit.

Charakter
Weitverbreitete monetäre Kennzahl zur Darstellung der Effizienz von Kreditinstituten. Aus der Sicht des Unternehmens soll die Kennzahl einen möglichst geringen Wert annehmen.

Formel

$$\text{Aufwand - Ertrag} \tag{30}$$

Inhalt der Formel
Dividend: Verwaltungsaufwand, beinhaltet Personalaufwand, Sachaufwand und Abschreibungen. Divisor: Operative Erträge, beinhaltet Zinsüberschuss, Provisionsüberschuss, Handelsergebnis sowie sonstige Erträge, jedoch nicht einmalige Erträge und Risikovorsorge.

Bemerkungen
Der Ertrag ist stark von der Marktsituation abhängig.

Termintreue Lieferzeit

Anwendung
Zeigt an, ob die dem Kunden zugesagte Lieferzeit für ein Produkt eingehalten wurde. Dargestellt werden Aspekte der Prozessstabilität.

Charakter
Relationale Zielerfüllungskennzahl, die auch gewichtet erhoben werden kann.

Formel

$$\frac{\text{Verspätungen}}{\text{Lieferzusagen}} \tag{31}$$

Inhalt der Formel
Dividend: Anzahl der zugesagten Lieferungen, die verspätet sind. Divisor: Anzahl der Lieferzusagen insgesamt.

Bemerkungen
Gewichtet hinsichtlich der Dauer der Verspätung kann auch Form ermittelt werden

$$\frac{\sum_{i=1}^{n}(\text{Verspätungen}_i \times \text{Verspätungsdauer}_i)}{\text{Lieferzusagen}} \tag{32}$$

Die Verspätungsdauer ist in Zeiteinheiten zu messen. Es ergibt sich zum Beispiel die gemittelte Lieferzeitüberschreitung in Tagen. Die Lieferzusage zu einem bestimmten Termin kann als Zielsetzungsvorgang betrachtet werden. Daher handelt es sich hier um eine Zielerfüllungskennzahl. Die Formel erlaubt keinen Aufschluss über die Ursachen von Terminüberschreitungen. Die Kennzahl Termintreue kann nicht übererfüllt werden.

Qualität: Kundenzufriedenheit

Anwendung
Zur Beurteilung der externen Wahrnehmung von Leistungsprozessen im Unternehmen.

Charakter
Relationale Kennzahl, auch in gewichteter Form. Indikator für die Qualität der Prozessabläufe im Unternehmen und somit eine mittelbare Erfolgskennzahl.

Formel

$$\frac{\text{Zufriedene Kunden}}{\text{Kunden insgesamt}} \tag{33}$$

Inhalt der Formel
Dividend: Anzahl der Kunden, die angeben, zufrieden zu sein. Divisor: Anzahl der Kunden insgesamt.

Bemerkungen
Kann auch gewichtet erhoben werden, indem die Kundenzufriedenheit anhand einer Skala gewichtet wird. Es ergibt sich dann als arithmetisches Mittel eine durchschnittliche Kundenzufriedenheit. Die Informationen sind vorwiegend durch Befragung zu erheben. Es kann unterschieden werden zwischen externen Kunden und internen Kunden. Letztere sind Einheiten innerhalb des Unternehmens, die Leistungen von anderen Abteilungen beziehen.

Vertragsabschlüsse pro Mitarbeiter

Anwendung
Kennzahl zur Darstellung der Zielerreichung im Vertrieb.

Charakter
Relationale Kennzahl für einen Zielerreichungsgrad im Absatzwesen. Bei entsprechender Informationslage monetarisierbar.

Formel

$$\frac{\text{Verträge Ist}}{\text{Verträge Soll}} \tag{34}$$

Inhalt der Formel
Dividend: Anzahl getätigte Vertragsabschlüsse pro Mitarbeiter. Divisor: Zielvorgabe für die Anzahl von Vertragsabschlüssen pro Mitarbeiter.

Bemerkungen
Die Kennzahl entstammt dem Kreditgewerbe, wo Vertragsabschlüsse hier gleichbedeutend mit Absatz sind. Es sollten zweckmäßigerweise nur Abteilungen und Mitarbeiter berücksichtigt werden, zu deren Aufgaben das Schließen von Verträgen gehört. Die Kennzahl kann auch nach Produktgruppen erhoben werden, für ein Unternehmen des Bankgewerbes etwa für folgende Produktgruppen: Finanzierungen, Bausparverträge, Versicherungsverträge Sachversicherungen, Vorsorgeprodukte. Die Kennzahl ist mit einer durchschnittlichen Vertragsrendite näherungsweise monetarisierbar, sofern diese Information vorliegt.

Verkaufsvolumen pro Mitarbeiter

Anwendung
Volumengewichtete Kennzahl zur Darstellung der Zielerreichung im Vertrieb.

Charakter
Relationale Kennzahl für einen Zielerreichungsgrad im Absatzwesen.

Formel

$$\frac{\text{Absatzvolumen Ist}}{\text{Absatzvolumen Soll}} \tag{35}$$

Inhalt der Formel
Dividend: Anzahl getätigte Vertragsabschlüsse pro Mitarbeiter. Divisor: Zielvorgabe für die Anzahl von Vertragsabschlüssen pro Mitarbeiter.

Bemerkungen
S. Kennzahl Vertragsabschlüsse pro Mitarbeiter.

Istkosten/Zielkosten

Anwendung
Kostengewichtete Kennzahl zur Darstellung von Abweichungen von den geplanten Kosten.

Charakter
Relationale monetäre Kennzahl.

Formel

$$\frac{\text{Istkosten}}{\text{Zielkosten}} \tag{36}$$

Inhalt der Formel
Dividend: Tatsächlich angefallene Kosten. Divisor: Vorgesehene (geplante) Kosten.

Bemerkungen
Bei einer etablierten Plankostenrechnung kann mit dieser Kennzahl eine Aussage über das Abteilungsergebnis getroffen werden. Wie bei der Plankostenrechnung generell kann diese Kennzahl aus einer starren Plankostenrechnung ohne Veränderung der Beschäftigung oder aus einer flexiblen Plankostenrechnung entnommen werden. Im letzteren Falle können entweder nur variable Kosten oder Vollkosten angesetzt werden. Alle Möglichkeiten liefern Teilaussage zu Abteilungserfolgen. Für einen intertem-

poralen Vergleich ist auf den gleichen Berechnungsmodus oder transparente Anpassungsalgorithmen der Zielvorgabe an exogene Faktoren zu achten.

Ausschussquote

Anwendung
Qualitätskennzahl mit Aussage zur Prozessstabilität in der Produktionsbereichen.

Charakter
Relationale Kennzahl, auch monetär gewichtet.

Formel

$$\frac{\text{Fehlererzeugnisse}}{\text{Erzeugnisse}} \tag{37}$$

Inhalt der Formel
Dividend: Anzahl der fehlerhaften Produkte. Divisor: Anzahl der Produkte insgesamt.

Bemerkungen
Die Fehler können auch nach ihrem Umfang gewichtet werden. Das Ergebnis liefert dann Fehlerpunkte pro Produkt. Ebenso können die Fehler monetär gewichtet werden (sofern nicht die Kennzahl Nachbesserungskosten verwendet wird).

Nachbesserungskosten

Anwendung
Qualitätskennzahl mit Aussage zur Prozessstabilität in Produktionsbereichen. Auch als Indikator für die Kundenzufriedenheit.

Charakter
Monetäre relationale Kennzahl.

Formel

$$\frac{\text{Nachbesserungskosten}}{\text{Erzeugnisse}} \tag{38}$$

Inhalt der Formel
Divisor: Kosten für Nachbesserung und Garantieleistungen bereits ausgelieferter Produkte. Dividend: Anzahl der Produkte insgesamt.

Bemerkungen
Teilweise mit erheblichem zeitlichem Verzug behaftet, da Gewährleistungsaufwendungen möglicherweise erst nach längeren Zeitabständen anfallen.

Produktivzeit

Anwendung
Indikator für den Betriebserfolg.

Charakter
Relationale Kennzahl zur Ermittlung von Prozessqualität, nicht monetär.

Formel

$$\frac{\text{Produktivzeit}}{\text{Arbeitszeit}} \tag{39}$$

Inhalt der Formel
Dividend: Produktivzeit, das heißt für die Erbringung der Kernaufgaben verwendete Arbeitszeit. Divisor: Arbeitszeit insgesamt.

Bemerkungen
Kann bei entsprechender Datenlage sowohl für einzelne Mitarbeiter als auch für Gruppen ermittelt werden.

Gefährdungspotenzial

Anwendung
Das Gefährdungspotenzial am Arbeitsplatz ist ein Indikator für die Qualität der Arbeitsbedingungen.

Charakter
Gewichtete nichtmonetäre Maßzahl, die infolge gesetzlicher Vorgaben erhoben wird.

Formel

$$\sum_{k=1}^{m}\sum_{i=1}^{n}(\mathit{Bewertungsfaktor}_i \times \mathit{Risikofaktor}_i)_k \tag{40}$$

Inhalt der Formel

Für jedes Bewertungskriterium (*i*) wird aus dem Bewertungsfaktor und dem Risikofaktor ein Produkt gebildet. Diese Produkte werden aufsummiert. Die Gefährdung für einen Arbeitsplatz ergibt sich wiederum aus der Summe der Einzelgefährdungen (*k*).

Bemerkungen

Beispielhaft wird hier das Bewertungsverfahren mit gewichteten Kriterien dargestellt. Demgemäß sind zunächst die verschiedenen Gefährdungen, die an einem Arbeitsplatz vorkommen zu ermitteln (Beispiele: Verletzungen, psychische Belastungen usw.). Diese werden einerseits nach dem Bewertungsfaktor gewichtet, der das zu erwartende Schadenausmaß im Falle des Schadeneintritts abbildet. Durch Multiplikation mit dem Risikofaktor, der die Eintrittswahrscheinlichkeit des Schadens wiedergibt, kann ein Erwartungswert gebildet werden. Der Risikofaktor berücksichtigt bei längerdauernden Einwirkungen der Häufigkeit und Dauer der Exposition die Eintrittswahrscheinlichkeit für die Gefährdung sowie die Vermeidungsmöglichkeiten. Die Gefährdung für einen Arbeitsplatz ergibt sich aus der Summe der Einzelgefährdungen. Sie wird in einer Maßzahl dargestellt und kann dem Mitarbeiter, der an dem Arbeitsplatz tätig ist, für die Analyse seiner individuellen Belastung zugewiesen werden. Eine Tätigkeit an wechselnden Arbeitsplätzen muss wiederum differenziert betrachtet werden.

Unfallquote

Anwendung

Indikator für die Arbeitsbedingungen und das Gefährdungspotenzial an Arbeitsplätzen.

Charakter

Relationale Kennzahl.

Formel

$$\frac{\text{Unfälle}}{\text{Beschäftigte}} \tag{41}$$

Inhalt der Formel

Dividend: Anzahl der Unfallereignisse. Divisor: Anzahl der Mitarbeiter insgesamt.

Bemerkungen
Um definitorischen Schwierigkeiten des Unfallbegriffs aus dem Wege zu gehen, wird meist die Quote meldepflichtiger Unfälle ermittelt.

Quote meldepflichtiger Unfälle

Anwendung
Indikator für die Arbeitsbedingungen und das Gefährdungspotenzial an Arbeitsplätzen.

Charakter
Auf Fremddaten basierende relationale Kennzahl, deren Datenbasis von Gesetzes wegen zu erheben ist.

Formel

$$\frac{\text{Unfälle}}{\text{Arbeitsstunden}} \times 1.000.000 \qquad (42)$$

Inhalt der Formel
Dividend: Anzahl der meldepflichtigen Unfälle. Divisor: Anzahl der geleisteten Arbeitsstunden. Multiplikator: 1 Mio. zur Standardisierung auf 1 Mio. geleistete Arbeitsstunden.

Bemerkungen
Meist wie hier standardisiert dargestellt als meldepflichtige Unfälle pro 1 Mio. geleisteter Arbeitsstunden. Teilweise wird unterschieden zwischen Unfällen am Arbeitsplatz und Wegeunfällen. Die Überlegung ist hier, dass sich Wegeunfälle außerhalb der betrieblichen Einflusssphäre ereigneten. Ein Unfall ist gemäß § 193 SGB VII meldepflichtig, wenn eine versicherte Person durch einen Unfall getötet oder so verletzt wird, dass sie mehr als drei Tage arbeitsunfähig ist. Bei Erfüllung der Meldepflicht kommt der Unfall zur Kenntnis des Unfallversicherungsträgers und wird dort statistisch erfasst. Daher kann bei dieser Kennzahl auf externe Daten zurückgegriffen werden.

Verbandbuchquote

Anwendung
Indikator für die Arbeitsbedingungen und das Gefährdungspotenzial an Arbeitsplätzen.

Charakter
Relationale Kennzahl von meist geringer Qualität, Indikator für die Prozessstabilität.

Formel

$$\frac{\text{Eintragungen}}{\text{Mitarbeitervollzeitäquivalente}} \tag{43}$$

Inhalt der Formel
Dividend: Anzahl der Eintragungen in das Verbandbuch. Divisor: Anzahl der Mitarbeiter, umgerechnet auf Vollzeitstellen.

Bemerkungen
Gemäß berufsgenossenschaftlicher Vorschrift sind Erste-Hilfe-Leistungen im Unternehmen unabhängig von der Schwere der Verletzung zu dokumentieren, um die Unfallursache bei Folgeschäden nachweisen zu können. Erfahrungsgemäß ist die Dokumentation bei einer Erstversorgung außerhalb des betrieblichen Sanitätswesens lückenhaft.

Zeitgraderfüllung

Anwendung
Indikator für das Erfüllen von Akkordvorgaben.

Charakter
Kennzahl für die individuelle Arbeitsbelastung, monetarisierbar.

Formel

$$\frac{\text{Ausbringungsmenge}}{\text{Zeiteinheiten}} \times \text{Vorgabezeit} \tag{44}$$

Inhalt der Formel
Dividend: Tatsächlich erzielte Stückmenge. Divisor: Tatsächlich aufgewandte Zeit in Zeiteinheiten. Multiplikator: Vorgabezeit in Zeiteinheiten pro Stück.

Bemerkungen
Es ist denkbar, dass ein häufigeres Überschreiten der Vorgabezeit auf eine übermäßige Belastung hinweist. Für eine aussagekräftige Kennzahl Zeitgraderfüllung ist neben der mengenbezogenen Entlohnung die tatsächliche Beeinflussbarkeit der hergestellten Stückzahl Voraussetzung. Zu beachten ist zudem die häufige Kappungsgrenze bei einer Ausbringungsmenge von

ca. 130 bis 140 Prozent. In der Realität wird in manchen Bereichen ein recht konstantes Erzielen von cirka 130 Prozent beobachtet. Dieser Zeitgrad hat dann den Charakter einer Normalleistung.

Unfallneulastquote

Anwendung
Indikator für Arbeitsbedingungen.

Charakter
Relationale Kennzahl, deren Basis von Gesetzes wegen erhoben wird. In Teilen monetarisiert.

Formel

$$\frac{\text{Unfallneulast}}{\text{Mitarbeiter}} \tag{45}$$

Inhalt der Formel
Dividend: Summe der Aufwendungen des Trägers der gesetzlichen Unfallversicherung aus im Beobachtungszeitraum neu hinzugekommenen Versicherungsfällen. Der Beobachtungszeitraum umfasst meist das Umlagejahr oder das Umlagejahr und das Vorjahr. Dividend: Anzahl der Mitarbeiter umgerechnet auf Vollzeitäquivalente.

Bemerkungen
Die Unfallneulast umfasst mit einer nur teilweisen Berücksichtigung auch Aufwendungen wegen Berufskrankheiten, jedoch keine Aufwendungen aus Wegeunfällen. Die Kennzahl hat bei einigen Betrieben auch direkte monetäre Auswirkungen, da sich eine Verringerung der Aufwendungen in den Beitragssätzen der Unfallversicherung niederschlägt.

Unfallursachenstatistik

Anwendung
Differenzierter, nacheilender Indikator für Arbeitsbedingungen.

Charakter
Relationale Kennzahl aus Fremddaten, Indikator für Arbeitsbedingungen und Prozessstabilität.

Formel

$$\frac{\text{Unfallursache}_i}{\text{Unfälle}} \tag{46}$$

Inhalt der Formel
Unfallversicherungsträger erfassen in einer groben Gliederung die Unfallursachen, die in *i* Kategorien gegliedert berichtet werden. Dadurch können Unfallschwerpunkte festgestellt werden.

Bemerkungen
Fremddaten, die routinemäßig vorliegen. Setzt eine hohe Grundgesamtheit voraus, um Schwerpunkte im Unfallgeschehen identifizieren zu können.

Materialeinsatzziel

Anwendung
Aussage zur Einhaltung einer Budgetvorgabe, Indikator für den Betriebserfolg.

Charakter
Monetarisierbare, relationale Kennzahl zur Erfüllung von Zielvorgaben.

Formel

$$\frac{\text{Materialeinsatz Ist}}{\text{Materialeinsatz Soll}} \qquad (47)$$

Inhalt der Formel
Dividend: Für die Produktion eingesetztes Material. Divisor: Vorgesehener Materialeinsatz.

Bemerkungen
In produktnahen Bereichen einsetzbar. Kann ein Hinweis auf unwirtschaftliches Verhalten sein.

Itembatterien zur Messung einer mitarbeiterorientierten Unternehmenskultur[36]

Eine „Formel" zur Berechnung der Quantität von Wertekapital und des allgemeinen Wohlbefindens gibt es bei diesen durch Befragung gewonnenen Daten nicht.

Bei der Messung wird nach den üblichen Prinzipien der Likert-Skalierung vorgegangen. Bei diesem Verfahren zur Messung bestimmter Konstrukte werden zunächst mehrere Items eingesetzt, deren Zuverlässigkeit

[36] Petra Rixgens, Martina Behr und Bernhard Badura

dann durch Faktoren- und Reliabilitätsanalysen empirisch überprüft wird. Falls diese Tests eine hohe interne Konsistenz der verwendeten Items signalisieren, werden anschließend für jeden Befragten die Einzelantworten zu einem Indexwert aufsummiert, der über alle Befragten gemittelt wird. Soll beispielsweise das Wertekapital im Betrieb oder das Wohlbefinden der Mitarbeiter erhoben werden, werden nach diesem Verfahren die arithmetischen Mittelwerte und die Streuungsparameter dieser Indizes berechnet. Eine vergleichende Aussage über die quantitative Ausprägung des betrachteten Wertekapitals kann durch Querschnitts- oder Längsschnittsbetrachtung getroffen werden: im Querschnitt durch einen betriebsinternen varianzanalytischen Vergleich der Daten unterschiedlicher Aggregationen der gleichen Stufe wie Abteilungen, Arbeitsgruppen oder Beschäftigtengruppen oder im Längsschnitt durch den Vergleich der Daten oder deren arithmetischer Mittelwerte zu unterschiedlichen Messzeitpunkten. Herkömmliche Korrelations- und Regressionsanalysen beziehungsweise ein lineares Strukturgleichungsmodell kommen darüber hinaus zum Einsatz, wenn ein Zusammenhang zwischen den einzelnen Faktoren beziehungsweise Indikatoren des Modells, beispielsweise des Wertekapitals und dem betriebswirtschaftlichen Erfolg, ermittelt werden soll.

In den nachfolgenden Tabellen werden die faktorenanalytischen Ergebnisse für verschiedene Konstrukte dargestellt.

Vorhandensein gemeinsamer Normen und Werte

	Faktor
Führungskräfte und Mitarbeiter orientieren sich bei Ihrer täglichen Arbeit sehr stark an gemeinsamen Regeln und Werten.	0,805
Bei uns setzen sich fast alle Beschäftigten mit großem Engagement für die Ziele des Unternehmens ein.	0,734
Meine eigenen Überzeugungen und Werte und die meines Arbeitgebers passen gut zusammen.	0,712
Bei wichtigen Entscheidungen ist die Belegschaft bei uns in der Regel einer Meinung.	0,648
In unserem Unternehmen gibt es unausgesprochene Spielregeln, wie man menschlich miteinander umgeht.	0,284

Faktorenanalytisches Ergebnis. Reliabilität: Cronbachs α=0,640.

Gelebte Unternehmenskultur

	Faktor
In unserem Unternehmen leben die Geschäftsführung und die Belegschaft in zwei verschiedenen Welten (reverse).	0,815
In unserem Unternehmen steht viel auf Hochglanzpapier, was aber im betrieblichen Alltag nicht gelebt wird (reverse).	0,778
In unserem Unternehmen gibt es gemeinsame Visionen bzw. Vorstellungen darüber, wie sich der Betrieb weiterentwickeln soll.	0,676

Faktorenanalytisches Ergebnis. Reliabilität: Cronbachs α=0,631.

Konfliktkultur

	Faktor
Aus Angst vor unangenehmen Konsequenzen behalten viele Beschäftigte ihre eigene Meinung lieber für sich (reverse).	0,778
Konflikte und Probleme werden in unserem Unternehmen oft verschwiegen und „unter den Teppich gekehrt" (reverse).	0,776
Die Beschäftigten in unserem Unternehmen haben keine Angst davor, offen ihre Meinung zu sagen.	0,733
Konflikte und Meinungsverschiedenheiten werden in unserem Unternehmen sachlich und vernünftig ausgetragen.	0,713

Faktorenanalytisches Ergebnis. Reliabilität: Cronbachs α=0,741. (Brücker et al. 2004. Hinweis: Zur Nutzung dieser Skala ist das Einverständnis der Urheber erforderlich.)

Kohäsion im Betrieb

	Faktor
Unser Unternehmen kann man fast mit einer großen Familie vergleichen.	0,820
Bei uns ziehen alle Beschäftigten an einem Strang.	0,809
Trotz allen partnerschaftlichen Geredes werden die Beschäftigten bei uns nicht alle gleich behandelt (reverse).	0,805
Bei uns gibt es in allen Bereichen einen sehr großen Teamgeist unter den Beschäftigten.	0,792
Bei den Mitarbeitern gibt es viele Gemeinsamkeiten, die man in anderen Betrieben in dieser Form nicht finden würde.	0,724

Faktorenanalytisches Ergebnis. Reliabilität: Cronbachs α=0,794. (Brücker et al. 2004. Hinweis: Zur Nutzung dieser Skala ist das Einverständnis der Urheber erforderlich.)

Gerechtigkeit und Fairness

	Faktor
Bei uns werden alle Beschäftigten gleich behandelt	0,887
Insgesamt habe ich den Eindruck, dass es bei uns im Umgang mit den Beschäftigten fair und gerecht zugeht.	0,834
Trotz allen partnerschaftlichen Geredes werden die Beschäftigten bei uns nicht alle gleich behandelt (reverse).	0,805

Faktorenanalytisches Ergebnis. Reliabilität: Cronbachs α=0,792. (Brücker et al. 2004. Hinweis: Zur Nutzung dieser Skala ist das Einverständnis der Urheber erforderlich.)

Wertschätzung

Die Wertschätzung eines jeden einzelnen Mitarbeiters ist in unserem Unternehmen sehr hoch.
Bei uns bringen sich alle Beschäftigten ein hohes Maß an persönlicher Wertschätzung und Anerkennung entgegen.

Vertrauen

Als Beschäftigter kann man sich voll und ganz auf unsere Unternehmensleitung verlassen.
Wenn es um Angelegenheiten der Mitarbeiter geht, kann man sich auf den Betriebs- bzw. Personalrat immer verlassen.

Allgemeines Wohlbefinden

	Faktor
Ich war unbeschwert und gut aufgelegt	0,848
Ich war ruhig und ausgeglichen.	0,842
Ich fühlte mich voller Energie und Tatkraft.	0,819
Ich fühlte mich anderen Menschen unterlegen (reverse).	0,612

Faktorenanalytisches Ergebnis. Reliabilität: Cronbachs α=0,792. (Rimann u. Udris 1997. Hinweis: Zur Nutzung dieser Skala ist das Einverständnis der Urheber erforderlich.)

Anhang 3: Die Datenlage in den Unternehmen[37]

Im Abschnitt Betriebswirtschaftliche Daten (S. 12) wurde auf die Datenlage der Untersuchung eingegangen. Um die recht unterschiedliche Kennzahlenausstattung exemplarisch darzustellen, sind hier die in den einzelnen Unternehmen vorgefundenen Kennzahlen beschrieben.

Die Informationsgewinnung in den untersuchten Betrieben ist technisch orientiert. Es wird damit primär das Ziel verfolgt, Abweichungen von Plandaten mit den tatsächlich realisierten Zuständen festzustellen. Die Auswertung der Prozessdaten ist dabei zweitrangig, in erster Linie wird versucht, drohende oder eingetretene Prozessabweichungen durch Beobachtung der Prozesse aufzuspüren, bevor sie sich in einer Änderung der Prozessergebnisse und damit der Prozessergebnisdaten niederschlagen. Dadurch soll der Zeitverzug bis zur Intervention gering gehalten werden. Prozessveränderungen und Innovationen folgen in den betrachteten mittelgroßen Unternehmen den technologischen Veränderungen. Informationen aus dem Prozesscontrolling sind dabei unwesentlich. Zudem kann bei den betrachteten Betriebsgrößen noch davon ausgegangen werden, dass die Betriebsleitung über eine gewisse Übersicht über die Prozesszusammenhänge verfügt. Zumindest in einem der Unternehmen ist etwa der Betriebsleiter ständig im Werk präsent, um Prozess-Störungen selbst zu erkennen und auch bei der Behebung mitzuwirken. Eine quantifizierende Dokumentation wird dann als kaum erforderlich angesehen. Dementsprechend steht bisher auch nicht die Erfolgsmessung einzelner Unternehmensbereiche im Mittelpunkt des Unternehmensinteresses. Eine rechnungsmäßige Abgrenzung in Profit Center ist daher bisher kaum durchgeführt, in produktnahen Bereichen ergibt sie sich jedoch aus der Artikelorientierung des Rechnungswesens im Rahmen einer Kostenträgerrechnung.

Grundsätzlich kann die Datenlage in den vier betrachteten Produktionsunternehmen von derjenigen im Dienstleistungsunternehmen hinsichtlich der zur Verfügung gestellten Datenbasis unterschieden werden. Bei den Produktionsunternehmen liegen Daten über abteilungsbezogene Erfolge

---

[37] Max Ueberle und Wolfgang Greiner

überwiegend nicht vor, so dass abgeleitete Kennzahlen herangezogen werden müssen.

Eine weitere Unterscheidung ergibt sich bei der Ermittlung von Informationen zum Erfolg von Abteilungen. Diese wertvollen Daten liegen durchweg nur für solche Abteilungen vor, die am Ende der Wertschöpfungskette angesiedelt sind, namentlich für den Vertrieb. Im betrachteten Kreditinstitut sind dies die Filialen. Anders ist die Lage im Gemeinkostenbereich. Da eine innerbetriebliche Leistungsverrechnung durchweg nicht stattfindet, bestehen hier kaum Vorstellungen über den Beitrag einzelner Abteilungen zum Unternehmenserfolg. Hier können hilfsweise Indikatoren für Potentialfaktoren als Kennzahlen herangezogen werden. Eine hinsichtlich der Informationslage mittlere Stellung nehmen die „produktiven" Abteilungen der Industrieunternehmen ein, in denen ein Endprodukt weitgehend fertig gestellt – häufig montiert – wird. Hier liegen durchweg Daten zum Güterausstoß vor, allerdings weniger zum Ressourceneinsatz. Auch hier sind überwiegend Indikatoren heranzuziehen, die jedoch näher am Gütererstellungsprozess liegen.

In den untersuchten Unternehmen wurde eine Fülle von Kennzahlen vorgefunden, die jedoch keineswegs stets nach dem gleichen Schema erhoben werden. Dennoch sind es häufig ähnliche Konstrukte, die durch die Kennzahlen erklärt werden sollen. Um diesen Zusammenhang zu verdeutlichen, werden die Kennzahlen nachfolgend in dem Gliederungsschema einer generischen Balanced Scorecard dargestellt. Durch diese Darstellung wird deutlich, welche Kennzahlen ähnliche Konstrukte messen. Zudem liegen die Kennzahlen für die Betriebe in jeweils unterschiedlicher Aggregation vor. Teilweise nach Gruppen, die auch mit den Erhebungsgruppen kongruent sind, teilweise liegt die Information auch nur nach übergeordneten Einheiten vor.

Unternehmen A

Das Unternehmen ist im Bereich der Fleischverarbeitung tätig. Im Unternehmen wird eine schulmäßige Deckungsbeitragsrechung (DB I bis V) durchgeführt, die im Rahmen des Projekts jedoch nicht zugänglich war. Dabei wird auch eine Abweichungsanalyse hinsichtlich der Planwerte durchgeführt. Der durchschnittlich über alle Produkte mindestens zu erzielende Deckungsbeitrag ist bekannt und wird monatlich kalkuliert. Hauptsächlich verwendete Erfolgszahl ist das Verhältnis von Verkaufspreis zu variablen Kosten. Diese Produktdaten waren im Rahmen des vorliegenden Projekts allerdings ebenfalls nicht zugänglich. Schon seit längerem ist ein ausgearbeitetes PPS-System etabliert, das seit Anfang 2005 mit dem neu eingeführten ERP-System (SAP R/3) verbunden ist. Ausgearbeitete PPS-Systeme sind in der fleischverarbeitenden Industrie üblich, da eine genaue Chargenverfolgung aus gesundheitspolizeilichen Gründen notwendig ist.

Größter Kostenfaktor im Produktionsprozess sind die sehr variierenden Einkaufspreise für Rohstoffe, die häufigen Preisveränderungen werden sehr zeitnah kalkuliert. Dabei findet automatisiert auch eine Äquivalenzziffernbewertung für Faktorsubstitution statt. Produktivitätskennziffern wie Ausbringungsmenge pro Zeiteinheit werden seit Einführung des ERP-Systems nicht mehr erhoben.

Vorgefundene Daten im Unternehmen A

Finanzperspektive

- –

Kundenperspektive

- –

Prozessperspektive

- Soll-Ist-Abweichung
- Erreichte Zeitgrade

Potenzialperspektive

- Krankenstand
- Unfallgeschehen
- Freiwillige Fluktuation
- Unfreiwillige Fluktuation

Finanzperspektive, Kundenperspektive Für die Finanzperspektive und die Kundenperspektive liegen keine Daten vor.

Prozessperspektive In der Prozessperspektive liegen Informationen vor über die erreichten Zeitgrade für die Mitarbeiter produktiver Bereiche mit mengenbezogener Entlohnung. Im Unternehmen A verlaufen die Prämienzuschläge degressiv und werden schließlich gekappt. Die vorgegebenen Sollzeiten beruhen dabei ausschließlich auf Erfahrungswerten, bei der Neugestaltung oder dem Neuzuschnitt von Stellen werden „straffere“ Zeitvorgaben festgelegt. Ähnlich verhält es sich bei den Zielvorgaben im Außendienst. Dessen Entlohnung erfolgt nach dem erzielten Deckungsbeitrag, im Rahmen dieser Untersuchung fließen aus Geheimhaltungsgründen des Unternehmens nur Umsatzziele ein, die auf Vergangenheitswerten basieren und durchweg erfüllt werden. Aus der mehrstufigen Deckungsbeitragsrechnung – Deckungsbeiträge wurden durch das Unternehmen nicht zur Verfügung gestellt – liegen Informationen über Soll-Ist-Abweichungen in den produktiven Bereichen vor. Die Sollvorgaben beruhen auf Vergangenheitswerten und umfassen alle Kostenarten, einschließlich Abschreibungen, außer dem Materialeinsatz, der gesondert kalkuliert wird und nur geringen Schwankungen in der Ausbeute, jedoch starken Schwankungen im Preis unterworfen ist. Diese Kennzahlen sind damit dem bilanziellen Gestaltungswillen des Unternehmens stark ausgesetzt.

Durch die hohe Standardisierung des Produktionsprozesses haben die Mitarbeiter nur sehr geringen Einfluss auf die Beschaffenheit des Endprodukts. Bei der unmittelbaren Produktion wird die Einhaltung der Rezepturen durch das PPS-System überwacht, Fehler sind kaum durchführbar. Allenfalls mechanische Störungen treten mit einer gewissen Häufigkeit auf. Diese sind maschinen- oder hilfsstoffbedingt, denn es bestehen bei den Hilfsstoffen etwa chargenabhängige Qualitätsunterschiede. Auch die weiteren produktiven Stellen wie die Verpackungslinien sind in den Abläufen hoch mechanisiert und durch den produktiven Mitarbeiter kaum zu beeinflussen. Ein weiteres Hindernis für eine variable Leistung liegt in der taggenauen Produktion: Der Produktionsprozess wird zum Ende eines Werktages völlig beendet, da das Nahrungsmittel nicht über Nacht gelagert werden darf und Räumlichkeiten, Werkzeuge und Maschinen gereinigt werden. Diese Voraussetzungen bringen es mit sich, dass der gesamte täglich angelieferte Rohstoff taggenau verarbeitet werden muss; variabel ist nicht die eingesetzte Arbeitszeit, sondern die Menge des eingekauften Rohstoffs. Da die Zeitvorgaben auf Erfahrungswerten beruhen, kann die notwendige Rohstoffmenge recht gut kalkuliert werden, individuelle Leistungsstärken der Mitarbeiter können sich allerdings nicht auswirken.

Potenzialperspektive In der Potenzialperspektive liegen erwartungsgemäß Informationen über den Krankenstand in den einzelnen Gruppen vor, des Weiteren die Fluktuationsdaten unterschieden nach freiwilliger und unfreiwilliger Fluktuation. Eine Inspektion von Daten aus dem Arbeitsunfallgeschehen zeigt, dass diese nicht systematisch aufgearbeitet werden, obgleich die ausgeübten Tätigkeiten verhältnismäßig gefahrgeneigt sind. Dennoch sind Arbeitsunfälle selten. Vorwiegend werden Wegeunfälle berichtet, die weniger Gegenstand der vorliegenden Untersuchung sein sollen.

Datenakquise Die Kontakte zum Unternehmen liefen vorwiegend über den Geschäftsführer des Verwaltungsbereiches. Auch in diesem Unternehmen hat sich durch die Einführung von Standard-ERP-Software eine starke Reduzierung des erhobenen Datenmaterials hinsichtlich von Erfolgsdaten ergeben. Geplant war der Rückgriff auf produktbezogene Deckungsbeiträge, die nach personellen Veränderungen in der Unternehmensleitung jedoch nicht zur Verfügung standen. Der Schwerpunkt des Controllings bezieht sich auf die Verfolgung und Kalkulation der verwendeten Rohstoffe, die produktbedingt als Kostentreiber betrachtet werden. Daneben erfolgen auf der personenbezogenen Ebene Erfolgskontrollen durch Fertigungslohnanalysen, wobei sich Abweichungen jedoch überwiegend durch Veränderungen im Personaleinsatz und weniger der individuellen Leistung ergeben. In den Produktbereichen wird zwar nach Stückakkord entlohnt, es ergibt sich jedoch nur selten eine Abweichung von den langfristig eingeführten Vorgaben.

Bildung von Erhebungseinheiten Es liegt eine funktionsorientierte Aufbauorganisation vor, die mit den Kostenstellen korrespondiert. Das Controlling erfolgt produktbezogen, wodurch sich hinsichtlich dieser Daten bei drei Produktlinien letztlich nur drei Erhebungseinheiten identifizieren lassen. Für die Mitarbeiterbefragung wird abweichend dennoch weiter nach Arbeitsgruppen differenziert.

Unternehmen B

Bei dem Unternehmen handelt es sich letztlich um eine produktive Tochtergesellschaft der Holding am gleichen Standort. Trotz abweichender formaler Organisation gehen ebenso wie im weiter unten dargestellten Fall der Firma C weit überwiegend produktive Bereiche in die Betrachtung ein. Ein großer Teil der nichtproduktiven Tätigkeiten insbesondere der dispositive Faktor ist bei der Holdinggesellschaft angesiedelt. Auf Wunsch des Unternehmens wurden die Erhebungsgruppen hier im Vergleich sehr groß gehalten. Im Fertigungsbereich etwa bildet eine industrielle Produktionslinie eine Gruppe der Erhebung.

Vorgefundene Daten im Unternehmen B

Finanzperspektive

- Beschäftigungsabweichung

Kundenperspektive

- –

Prozessperspektive

- Zeitgrade
- Fehlerkosten

Potenzialperspektive

- Unfallneulast
- Anteil Zeichner bei der Mitarbeiterbeteiligungsgesellschaft
- Einsparungen aus dem Betrieblichen Vorschlagswesen
- Krankenstand
- Arbeitsunfälle
- Freiwillige Fluktuation
- Unfreiwillige Fluktuation
- Schulungstage

Finanzperspektive Im Unternehmen B ist ein Planungssystem auf Basis einer Grenzplankostenrechnung etabliert. Fixkosten werden über die Beschäftigungsabweichung berücksichtigt. Charakteristisch ist bei dieser Kennzahl, dass positive Werte eine Überbeschäftigung und negative eine Unterbeschäftigung darstellen, jeweils bezogen auf einen angenommenen prognostizierten Beschäftigungsgrad. Dieser wird anhand der Marktlage viermonatlich geschätzt. Die Beschäftigungsabweichung gibt denjenigen Teil der fixen Kosten an, der nicht mittels der verrechneten Plankostensätze auf Kostenträger verrechnet wurde. Es handelt sich dabei um eine kalkulatorische Unter- oder Überdeckung. Bei Annahme über korrekte Schätzung von Plan und Soll gibt die Zahl primär Auskunft über die Faktorauslastung der Arbeit und sollte somit Rückschlüsse auf die Arbeitsbelastung in den Kostenstellen ermöglichen. Aus Gründen der Planungssicherheit werden konservative Annahmen über die Marktentwicklung und das Absatzpotenzial zugrunde gelegt.

Kundenperspektive Zur Kundenperspektive liegen keine Daten vor, die sich auf die Produktionsabteilungen übertragen lassen. Als Kundenperspektive wird der Erfolg am Markt gewertet.

Prozessperspektive Für Bereiche, in denen eine mengenorientierte Entlohnung vorzufinden ist, liegen Informationen über die erreichten Zeitgrade vor. Der Zeitgrad dient als Grundlage für die Berechnung der Entlohnung und wird als Quotient aus Sollzeit durch Ist-Zeit berechnet. Die Zeitvorgaben werden nach MTM[38] oder Refa-Zeitaufnahme ermittelt, für die Berechnung der Entlohnung werden Leistungsgrade bis maximal 114 Prozent berücksichtigt. Als Kennzahl wird das arithmetische Mittel über die Leistungslöhner einer Erhebungsgruppe betrachtet. Im gewerblichen Bereich setzt sich die Lohnsumme zu etwa vier Fünfteln aus Zeitlohn und etwa einem Fünftel aus mengenbezogenem Leistungslohn zusammen.

[38] „Methods Time Management“, auch Arbeitsablauf-Zeitanalyse (AAZ).

Abteilungsbezogen sind außerdem die Fehlerkosten bekannt, die monatlich erhoben werden. Sie werden im Rahmen einer innerbetrieblichen Leistungsverrechnung auf die verursachende Kostenstelle verrechnet. Daneben bestehen noch Informationen zu Fehlerkosten im Prozess, was fehlerhafte Arbeitsergebnisse umfasst, bei dem der Fehler nicht der ausführenden Stelle zugerechnet werden kann, da etwa benötigte Teile fehlten oder deren Qualität unzureichend war. Die Kennzahl wird auf die Anzahl der Beschäftigten bezogen. Ein Vergleich zwischen unterschiedlichen Erhebungsgruppen ist nur bedingt möglich, da verschiedene Herstellungsprozesse eine unterschiedliche Fehlerneigung aufweisen.

Potenzialperspektive Im Unternehmen B sind die „weicheren" Kennzahlen aus der Potenzialperspektive eher verfügbar. Krankenstands- und Unfalldaten liegen für die einzelnen Arbeitsgruppen vor, ebenso wie Fluktuationsdaten unterteilt in freiwillige und unfreiwillige Fluktuation. Für letzteres ist eine hohe saisonale Abhängigkeit der Beschäftigung zu beachten, die durch einen hohen Anteil an Leiharbeitnehmern ausgeglichen wird. In der produktionsintensivsten Phase liegt der Anteil von Leiharbeitnehmern über einem Fünftel der gesamten Belegschaft. Für die Stammbelegschaft besteht die Möglichkeit, Anteile an der Mitarbeiterbeteiligungsgesellschaft zu zeichnen. Nach Auskunft des zuständigen Sachbearbeiters schwankt die Zeichnungswilligkeit der Mitarbeiter mit der (letztlich auch finanzmarktabhängigen) Attraktivität der Verzinsung in der Vergangenheit. Es liegen Informationen über die Zeichnungsquote in den einzelnen Erhebungsgruppen vor, was einen Indikator für das Commitment darstellen kann. Als Anhaltspunkt für die Investition in das Humanvermögen besteht als Kennzahl die Anzahl der Schulungstage pro Mitarbeiter und Abteilung.

Datenakquise Aus dem Unternehmen war für das Projekt ein Ansprechpartner aus dem Personalbereich benannt, der Kontakte zu Kollegen herstellen konnte. Über eine Weisungsbefugnis verfügte der Mitarbeiter nicht. Es wurden explorierende Gespräche mit verantwortlichen Mitarbeitern aus den Bereichen Personalwesen, Arbeitsmedizin, Arbeitssicherheit, Qualitätsmanagement, Prozessmanagement, betrieblichem Vorschlagswesen sowie Außenfinanzierung durchgeführt. Außerdem fanden Gespräche mit weiteren nicht leitenden Mitarbeitern statt.

Arbeitsmedizinische Daten werden bisher noch manuell dokumentiert und sind daher sowie selbstverständlich aus Gründen des Datenschutzes nicht auswertbar. Ebenfalls außerhalb des ERP werden die Arbeitssicherheitsdaten wie das Unfallgeschehen dokumentiert. Sie waren im Rahmen dieser Forschung nicht zugänglich. Dies gilt auch für Daten aus dem Qualitätsmanagement, die als besonders wettbewerbssensibel eingeschätzt werden. Das betriebliche Vorschlagwesen stellt sich als weitgehend brachliegend heraus. Interessant ist der Aspekt der Außenfinanzierung über eine Mitarbeiterbeteiligungsgesellschaft, die nur in diesem Unternehmen vorgefunden wurde.

Bildung von Erhebungseinheiten Die Erhebungseinheiten folgen auf Unternehmenswunsch der Einteilung einer früheren Mitarbeiterbefragung und sind eng an die Aufbauorganisation angelehnt.

Unternehmen C

Das Unternehmen ist mit der Herstellung von vorwiegend Rollstühlen und Rollstuhlkomponenten befasst. Ein großer Teil der nichtproduktiven Aufgaben wird von anderen Bereichen des Konzerns wahrgenommen und sind daher hier nicht adressiert.

Abteilungsbezogen wird für die produktiven Abteilungen eine Plankostenrechnung auf Erlösbasis durchgeführt. Kostenseitig werden Produkte nach einem Zielkostenverfahren kalkuliert. Dazu werden Faktorpreise aus Vorperiodenwerten aus dem Betriebsabrechnungsbogen (BAB)[39] herangezogen. Die variablen Herstellkosten setzen sich im Wesentlichen aus den Kostensätzen nach Betriebsabrechnungsbogen multipliziert mit der aufgewendeten Zeit zuzüglich der Materialkosten zusammen. Gemeinkosten werden pauschal zugeschlagen. Für die einzelnen Chargen sind zudem die Vergangenheitswerte für Verkaufspreise abzüglich erlösmindernder Faktoren – überwiegend Frachtkosten – bekannt.

Diese Rechnung wird in dem Unternehmen nicht zu einer Deckungsbeitragsrechnung oder sonstigen Erfolgsrechnung für die verschiedenen produktiven Abteilungen ausgebaut. Eine solche Erfolgsrechnung wird nach Aussage des Geschäftsführers nicht für sinnvoll gehalten, da die erzielten Erlöse primär von der Marktlage und Wettbewerbssituation abhingen und jedenfalls die produktiven Abteilungen darauf kaum Einfluss hätten. Es ist jedoch festzuhalten, dass somit unbekannt bleibt, welchen Beitrag einzelne Unternehmensteile zu dem Erfolg des Gesamtunternehmens beisteuern. Allerdings wird im Unternehmen auftragsbezogen eine Plannachkalkulation durchgeführt, die im Grunde Aufschluss über die Abteilungserfolge geben könnte. Diese Daten werden hierfür bisher allerdings nicht genutzt,

---

[39] Der Betriebsabrechnungsbogen dient der Aufschlüsselung von Gemeinkosten auf Hauptkostenstellen. Er ist die Voraussetzung für die Weiterwälzung der Gemeinkosten auf die Kostenträger. Im vorliegenden Fall wird die Betriebsabrechnung selbstverständlich rechnergestützt durchgeführt und die traditionelle Darstellung des BAB dient nur zur Veranschaulichung und Nachvollziehbarkeit der verwendeten Kostenverrechnungsschlüssel.

insbesondere sind die Informationen aus der operativen Nachkalkulation für die Unternehmenssteuerung nicht verfügbar. Notwendig wäre dazu eine Aggregation der einzelnen Auftragsdaten. Wesentliche Ansätze einer abteilungsbezogenen Erfolgsrechnung könnten in diesem Unternehmen also ohne Aufwand bei der Datengenerierung und geringem Aufwand bei der Verarbeitung der Daten implementiert werden. Um Aussagen über die Effizienz einzelner Arbeitsgruppen zu treffen, müssen bisher noch hilfsweise Indikatoren herangezogen werden.

Die verfügbare Datenlage wird nachfolgend in der Gliederung der Normperspektiven einer Balanced Scorecard dargestellt. Es folgt eine Erläuterung der einzelnen Kennzahlen, deren Aussagekraft schließlich diskutiert wird.

Vorgefundene Daten bei Unternehmen C

Finanzperspektive

- Produktivität
- Produktivitätssteigerung

Kundenperspektive

- Kundenzufriedenheit

Prozessperspektive

- Termintreue
- Fehlerkosten

Potenzialperspektive

- Krankenstand
- Unfälle
- Betriebliches Vorschlagswesen „Sparunternehmen"
- Betriebliches Vorschlagswesen „Schlauunternehmen"
- Teilnahme an freiwilligen außerbetrieblichen Veranstaltungen der BGF
- Freiwillige Fluktuation
- Unfreiwillige Fluktuation
- Ältere Ergebnisse einer Gesundheitsumfrage
- Ältere Ergebnisse einer Umfrage zur Mitarbeiterzufriedenheit

Finanzperspektive Die Produktivität wird berechnet als

$$\text{Ist-Aufwand/Produktionszeit} \tag{48}$$

im Vergleich zum Referenzzeitraum 1996, die entsprechende Formel ist

$$\frac{\text{Produktivität}_{t=i}}{\text{Produktivität}_{t=1996}} \quad (49)$$

also die aktuelle Produktivität dividiert durch diejenige für das Basisjahr 1996. Die Kennzahl liegt nur für Gruppen vor, die unmittelbar produktiv sind. Bei dieser Kennzahl handelt es sich um den Kernindikator für die Produktionssteuerung des Unternehmens. Die „Produktionszeit" wird dabei konstant gehalten, es handelt sich um Vorgabezeiten zum Zeitpunkt der letzten grundlegenden technologischen Veränderung in dem betrachteten Produktionsbereich; diese ist jedoch nicht auf ein Basisjahr definiert. Originärer Zweck der Kennzahl ist die Darstellung von Veränderungen zwischen einer oder mehrerer Perioden. Der Wert für die Produktionszeit als solcher ist inzwischen obsolet und hat den Charakter einer Verrechnungseinheit, er ist nur mehr für die Normierung einsetzbar.

Die Produktivitätssteigerung wird berechnet als Quotient der Produktivität der laufenden Periode mit der vorangegangenen. Die entsprechende Formel ist

$$\frac{\text{Produktivität}_{t=i}}{\text{Produktivität}_{t=i-1}} \quad (50)$$

Diese Kennzahl liegt ebenso wie die zugrundeliegende Kennzahl Produktivität nur für unmittelbar produktive Bereiche vor. Sie dient ähnlich wie die Kennzahl „Produktivität" zur Darstellung von Veränderungen im Ressourcenverbrauch, allerdings nur zwischen zwei Perioden. Für Vergleiche zwischen mehreren Perioden bietet sich die Verwendung der Kennzahl Produktivität an.

Kundenperspektive Die einzige Information hierzu entstammt einer Marktstudie, die jährlich durch ein Marktforschungsunternehmen durchgeführt wird. Die Studie basiert auf 542 befragten Zwischenhändlern, die nach Umsatz zu den größten gehören. Überwiegend handelt es sich dabei um große und größere Sanitätshäuser, bei denen jeweils ein Entscheidungsträger befragt wurde. Die Befragungsdaten werden jeweils jährlich vorgelegt und ermöglichen mit einiger Vorsicht ein Benchmarking gegenüber weiteren führenden Herstellern von Rehabilitationshilfsmitteln. Der Schwerpunkt der Aussage bezieht sich dabei auf den nichtproduktiven Bereich, da überwiegend Serviceaspekte abgefragt werden. Daneben wird die Zufriedenheit mit der Produktqualität insgesamt ermittelt. Da jedoch nicht auf einzelne Produkte eingegangen wird, ist eine Zuordnung zu Abteilungen nicht möglich. Nach Aussage des Unternehmens resultieren allfällige Defizite in der Produktqualität überwiegend aus unzureichender Qualität von Zulieferteilen, gefolgt von konstruktionsbedingten Schwachstellen des Produkts. Die unmittelbaren ökonomischen Auswirkungen schlagen sich in der Kennzahl „Fehlerkosten" nieder.

Prozessperspektive Unter der Prozessperspektive liegen Daten über die Lieferfähigkeit zu verschiedenen Zeitpunkten sowie Fehlerkosten aus dem Produktionsprozess vor. Schwankungen in der Lieferfähigkeit haben ihre Ursache entweder in Schwankungen der Marktnachfrage oder suboptimaler Prozessgestaltung. Sie wird berechnet als der periodengewichtete Anteil der Aufträge mit Verzug. Die Zahl liegt nur für die Montagebereiche vor, nicht für Arbeitsgruppen in der Vorfertigung. Wegen der Organisation der Produktion in teilautonomen Arbeitsgruppen wirken sich solche Schwanzkungen unmittelbar auf die Beschäftigung der Mitarbeiter aus. Die Kennzahl steht damit im Zusammenhang mit den Fehlerkosten. Diese beinhalten die Kosten für Nachbesserung und Garantieleistungen; da diese für einzelne Produkte anfallen, können sie einzelnen Arbeitsgruppen der Montagebereiche zugeordnet werden. Um eine Vergleichbarkeit herzustellen, wird diese Kennzahl sinnvollerweise auf die Anzahl der Beschäftigten bezogen. Die Vergleichbarkeit dieser Kennzahl zwischen Gruppen ist eingeschränkt, da komplexe Fertigungen eher zu Fehlerkosten führen werden als einfachere. Außerdem ist nicht bekannt, welche Nachbesserungsquote wirtschaftlich als optimal anzusehen ist, da ja auch aus der Fehlervermeidung Kosten entstehen.

Potenzialperspektive Die Potenzialperspektive ist verhältnismäßig besser abgedeckt, was auch daran liegt, dass diese Kategorie als Sammelbecken für Personalkennzahlen dient. Die traditionell gut dokumentierte Kernkennzahl ist der Krankenstand. Dessen Höhe ist in den letzten Jahren generell gesunken. Da auch Sockeleffekte zu beachten sind, ist die Aussagekraft dieser Kennzahl begrenzt. Im Unternehmen C bestehen neben den unterstützenden Aktivitäten im Gesundheitsschutz besondere Anreize, den Krankenstand gering zu halten. Zum einen besteht eine Vereinbarung mit der zuständigen Innungskrankenkasse über Beitragsnachlässe bei unterdurchschnittlichen Fehlzeiten, mit der Maßgabe, die freiwerdenden Mittel für den Gesundheitsschutz der Mitarbeiter einzusetzen. Zum anderen führt die Teamorganisation in teilautonomen Arbeitsgruppen mit auslastungsabhängiger Arbeitszeit zu einem Ausgleich der ausfallenden Arbeitsstunden innerhalb der Arbeitsgruppe. Ähnlich verhält es sich mit dem Unfallgeschehen. Insgesamt ist festzustellen, dass sich der Arbeitsschutz hier wie in anderen Unternehmen so weit entwickelt hat, dass Unfälle mit gravierenden Auswirkungen nicht in statistisch auswertbarer Anzahl auftreten.

Etabliert sind Instrumente des betrieblichen Vorschlagswesens, mit denen die Erfahrung und Kreativität der Mitarbeiter für die Optimierung der betrieblichen Prozesse und Produkte nutzbar gemacht werden sollen. Zwei

Modelle bestehen dabei parallel. Das Programm „Sparunternehmen" basiert auf Planerfüllungsdaten, das heißt, die Menge der Verbesserungsvorschläge wird für eine Periode für die Arbeitsgruppen als Zielvorgabe vereinbart, deren Erfüllung anhand einer Skala überprüft wird. Grundgedanke ist, dass die Verbesserung von Prozessen zu den regelmäßigen Aufgaben der Mitarbeiter gehöre. Verbesserungsvorschläge, die nicht in das eigentliche Arbeitsgebiet des Mitarbeiters fallen, können im Rahmen des KVP-Programms „Schlauunternehmen" eingebracht werden. Bisher wurden Verbesserungsvorschläge in diesem Programm individuell vergütet, sofern der Verbesserungsvorschlag angenommen wurde. Mit Einführung des neuen Rahmentarifvertrags „Entgelt-Rahmenabkommen" wird diese Vergütung entfallen. Begründet wird dies mit der neu eröffneten Möglichkeit, leistungsbezogene Bestandteile bereits bei der Entgelthöhe zu berücksichtigen.

Als eine Kennzahl, die eventuell Rückschlüsse auf die Verbundenheit mit dem Unternehmen zulässt, wurde die Beteiligung an außerbetrieblichen Veranstaltungen erhoben. Es liegen Informationen über die Teilnahme an abteilungsbezogenen, außerbetrieblichen Aktivitäten sowie einer außerbetrieblich organisierten Weihnachtsfeier vor. Beides wird von Unternehmensmitarbeitern in ihrer Freizeit organisiert und nicht durch das Unternehmen unterstützt. Diese Aspekte kennzeichnen den Grenzbereich zwischen den Settings Betrieb und Wohnumfeld. Eindeutig der betrieblichen Sphäre zuzurechnen ist dagegen die Beteiligung der Mitarbeiter an Maßnahmen der betrieblichen Gesundheitsförderung. Überwiegend handelt es sich dabei um verhaltenspräventive Angebote wie Sportgruppen. Diese Angebote sind auch Teil der Vereinbarung mit der zuständigen Innungskrankenkasse, unter anderem fließen hierhin Gelder aus den Beitragsnachlässen aus verringertem Krankenstand. In den genannten Aktivitätsbereichen liegen absolute Teilnehmerzahlen vor, die in das Verhältnis zu den Mitarbeiterzahlen der teilautonomen Arbeitsgruppen gesetzt werden können. Informationen zu Intensität der Teilnahmen liegen nicht vor.

Daneben liegen absolute Zahlen über die Fluktuation der Mitarbeiter vor, die wiederum in Beziehung zur Mitarbeiterzahl gesetzt werden. Dabei kann zwischen „freiwilliger" und „unfreiwilliger" Fluktuation unterschieden werden. „Freiwillig" ist dabei die Auflösung des Arbeitsverhältnisses seitens des Arbeitnehmers. Der Übergang in den Ruhestand mit Eintritt des gesetzlichen Rentenalters wird nicht als freiwillig angesehen, da eine Weiterarbeit arbeitsvertraglich ausscheidet.[40] Entsprechend liegen auch Informationen über die Höhe der „unfreiwilligen" Fluktuation vor.

[40] Als Folge ist auch der Übergang in Altersteilzeit im Blockmodell erst ab einem Block von über drei Jahren ohne Tätigkeitsausübung als freiwillige Fluktuation

Datenakquise Das Unternehmen verfügt über einige Erfahrung im betrieblichen Gesundheitsmanagement, wodurch eine wohlstrukturierte Aufarbeitung des Gesundheitsstatus in regelmäßigen Gesundheitsberichten sowie der technisch bedingten Gefährdungen in Gefährdungsbeurteilungen vorliegt. Zudem liegt aus dem Bereich Qualitätsmanagement eine Vielzahl an Ablaufdiagrammen vor, die überwiegend aktuell sind. Ein Geschäftsführer verfügt zudem über eine qualifizierte Ausbildung im betrieblichen Gesundheitsmanagement.

In die Datenakquise waren neben dem Geschäftsführer der Betriebsleiter, der Qualitätsmanagementbeauftragte, der Werksarzt sowie der Betriebsratsvorsitzende eingebunden. Anlässlich von Arbeitsplatzbegehungen wurde außerdem mit Mitarbeitern ohne Leitungsfunktion gesprochen. Ausgangspunkt der Recherche nach verwendbaren Daten war ein Brainstorming mit dem Geschäftsführer, dem Betriebsleiter sowie dem Betriebsratsvorsitzenden. Die Anforderungen an die benötigten Daten – insbesondere ihr Vorliegen nach Abteilungen – wurde thematisiert. Es fiel auf, dass bei den beteiligten Mitarbeitern nicht genau bekannt war, in welcher Aggregation und Qualität verschiedene Daten vorliegen. Dies ist sicher auch ein Indiz dafür, dass diese Informationen für die Leitung des Unternehmens als eher unbedeutend eingeschätzt werden.

Infolge der Einführung von ERP-Software (SAP R/3) ist die Datenlage in den zurückliegenden Jahren übersichtlicher geworden. Insbesondere finden dezentrale (meist händische) Datenerfassungen kaum mehr statt. Obgleich die schließlich angeforderten Informationen in der ERP-Software abgelegt sind, war die Abfrage in der bisher nicht vorgesehenen Form allerdings nicht automatisiert möglich. Daher wurde eine händische Aufarbeitung notwendig.

Bildung von Erhebungsgruppen Die Aufbauorganisation ist im Unternehmen C hierarchisch gegliedert und weist eindimensionale Vorgesetztenverhältnisse auf. Die Kostenstellen sind entlang dieser Aufbauorganisation gebildet, es liegen Controllingdaten mit einer höheren Nähe zum betriebswirtschaftlichen Erfolg nur für vier Fertigungsgruppen mit hoher Produktnähe vor. Im Produktionsbereich findet die Arbeit in teilautonomen Gruppen statt, was als ein starkes Kriterium für die Bildung der Erhebungsgruppen angesehen wurde. Im Ergebnis wurde die Gliederung nach der Aufbauorganisation weitgehend beibehalten mit einigen Zusammenlegungen kleiner Einheiten. Im Ergebnis liegen 28 Erhebungseinheiten vor, vier davon mit aussagefähigen Controllingdaten.

---

einzuschätzen, in anderen Fällen handelt es sich um einen inzwischen üblichen Übergang in den Ruhestand, der durch das Unternehmen für eine vorgezogene Personalreduzierung genutzt wird.

Unternehmen D

Das Unternehmen hat als einziges der betrachteten seinen Standort außerhalb des Landes Nordrhein-Westfalen. Es werden vorwiegend Rollstühle und Rollstuhlkomponenten hergestellt. Das Produktionsunternehmen wird durch die Führungsmannschaft des Schwesterunternehmens C mitgeleitet und es werden die gleichen Controllingmechanismen angewandt. Bedingt durch die geringe Größe des Unternehmens und auch dadurch, dass der Schwerpunkt der Aufmerksamkeit bei den beteiligten Protagonisten eindeutig am Standort der Muttergesellschaft liegen, wird das Controlling insgesamt weniger stringent durchgeführt und es wird nur ein Teil der Kennzahlen erhoben.

Vorgefundene Daten im Unternehmen D

Finanzperspektive

- Produktivität
- Produktivitätssteigerung

Kundenperspektive

- –

Prozessperspektive

- Termintreue
- Fehlerkosten

Potenzialperspektive

- Krankenstand
- Unfälle
- Betriebliches Vorschlagswesen Sparunternehmen
- Betriebliches Vorschlagswesen Schlauunternehmen
- Teilnahme an freiwilligen außerbetrieblichen Veranstaltungen der betrieblichen Gesundheitsförderung
- Freiwillige Fluktuation
- Unfreiwillige Fluktuation

Datenakquise und Bildung von Erhebungseinheiten Die Datenakquise erfolgte analog zum Unternehmen C, es waren die gleichen Ansprechpartner zu befragen. Eine Datenakquise vor Ort erfolgte hier nicht, da die gesamten dispositiven Aufgaben von der Schwestergesellschaft erbracht werden. Es werden zehn Erhebungsgruppen gebildet, in vier davon findet teilautonome Gruppenarbeit statt. Für drei liegen besonders aussagefähige Controllingdaten vor.

Unternehmen E

Das Unternehmen E ist ein Kreditinstitut, das sich als Dienstleistungsunternehmen grundlegend von den bisher betrachteten Industrieunternehmen unterscheidet. Im Rahmen dieses Unternehmens findet ein Herstellungsprozess im Sinne einer Produktentwicklung oder spezifischen Anpassung kaum statt, die Produktentwicklung ist an eine Zentralorganisation delegiert. Das Leistungsangebot ist stark standardisiert. Am Ende der Wertschöpfungskette steht der Vertrieb, der überwiegend in Filialen durchgeführt wird. Die unterstützenden Abteilungen sind zentral angesiedelt. Durch die räumliche Trennung bietet sich die praktizierte getrennte Erfolgsrechnung an. Schnittstellen ergeben sich bei umfangreichen Geschäftsvorfällen, die zentral erledigt werden.

Dabei hat das Kreditinstitut einen nur sehr begrenzten Handlungsrahmen hinsichtlich der Dokumentation einer Erfolgsrechnung, da die Aufgabe ebenfalls zentral ausgelagert ist. Von den Vorgaben kann nur unter hohen Kosten abgewichen werden. Insgesamt liegen für die Filialen abteilungsbezogen Betriebsergebnisse vor, für die anderen Bereiche können Indikatordaten gebildet werden. Im Unternehmen E ist das ERP-System Lotus Notes eingeführt. Maßgeblich für die Systemwahl waren Pfadabhängigkeiten zu der Zentralorganisation, der für das Unternehmen sowohl Prüfstelle ist und auch als EDV-Dienstleister einen großen Teil der Datenauswertungen übernimmt. Die Datenhaltung allerdings erfolgt in dem Unternehmen selbst.

Vorgefundene Daten bei dem Unternehmen E

Finanzperspektive

- Deckungsbeiträge 1 bis 3
- Betriebserlös
- Betriebskosten
- Aufwand/Ertrags-Verhältnis (Cost-Income-Ratio)

Kundenperspektive

- –

Prozessperspektive

- –

Potenzialperspektive

- Krankenstand
- Fortbildungstage
- Mitgliedschaft in der Betriebssportgruppe

Zielsetzungen:

- Rentabilitätsziel: Deckungsbeitrag I
- Aktivitätsziel: Anzahl Abschlüsse je Mitarbeiter

Produktziele:

- Finanzierungsvolumen
- (Geld-)Anlagenbestand
- Bausparsumme
- Deckungsbeitrag aus dem Wertpapiergeschäft
- Abschlussvolumen der Sachversicherungen
- Abschlussvolumen aus Vorsorgeprodukten

Finanzperspektive Informationen aus der Finanzperspektive liegen für alle Filialen vor, nicht jedoch für die führenden und unterstützenden Abteilungen der Zentrale. Somit kann aus dem Blickwinkel der Kennzahlen über knapp die Hälfte der Beschäftigten des Betriebes eine Aussage getroffen werden.

Bei dem untersuchten Kreditinstitut erfolgt die Erfolgsrechnung bankentypisch: Die Erlösberechnung im Bankenbereich erfolgt generell durch die Marktzinsmethode. Dabei handelt es sich um ein Opportunitätserlöskalkül, bei dem der erzielte Erlös aus Zinsen mit im Interbankenmarkt erzielbaren Erträgen verglichen wird. Nur der überschießende Erlös wird im Folgenden berücksichtigt. Im Ergebnis wird ein Deckungsbeitrag I ermittelt. Nach Zuschreibung von Betriebserlösen wird ein Deckungsbeitrag II ermittelt. Abzüglich ordentlicher Aufwendungen, überwiegend Betriebskosten, ergibt sich ein Deckungsbeitrag III.

Ermittlung der Deckungsbeiträge für die Filialen im Kreditinstitut

Zinskonditionenbeitrag
= Deckungsbeitrag I
+ Betriebserlöse (d. h. ordentliche Erträge aus Gebühren und Provisionen)
= Deckungsbeitrag II
./. Betriebskosten (d. h. ordentliche Aufwendungen)
= Deckungsbeitrag III (was einem ordentlichen Betriebsergebnis entspricht).

Die Deckungsbeiträge liegen pro Filiale vor und sind für einen Vergleich zu standardisieren. Für die hier im Mittelpunkt stehenden Fragestellungen hinsichtlich des Sozialkapitals bietet es sich an, die Deckungsbeiträge pro Kopf (gewichtet nach Mitarbeiter-Vollzeitäquivalenten) heranzuziehen.

Diese Standardisierung erübrigt sich bei der geeignet erscheinenden bankenspezifischen Kennzahl Aufwand-Ertrags-Verhältnis (Cost-Income-Ratio, C.I.R.) (Schütt u. Niebergall 2001), die hier für die Filialen bekennt ist. Bei dieser Kennzahl ist zu beachten, dass natürlich eine möglichst geringe Höhe angestrebt wird.

Kundenperspektive und Prozessperspektive Die Kundenzufriedenheit wird nur für das Gesamtunternehmen durch Befragung ermittelt. Da die Daten nicht abteilungsbezogen vorlagen, wurden sie für die hier vorgelegte Studie nicht verwertet. Aus der Prozessperspektive liegen keine Daten vor.

Potenzialperspektive Hinsichtlich der Potenzialperspektive liegen Informationen über den Krankenstand vor, für den es eine spezielle Kennzahl gibt: Herangezogen werden die gemeldeten Fehltage an Arbeitstagen, die zu einer angenommenen Soll-Jahresarbeitszeit bei Vollzeitkräften von 250 Tagen in Beziehung gesetzt werden.[41] Bestechend an dieser Berechnungsmethode ist die Genauigkeit aus der Sicht des Arbeitgebers gerade bei einem hohen Anteil an Teilzeitkräften: Allfällige Verlagerungen der Genesungszeit auf arbeitsfreie Tage werden so unmittelbar mit abgebildet.

Außerdem liegt eine Reihe von Zielerfüllungskennzahlen vor. Den Filialen werden jährlich Vorgaben gemacht über zu erreichende Absatz- und Erfolgsziele. Der Zielsetzungsprozess erfolgt top-down, das heißt, dass die Ziele für das Gesamtunternehmen unter Berücksichtigung des abgeschätzten Marktpotenzials auf die Filialen umgelegt werden. Das Marktpotenzial wird dabei vor allem anhand der Erfahrungen aus vergangenen Perioden geschätzt. Es werden Rentabilitäts-, Produkt- und Aktivitätenziele vorgegeben. Rentabilitätsziel ist der Deckungsbeitrag I, Aktivitätsziel die Anzahl Abschlüsse pro Mitarbeiter. Produktziele sind (1) das erzielte Finanzierungsvolumen, (2) der Bestand an (Geld-)Anlagen der Filiale, (3) die Bausparsumme, (4) der Deckungsbeitrag aus dem Wertpapiergeschäft, (5) Volumen der Sachversicherungen, (6) Volumen aus Vorsorgeprodukten (beispielsweise privaten, staatlich geförderten Rentenversicherungsverträgen). Herangezogen wird der Grad der Zielerfüllung.

Datenakquise Deutliche Unterstützung seitens der obersten Führungsebene sowie äußerst geordnete Zuständigkeiten erleichterten es bei diesem Unternehmen, einen Überblick über verfügbare Daten zu bekommen sowie den tatsächlichen Zugang zu den vorhandenen Informationen. Durch die hohe Standardisierung und Auslagerung der Datenverarbeitung fand sich

---

[41] Periodenvergleiche sind damit natürlich nicht möglich, dafür muss eine Umrechnung nach tatsächlichen Sollarbeitstagen durchgeführt werden, für 2006 sind das 250 Arbeitstage, für 2007: 252. Eine solche Differenz wirkt sich im Rahmen der hier betrachteten Bezugsgrößen in einer Größenordnung von 10 Basispunkten aus.

hier auch eine umfassende Dokumentation. Daher beschränkte sich die Datenakquise auf die Befragung der Leiter der Abteilungen für operatives beziehungsweise strategisches Controlling sowie Personalwesen.

Bildung von Erhebungseinheiten Das Kreditinstitut ist organisatorisch in Filialen und unterstützende Bereiche zu unterteilen. Letztere sind an einem Standort konzentriert. Wie in den produzierenden Unternehmen gilt auch hier, dass Daten über ökonomische Erfolge vorwiegend in den produktionsnahen Abteilungen vorliegen. Dies sind im vorliegenden Falle die Filialen, über die der Absatz an die Kunden erfolgt. Durch die räumliche Trennung handelt es sich dabei auch um geschlossene Arbeitsgruppen mit einer relativen Autonomie und einem unmittelbaren Vorgesetzten vor Ort. Die Aufbauorganisation des Unternehmens folgt dieser natürlichen Vorgabe. Die unterstützenden Bereiche der Zentrale sind funktional gegliedert. Die dort entstehenden Aufwendungen werden als Gemeinkosten betrachtet, eine Verrechnung mit den Filialerfolgen erfolgt für den Deckungsbeitrag nicht, für das Aufwands-Ertragsverhältnis mit Erfahrungswerten nach Produkten. Somit liegen für die Filialen noch wirtschaftliche Kennzahlen zum Erfolg wie Deckungsbeiträge und Aufwand-Ertrags-Verhältnis vor. In den unterstützenden Abteilungen ist die Datenausstattung schwächer. In den 48 Filialen, die größenbedingt zu 41 Erhebungseinheiten zusammengefasst wurden, werden 39 Prozent der Mitarbeiter erfasst, der Rest ist entweder in Stabsabteilungen der Zwischenebene „Filialbereich" (5 Einheiten, 6 Prozent der Beschäftigten) tätig oder in unterstützenden Bereichen (55 Prozent der Beschäftigten).

Anhang 4: Bielefelder BGM-Quick-Check[42]

Der „Bielefelder BGM-Quick-Check“ gibt Unternehmen einen schnellen Überblick über die Ausgangssituation ihres Betrieblichen Gesundheitsmanagements. Er soll als ein praxistaugliches Selbstbewertungsinstrument dienen, mit dessen Hilfe Unternehmen relativ schnell eine Übersicht über den Stand und die Qualität ihres Betrieblichen Gesundheitsmanagements erhalten, Stärken und Schwächen identifizieren und notwendige Verbesserungen vornehmen können. Das Instrument kann weiterhin zur Vorbereitung eines Gesundheitsberichts genutzt werden, während es mittelfristig für interne Längsschnittvergleiche nützlich sein kann. Durch den Einsatz sowie die Erhebung von Daten in einer möglichst großen Anzahl von Unternehmen und in unterschiedlichen Branchen soll das Instrument zudem mittel- bis langfristig für externe Unternehmens- oder Branchenvergleiche (Benchmarking) und auch zur Zertifizierung eingesetzt werden können. Da der Bielefelder BGM-Quick-Check die in der Forschung als gesundheitsrelevant erachteten Rahmenbedingungen, Strukturen, Prozesse und Ergebnisse abbildet, kann er als Erfolgsmessinstrument für die betriebliche Gesundheitspolitik betrachtet werden.[43]

Inhalte des Bielefelder BGM-Quick-Check

Der Fragebogen ist thematisch in drei unterschiedliche Themenblöcke gegliedert, wobei in dem ersten Block Struktur- und Personaldaten des Unternehmens abfragt werden. Dieses Modul besteht aus 20 Fragen, beispielsweise zu der Branche, der Beschäftigtenzahl, dem Altersdurchschnitt der Belegschaft sowie zu betriebswirtschaftlichen Kennzahlen wie Krankenstand und Fluktuationsrate. Die hier vorgestellten Ergebnisse einer Erhebung mit dem Bielefelder BGM-Quick-Check sind auf das Geschäftsjahr 2005 mit Stichtag Geschäftsjahresultimo bezogen. Der zweite Themenblock beschäftigt sich mit den bisherigen Aktivitäten und

---

42 Ingeborg Neubauer

43 Vorarbeiten zu dem Bielefelder BGM-Quick-Check erfolgten durch Bernhard Badura, Eckhard Münch und Uta Walter

Maßnahmen im Themengebiet Betriebliches Gesundheitsmanagement, hier speziell im Hinblick auf durchgeführte verhaltens- und verhältnisorientierte Maßnahmen, beispielsweise zur Veränderung von Arbeitszeitmodellen oder zur Ernährungsberatung. Ebenso werden in diesem zweiten Modul auch betriebsbezogene Routinedaten, Ergebnisse aus Mitarbeiterbefragungen oder Daten der Sozialversicherung erhoben. Das dritte und letzte Modul bildet die betriebspolitischen Voraussetzungen für das Betriebliche Gesundheitsmanagement ab. Hier geht es darum, ob bereits Grundsätze oder Leitbilder zum Betrieblichen Gesundheitsmanagement bestehen und welche Ressourcen dafür bereitgestellt werden.

Insgesamt besteht der Fragebogen aus 112 Items, die in Frage- oder Statementform operationalisiert sind und größtenteils mittels Nominal- oder Ordinalskalen erhoben werden. Während seiner Konzeptionsphase wurde der Bielefelder BGM-Quick-Check in den untersuchten Unternehmen und den Transferbetrieben eingesetzt. Aufgrund dieses Pretests wurde der Fragebogen nur bezüglich einiger weniger inhaltlicher Details modifiziert und auf eine praktikable Länge gekürzt. Im Anschluss daran wurde der Fragebogen in der zweiten Hälfte des Jahres 2006 an etwa 200 weitere Unternehmen deutschlandweit geschickt. Tatsächlich beantwortet und ausgefüllt wurden 47 Fragebögen, was einer Rücklaufquote von 23,5 Prozent entspricht.

Datenbasis und Stichprobe

Von den 47 an der Untersuchung teilnehmenden Betrieben gehören mit 57,4 Prozent die meisten zum verarbeitenden Gewerbe. In größerem Abstand folgen dann mit 12,8 Prozent diejenigen Betriebe, die den Bereichen öffentlichen Verwaltung, Verteidigung oder Sozialversicherung zuzuordnen sind. Unterscheidet man generell nach Produktions- oder Dienstleistungsunternehmen, so gehört der überwiegende Teil zu den Produktionsbetrieben (n=29). Hinsichtlich der geografischen Lage sind die meisten Unternehmen in Niedersachsen (44,7 Prozent) und Nordrhein-Westfalen (42,6 Prozent) ansässig, nur wenige Betriebe liegen in Baden-Württemberg (n=4,3 Prozent), Bremen (n=4,3 Prozent), Hessen (n=2,1 Prozent) sowie Sachsen (n=2,1 Prozent).

Entsprechend der Definition der EU-Kommission (2003) wurde eine Unterteilung der Betriebe anhand ihrer Beschäftigtenzahl in kleine, mittlere und große Unternehmen vorgenommen. Unternehmen mit einer Mitarbeiteranzahl bis zu 50 Personen wurden als kleine Unternehmen definiert, Unternehmen mit 50 bis 250 Beschäftigten als mittlere Unternehmen klassifiziert und die Betriebe, die mehr als 250 Personen beschäftigen, als Großunternehmen bezeichnet. Hinsichtlich der Anzahl der Mitarbeiter haben 55,3 Prozent, und damit die meisten der befragten Unternehmen, mehr als 250 Beschäftigte und sind daher den Großbetrieben zuzuordnen sind. 27,7 Prozent gehören zu den mittleren Unternehmen und nur 14,9 Prozent sind kleine Unternehmen. Die Beschäftigten in den Betrieben lassen sich beispielsweise durch ihr Alter und ihr Geschlecht charakterisieren. Die Befragten in der Stichprobe sind mit 41,5 Jahren etwas jünger ist als der Durchschnitt in Deutschland, der im Jahr 2005 bei 42,05 Jahren lag (Bundesagentur für Arbeit 2006). Was das Geschlechterverhältnis betrifft, so arbeiten in den untersuchten Firmen deutlich weniger Frauen (29,3 Prozent) als Männer (70,7 Prozent).

Ergebnisse der Befragung

Im Fokus der Untersuchung standen die Fragen zur Verankerung von Betrieblichem Gesundheitsmanagement in den Unternehmen, wie gut die Betriebe die Qualitätskriterien des Unternehmensmodells erfüllen und ob sich diesbezüglich Unterschiede zwischen kleinen, mittleren und großen Unternehmen feststellen lassen. Weiterhin sollte geprüft werden, ob sich zwischen der Höhe der Investitionen in das Sozial- und Humankapital sowie in die Gesundheitsförderlichkeit der Arbeitsbedingungen und der Gesundheit der Mitarbeiter sowie dem betriebswirtschaftlichem Erfolg der Unternehmen signifikante Zusammenhänge darstellen lassen. Daher wird in einem ersten Schritt beschrieben, wie die Betriebe auf die einzelnen Fragen des Bielefelder BGM-Quick-Checks geantwortet und wie gut sie die Qualitätskriterien erfüllt haben. Danach wird geprüft, ob sich signifikante Unterschiede in der Ausgestaltung des Betrieblichen Gesundheitsmanagements zeigen, die mit der Größe der Unternehmen zusammenhängen. Zum Schluss werden kurz übergeordnete Zusammenhänge zwischen einzelnen Faktoren des Unternehmensmodells untersucht.

Ingesamt betrachtet, hat die Stichprobe die einzelnen Bereiche und Qualitätskriterien des Bielefelder BGM-Quick-Checks überdurchschnittlich gut erfüllt. Dem Unternehmensmodell entsprechend wurden die einzelnen Fragen des Fragebogens den „Treibern" und den „Ergebnissen" zugeordnet: So kann bei den Fragen, die auf das Führungskapital der Betriebe abzielen, festgestellt werden, dass beispielsweise in 87 Prozent der Fälle im Rahmen des Betrieblichen Gesundheitsmanagements Führungskräftetrainings durchgeführt werden und bei 80,4 Prozent der Betriebe Grundsätze oder Leitbilder zur Optimierung des Verhaltens der Führungskräfte implementiert wurden. Ähnlich verhält es sich bei den Fragen hinsichtlich der Maßnahmen zur Verbesserung des Wertekapitals im Betrieb. Hier bestätigen beispielsweise 84,4 Prozent der Betriebe, dass sie Maßnahmen zur Verbesserung des Betriebsklimas durchführen und 76,1 Prozent der Befragten geben an, gemeinsame Überzeugungen und Werte zu entwickeln und zu pflegen. Hinsichtlich dieses Aspektes muss jedoch auch angemerkt werden, dass beispielsweise mit 45,7 Prozent durch weniger als die Hälfte der Betriebe angegeben, ihre Mitarbeiter regelmäßig über Aktivitäten des Betrieblichen Gesundheitsmanagements zu informieren, und nur 20,9 Prozent der Unternehmen haben Leitbilder implementiert, die eine Ausweitung der Beteiligung für Beschäftigte an Unternehmensentscheidungen thematisieren. Ebenfalls positiv fallen die Antworten zum Engagement im Bereich Netzwerkkapital auf: Maßnahmen zur Veränderung der teamübergreifenden Vernetzung der Beschäftigten und zur Teamentwicklung werden von rund 60 Prozent der befragten Unternehmen durchgeführt, Maßnahmen zur Veränderung der betriebsinternen Kommunikation und Transparenz sogar von 91,3 Prozent.

Betrachtet man das Kriterium der Stärkung der fachlichen und persönlichen Kompetenz der Beschäftigten, so sind auch hier bei den meisten Punkten über die Hälfte der Betriebe aktiv. So führt das Gros der Befragten (91,1 Prozent) Unterweisungen – etwa zur Arbeitssicherheit – durch, und auch deutlich mehr als die Hälfte der Unternehmen bietet Gesprächs- und Kommunikationstrainings (68,9 Prozent) oder Zeit- und Selbstmanagementtrainings (64,4 Prozent) an. Unter diesen Punkt fällt auch die Investitionsbereitschaft der Unternehmen in die Kompetenz ihrer Belegschaft – insbesondere hinsichtlich des Themengebiets Betriebliches Gesundheitsmanagement. Diese ist im Vergleich zu den vorherigen Bereichen dagegen sehr zurückhaltend. Gerade einmal ein Unternehmen gibt an, dass es überhaupt Zeit für Fortbildungen im Bereich Betriebliches Gesundheitsmanagement zur Verfügung stellt. Die durchschnittlichen Weiterbildungsaufwendungen der Unternehmen pro Mitarbeiter betrugen im Durchschnitt im Jahr 2005 195 Euro.

Hinsichtlich der Einführung von Maßnahmen, die die Gesundheitsförderlichkeit von Arbeitsbedingungen unterstützen, zeigt sich ein breites Engagement der befragten Unternehmen, das sich insbesondere auf Maßnahmen zur ergonomischen Gestaltung des Arbeitsplatzes (97,8 Prozent) und zur Reduzierung physikalischer Belastungen (86,7 Prozent) konzentriert, aber auch in Gestalt von mehr Beteiligung der Mitarbeiter an Entscheidungen (69,6 Prozent) oder in Form von Angeboten zur Veränderung von Arbeitsprozessen (68,9 Prozent) deutlich wird. Auch hinsichtlich flexibler Arbeitszeitsysteme werden in den befragten Unternehmen verschiedene Modelle angeboten. So haben die Angebote zu Altersteilzeit, zu Sonderurlaub oder zu unbezahltem Urlaub sehr hohe Zustimmungsquoten. Dagegen sind die Möglichkeiten zum vorgezogenen Ruhestand, zu Arbeitszeitunterbrechungen für die Pflege Angehöriger und zu Telearbeit noch weniger verbreitet. Der Ist-Analyse im Betrieb dienen vor allem Daten aus Arbeitsplatzbegehungen (88,9 Prozent), aus Gefährdungsbeurteilungen (77,8 Prozent) und krankheitsbedingte Fehlzeiten (77,8 Prozent). Audits oder Qualitätsberichte, Frühberentungsdaten und Daten aus dem betrieblichen Vorschlagswesen werden nur in weniger als der Hälfte der Fälle zur Ist-Analyse herangezogen. Mängel müssen bei den betriebspolitischen Voraussetzungen und Rahmenbedingungen für Betriebliches Gesundheitsmanagement konstatiert werden. Weniger als die Hälfte der Betriebe besitzt ein Steuerungsgremium für Betriebliches Gesundheitsmanagement, nur 24,4 Prozent der Betriebe haben eine Betriebs- oder Dienstvereinbarung für Betriebliches Gesundheitsmanagement, und eine Verknüpfung mit anderen Managementansätzen findet nur bei 37,8 Prozent der befragten Unternehmen statt.

Die Höhe der Fehlzeiten, der Arbeitsunfälle und der Fluktuation geben als „Ergebnisse" – und zwar genauer als Spätindikatoren – Hinweise zum Erfolg von Maßnahmen des Betrieblichen Gesundheitsmanagements. Die Höhe der Krankenquote im Jahr 2005 zeigt, dass die Mitarbeiter der befragten Unternehmen mit 4,6 Prozent häufiger krank sind als die Beschäftigten im bundesdeutschen Durchschnitt, der 3,3 Prozent betrug (Bundesministerium für Gesundheit 2007). Der prozentuale Anteil der Mitarbeiter, die länger als sechs Wochen krankgeschrieben sind, liegt im Mittel bei 1,9 Prozent.

Die durchschnittliche Anzahl von Arbeitsunfällen pro 1.000 Vollarbeitern betrug im Jahr 2005 in der Stichprobe im Durchschnitt 11,4. Damit liegt die Arbeitsunfallquote deutlich unter dem bundesweiten Wert im Jahr 2005, der mit 27,08 pro 1.000 Vollarbeiter beziffert wurde (Deutsche Gesetzliche Unfallversicherung 2006). Zu berücksichtigen ist hierbei jedoch, dass 25 Prozent der Unternehmen keine Angaben über die Zahl der Arbeitsunfälle machten. Die Höhe der Fluktuationsrate ist verglichen mit den berechneten Zahlen für die Bundesrepublik mit durchschnittlich 3,6 Prozent ebenfalls sehr gering. Auch hierbei muss jedoch beachtet werden, dass mit 46,8 Prozent fast die Hälfte der Unternehmen sich nicht zu der Höhe der Fluktuation in ihrem Betrieb geäußert hat.

Als generelles Manko des Betrieblichen Gesundheitsmanagements zeigt diese Untersuchung, dass die Betriebe die implementierten Maßnahmen nur unzureichend evaluieren. Damit bleibt der Nachweis über die Wirksamkeit und auch die Wirtschaftlichkeit des Handelns aus. Eine Datengrundlage zur Legitimierung der Investitionen in die Gesundheit der Belegschaft wird somit von den Betrieben nicht geschaffen.

Ob sich aufgrund der Unternehmensgröße relevante Unterschiede im Angebot der BGM-Maßnahmen und im Verankerungsgrad des betrieblichen Gesundheitsmanagements zeigen, hat die Kreuztabellenanalyse mit Hilfe des Chi-Quadrat-Tests gezeigt. Überraschenderweise konnte festgestellt werden, dass die kleinen Unternehmen insbesondere hinsichtlich der Fragen zur Verbesserung des Führungskapitals und des Wertekapitals höhere Zustimmungsquoten erzielen als die großen und mittleren Betriebe. So haben sie beispielsweise signifikant häufiger (p=0,034) Leitbilder zur Verbesserung der Zusammenarbeit zwischen Leitung und Mitarbeitern oder Maßnahmen zur Verbesserung des Betriebsklimas (p=0,02) implementiert als große und mittlere Unternehmen. Bei der Ausgestaltung der Arbeitsbedingungen jedoch können die kleinen Unternehmen nicht mit so vielen verschiedenen Angeboten aufwarten wie die großen. So werden beispielsweise die Möglichkeiten zu Sonderurlaub, unbezahltem Urlaub, Altersteilzeit und Arbeitszeitunterbrechung zur Pflege von Angehörigen am häufigsten von Großbetrieben angeboten. Auch hinsichtlich der betriebspolitischen Voraussetzungen zeigt sich, dass hier die großen Betriebe günstigere Rahmenbedingungen für den Erfolg von Betrieblichem Gesundheitsmanagement aufweisen. Bei ihnen existiert häufiger (p=0,034) ein Steuerungsgremium für Betriebliches Gesundheitsmanagement als in kleinen oder mittleren Betrieben, und auch eine Betriebs- oder Dienstvereinbarung für Betriebliches Gesundheitsmanagement gibt es bei ihnen am häufigsten. Ebenfalls am häufigsten stimmen die Großunternehmen bei der Frage nach der Verknüpfung von Betrieblichem Gesundheitsmanagement mit anderen Managementansätzen zu.

Zuletzt soll ein Blick auf übergeordnete Zusammenhänge verdeutlichen, ob sich verstärktes Engagement bei den „Treibern" des BGM-Unternehmensmodells auch bei den „Ergebnissen" – im Speziellen bei den Spätindikatoren – bemerkbar macht. Die Forschungshypothese geht davon aus, dass je umfangreicher das Sozialkapital einer Organisation ist, diese auch umso leistungsfähiger ist und ihre Mitglieder umso gesünder sind. In diesem Sinne zeigten sich jedoch nur schwache, nicht signifikante Zusammenhänge zwischen einem starken betrieblichen Engagement zur Verbesserung des Führungskapitals, des Netzwerkkapitals, der fachlichen und persönlichen Kompetenz sowie der Gesundheitsförderlichkeit der Arbeitsbedingungen und einem niedrigen Niveau von Fehlzeiten.

Zusammenfassend lässt sich festhalten, dass die Unternehmen erfreulich viele der abgefragten Maßnahmen realisieren, die im Kontext des Betrieblichen Gesundheitsmanagements Relevanz besitzen. Auffällig ist allerdings unter anderem, dass die Höhe der bereitgestellten Ressourcen für das Betriebliche Gesundheitsmanagement bei den Betrieben der vorliegenden Untersuchung gering ist und durchgeführte Maßnahmen kaum evaluiert